企业ESG管理

孙忠娟 陈瑾宇 著

Corporate ESG Management

本书从ESG概述、企业ESG战略管理、企业ESG披露管理、企业ESG评价评级管理、ESG投资管理、企业环境议题管理、企业社会责任议题管理、企业治理议题管理共八个方面对企业ESG管理展开分析。全书吸纳了ESG管理领域的最新研究成果，结构完整、内容翔实、自成体系。本书补充了中国ESG研究院最新开发的E-CPC、S-LPSS、G-SME模型，使得ESG议题管理更为系统化。此外，本书还更新了ESG披露与评级板块的最新内容，提升了内容的时效性。本书面向企业管理者、ESG相关问题的研究者、ESG相关从业者和对ESG感兴趣的读者。

图书在版编目（CIP）数据

企业ESG管理 / 孙忠娟，陈瑾宇著. -- 北京 : 机械工业出版社，2024. 10. --（中国ESG研究院文库 / 钱龙海，柳学信主编）. -- ISBN 978-7-111-76828-9

Ⅰ. X322.2

中国国家版本馆CIP数据核字第20249KJ617号

机械工业出版社（北京市百万庄大街22号 邮政编码100037）

策划编辑：朱鹤楼　　责任编辑：朱鹤楼　刘林澍

责任校对：梁　园　梁　静　　责任印制：刘　媛

北京中科印刷有限公司印刷

2024年12月第1版第1次印刷

169mm×239mm・24.25印张・1插页・367千字

标准书号：ISBN 978-7-111-76828-9

定价：88.00元

电话服务

客服电话：010-88361066

010-88379833

010-68326294

网络服务

机　工　官　网：www. cmpbook. com

机　工　官　博：weibo. com/cmp1952

金　　书　　网：www. golden-book. com

机工教育服务网：www. cmpedu. com

中国ESG研究院文库
总　序

环境、社会和治理是当今世界推动企业实现可持续发展的重要抓手，国际上将其称为ESG。ESG是环境（Environmental）、社会（Social）和治理（Governance）三个英文单词的首字母缩写，是企业履行环境、社会和治理责任的核心框架及评估体系。为了推动落实可持续发展理念，联合国全球契约组织（UNGC）于2004年提出了ESG概念，得到了各国监管机构及产业界的广泛认同，引起了一系列国际多双边组织的高度重视。ESG将可持续发展的丰富内涵予以归纳整合，充分发挥政府、企业、金融机构等主体作用，依托市场化驱动机制，在推动企业落实低碳转型、实现可持续发展等方面形成了一整套具有可操作性的系统方法论。

当前，在我国大力发展ESG具有重大战略意义。一方面，ESG是我国经济社会发展全面绿色转型的重要抓手。中央财经委员会第九次会议指出，实现碳达峰、碳中和"是一场广泛而深刻的经济社会系统性变革""是党中央经过深思熟虑做出的重大战略决策，事关中华民族永续发展和构建人类命运共同体"。为了如期实现2030年前碳达峰、2060年前碳中和的目标，党的十九届五中全会做出"促进经济社会发展全面绿色转型"的重大部署。从全球范围来看，ESG可持续发展理念与绿色低碳发展目标高度契合。经过十几年的不断完善，ESG已经构建了一整套完备的指标体系，通过联合国全球契约组织等平台推动企业主动承诺改善环境绩效，推动金融机构的ESG投资活动改变被投企业行为。目前联合国全球契约组织已经聚集了1.2万余家领军企业，遵循 ESG 理念的投资机构管理的资产规模超过 100 万亿美元，汇聚成为推动绿色低碳发展的强大力量。积极推广 ESG 理念，建立 ESG 披露标准、完善 ESG 信息披露、促进企业 ESG 实践，充分发挥 ESG 投资在推动碳达峰、碳中和过程中的激励和约束作用，是我国经济社会发展全面绿色转型的重要抓手。

另一方面，ESG 是我国参与全球经济治理的重要阵地。气候变化、极端天气是人类面临的共同挑战，贫富差距、种族歧视、公平正义、冲突对立是人类面临的重大课题。中国是一个发展中国家，发展不平衡不充分的问题还比较突出；中国也是一个世界大国，对国际社会负有大国责任。2021 年 7 月 1 日，习近平总书记在庆祝中国共产党成立 100 周年大会上的重要讲话中强调，中国始终是世界和平的建设者、全球发展的贡献者、国际秩序的维护者，展现了负责任大国致力于构建人类命运共同体的坚定决心。大力发展 ESG 有利于更好地参与全球经济治理。

大力发展 ESG 需要打造 ESG 生态系统，充分协调政府、企业、投资机构及研究机构等各方关系，在各方共同努力下向全社会推广 ESG 理念。目前，国内已有多家专业研究机构关注绿色金融、可持续发展等主题。首都经济贸易大学作为北京市属重点研究型大学，拥有工商管理、应用经济、管理科学与工程和统计学四个一级学科博士学位点及博士后工作站，依托国家级重点学科“劳动经济学”、北京市高精尖学科“工商管理”、省部共建协同创新中心（北京市与教育部共建）等研究平台，长期致力于人口、资源与环境、职业安全与健康、企业社会责任、公司治理等 ESG 相关领域的研究，积累了大量科研成果。基于这些研究优势，首都经济贸易大学与第一创业证券股份有限公司、盈富泰克创业投资有限公司等机构于 2020 年 7 月联合发起成立了首都经济贸易大学中国 ESG 研究院（China Environmental，Social and Governance Institute，以下简称研究院）。研究院的宗旨是以高质量的科学研究促进中国企业 ESG 发展，通过科学研究、人才培养、国家智库和企业咨询服务协同发展，成为引领中国 ESG 研究和 ESG 成果开发转化的高端智库。

研究院自成立以来，在标准研制、科学研究、人才培养和社会服务方面取得了重要的进展。标准研制方面，研究院根据中国情境研究设计了中国特色“1+N+X”的 ESG 标准体系，牵头制定了国内首个 ESG 披露方面的团体标准《企业 ESG 披露指南》，并在 2024 年 4 月获国家标准委秘书处批准成立环境社会治理（ESG）标准化项目研究组，任召集单位；科学研究方面，围绕 ESG 关键理论问题出版专著 6 部，发布系列报告 8 项，在国内外期刊发表高水平学术论文 50 余篇；人才培养方面，成立国内首个企业可持续发展系，率先招收 ESG 方向的本科生、学术硕士、博士及 MBA；社会服务方面，研究院积极为企业、政府部门、行业协会提供咨询服务，为国家市场监督总局、北京市发展和改革委员会等相关部门提供智力支持，并连续主办“中国 ESG 论坛”“教育部国际产学研用国际会议”等会议，产生了较大的社会影响力。

近期，研究院将前期研究课题的最终成果进行了汇总整理，并以“中国 ESG 研究院文库”的形式出版。这套文库的出版，能够多角度、全方位地反映中国 ESG 实践与理论研究的最新进展和成果，既有利于全面推广 ESG 理念，又可以为政府部门制定 ESG 政策和企业发展 ESG 实践提供重要参考。

向福林

序

“环境、社会和治理”（Environmental，Social and Governance，简称 ESG）是联合国全球契约组织于 2004 年提出的企业管理理念和投资理念，强调经济、环境、社会协调发展，发挥企业力量解决社会环境问题。近年来，ESG 理念在全球政府和市场主体中得到广泛实践和推广，成为发达国家、新兴市场国家的主流投资理念和实践策略之一，也成为实现企业可持续发展的基本支柱。企业发展范式正在从单纯的营利性模式转变为兼顾环境保护、社会责任和科学治理的可持续性模式，推进 ESG 管理是企业在新时代的必然选择，有助于企业形成差异化的竞争优势，助力世界积极变革。

当前，在中国大力推进企业 ESG 管理具有重大战略意义。一方面，ESG 理念是企业可持续发展的重要抓手。ESG 所倡导的经济繁荣、环境可持续、社会公平的价值内核与我国实现“碳达峰、碳中和”、乡村振兴、共同富裕、高质量发展等重要战略目标高度契合，这些重要战略目标为企业可持续发展探索了道路、指明了重点、深化了内容。无论是“双碳”目标对环境的着力、乡村振兴对社会公平的强调，还是共同富裕对经济社会和治理的全面关注，都为企业推进 ESG 管理提供了丰富的内涵和广阔的空间。因此，系统构建企业 ESG 管理体系，提升中国企业在全球 ESG 体系中的影响力和话语权，为企业可持续发展明确方向已势在必行。另一方面，企业是推动 ESG 管理实践的核心主体。企业的 ESG 管理能力是 ESG 实践的本源。企业 ESG 实践不应仅仅停留在“讲得好”，更要聚焦“做得好”。这既需要将 ESG 相关要求融入公司治理和业务流程，引导资本流向积极履行社会责任、具备可持续发展能力的企业，更好地实现资本收益需求和社会发展需要有机结合，更需要持续深入应用ESG标准，实现优胜劣汰，帮助企业普及ESG知识、管理ESG数据、加强信息披露，共同推进ESG理念在中国大地落地生根、开花结果。

随着中国经济步入新发展时代，提升企业ESG管理水平，需要政府、企业、研究机构、投资机构各方群策群力、形成合力。如何科学构建ESG理论体系？企业ESG管理包含哪些维度？各个维度的内涵特征是什么？如何兼顾理论与实践层面全局式理解企业ESG管理？这不仅是企业可持续发展面临的挑战和机遇，也是中国高质量发展亟须解决的重要问题。首都经济贸易大学中国ESG研究院围绕ESG理论、ESG披露标准、ESG评价及ESG案例开展科研攻关，形成了系列研究成果。一些阶段性成果此前已通过不同形式向社会传播，如出版ESG系统丛书，连续三年举办“中国ESG论坛”等，产生了较大的影响力。

此书是作者在企业ESG和可持续发展领域的又一力作，系统回答了ESG的理论内涵和企业ESG管理实践的核心问题，多角度、全方位地反映了中国企业ESG管理的最新进展和成果，既有利于全面推广ESG理念，也可以为政府部门制定ESG政策和企业ESG管理实践提供重要参考。

前 言

企业作为人类经济活动的基本单元和主要的社会组织，是推动可持续发展的中坚力量。ESG 即“可持续发展”理念在企业界的具象投影，其内涵既包括企业追求可持续发展应遵循的核心纲领，也包括企业践行可持续发展可借助的行动指南与工具。ESG 是近年来兴起的企业管理和金融投资的重要理念。该理念的核心观点为：企业活动不应仅追求经济指标，还应该同时考虑环境保护、社会责任和治理成效等多方面因素，从而实现人类社会的可持续发展。

“十四五”时期是我国经济社会可持续发展的重要窗口期。在“十四五”期间积极推动企业实施 ESG 管理，践行 ESG 战略，有助于贯彻新发展理念，带动和引领我国生产和消费的绿色低碳发展，切实提高金融服务实体经济效率，深化供给侧结构性改革，促进我国经济结构转型升级，推动经济社会的可持续发展。

本书从 ESG 概述、企业 ESG 战略管理、企业 ESG 披露管理、企业 ESG 评价评级管理、ESG 投资管理、企业环境议题管理、企业社会责任议题管理、企业治理议题管理共八个方面对企业 ESG 管理展开研究分析。全书共分为八章：第 1 章阐述 ESG 及相关概念，梳理 ESG 发展脉络，阐明 ESG 理论基础，交代企业 ESG 管理框架。第 2 章论述企业 ESG 战略管理的内容，包括企业 ESG 战略的基本概念，ESG 战略类型，ESG 愿景、使命、价值观与战略目标，ESG 文化管理，ESG 战略管理流程。第 3 章阐述企业 ESG 披露管理，主要涉及 ESG 披露的原则和目标，介绍披露类别、主流 ESG 披露标准、披露流程、披露报告内容，以及ESG披露的国内外实践发展。第4章为企业ESG评价评级管理，分析ESG评价的基本原则与作用，梳理国内外主流ESG评价机构及ESG评价指标，介绍ESG评价的基本流程和ESG评价的应用领域。第5章为ESG投资管理，主要内容包括ESG投资管理的基本原则和目标，ESG投资管理的策略和方法，ESG投资生态体系，ESG投资管理的流程，以及ESG投资的国内外实践发展。第6章、第7章和第8章分别侧重企业环境议题管理、企业社会责任议题管理及企业治理议题管理三个方面，阐述中国ESG研究院开发的E-CPC模型、S-LPSS模型及G-SME模型，介绍各模型具体特征，阐明各议题的管理侧重点。

首都经济贸易大学中国ESG研究院理事长钱龙海、院长柳学信等专家在本书写作过程中对书稿内容提出了宝贵建议。杨烨青、程园、冯佳林、李花倩、李剑岚、刘凯月、卢燃、冯昱皓、路雨桐、明诗玫、王雅琦、景蕊、李伟东等研究生同学为本书的撰写提供了帮助。本书的写作过程也得到了首都经济贸易大学中国ESG研究院的资助。在此对所有支持本书完成的人员和机构表示衷心感谢。

目 录

第 1 章　ESG 概述

开篇案例

第一创业：中国 ESG 领头羊

“作为一个负责任的企业，必须考虑到利益相关者的利益平衡。作为一个企业家，考虑问题不能只取个体的视角。社会责任必然成为第一创业可持续发展的应有之义。”第一创业证券股份有限公司董事长刘学民和第一创业证券股份有限公司党委书记钱龙海在探讨“什么是负责任的企业”的过程中说道。他们始终认为负责任的金融机构不仅要负责任地开展业务，也要承担社会责任。在国家飞速发展的时期，第一创业的责任是支持企业迅速成长。现在，国家要调整经济结构，追求可持续发展，作为资金支持者，投资银行要发挥引领作用。金融企业的社会责任不是简单的慈善捐款，而是应实实在在地为促进社会可持续发展做出贡献。然而，第一创业该做些什么，又该如何做呢?

时间来到 2019 年 12 月的那个冬日，第一创业大厦会议室里的与会人员讨论得热火朝天。他们一致认为，在环境变化面前，ESG 理念已成为企业发展的必然选择。在国家高质量转型发展的关键阶段，资本市场担当了国家全面深化改革的“排头兵”和“领头羊”的角色。“利用市场引导社会、企业的发展导向”就是金融机构最大的社会责任。

第一创业的高管们可以说是在第一时间就接受了 ESG 理念，高管团队的讨论几乎没有停留在第一创业要不要引入 ESG 理念，表现出的更多的是“踏破铁鞋无觅处，得来全不费工夫”的激动。ESG 刚好是第一创业负责任发展理念最好的体现！唯一让人担心的是，在国内ESG理念还没有形成共识，大多数的金融公司还没有开始实践，没有什么“石头”可以让第一创业来摸。此时，“成为第一”的勇气以及对“负责任”的追求让与会者达成了共识：一定要尽早将ESG引入第一创业，第一创业要成为ESG的领头羊。公司要率先在发展战略中引入ESG理念，追求高质量可持续发展。这不仅是为了自身发展，更是为了推动落实国家的绿色发展理念和“双碳”战略。

问题：

案例中多次提到的ESG是什么？ESG对企业有何影响？

1.1 ESG的定义与相关概念

企业作为人类经济活动的基本单元和主要的社会组织，是推动可持续发展的中坚力量。ESG是“可持续发展”理念在企业界的具象投影，其内涵既包括企业追求可持续发展应遵循的核心纲领，也包括企业践行可持续发展可借助的行动指南与工具。ESG是环境（Environmental）、社会（Social）和治理（Governance）三个英文单词的首字母缩写，是近年来兴起的企业管理和金融投资的重要理念。该理念的核心观点为：企业活动不应仅追求经济指标，还应该同时考虑环境保护、社会责任和治理成效等多方面因素，从而实现人类社会的可持续发展。本节将厘清ESG的定义、内涵及其相关概念，让读者正确地理解ESG理念。

1.1.1 ESG的定义

ESG理念的前身，最早可追溯至20世纪60年代的社会责任投资（Socially Responsible Investment，SRI），SRI源于人们逐渐认识到环境保护、人权平等的重要性，希望将其反映在投资活动中。ESG概念提出以后，衍生出不少强调环境、社会和公司治理重要性的观点。当前，国际社会上能体现ESG定义的代表性观点如下：第一，2006年由联合国秘书长科菲•安南牵头制定的联合国“负责任投资原则”（Principle of Responsible Investment，PRI），PRI 是针对投资者制定的投资原则，它明确要求投资者把 ESG 因素纳入投资分析和决策的过程中，同时应寻求被投资实体合理披露 ESG 相关问题；第二，社会责任国际组织（Social Accountability International，SAI）认为，企业除了对股东负责外，也要承担相应的社会责任，包括恪守商业道德、保护劳工权益、保护自然环境、推进公益慈善和保护弱势群体；第三，世界银行集团成员国际金融公司（International Finance Corporation，IFC）制定了一系列 ESG 政策、指南和工具，认为环境、社会和公司治理议题不仅关乎公司发展，与公司客户、当地社会、广泛的利益相关者也有切身利害关系（Camilleri，2015）；第四，明晟公司（Morgan Stanley Capital International，旧称摩根士丹利资本国际，简称为 MSCI 公司）认为在投资决策过程中，除了财务因素外，还要考虑环境、社会和治理因素；第五，2019 年 8 月美国商业圆桌会议发布的《公司宗旨宣言书》认为，股东利益最大化不是公司的唯一宗旨，企业必须同时考虑所有利益相关者（客户、供应商、员工和当地社会）的利益。

在我国，ESG 作为新兴投资理念，符合现阶段经济发展要求，受到社会各界广泛关注，各类文献大多沿用国际 ESG 理念的定义。但是，不同研究对 ESG 内涵的阐释存在差异：屠光绍（2019）认为 ESG 投资的本质是价值取向投资，核心是将社会责任纳入投资决策，以改善投资结构，优化风险控制，投资的最终目的仍然是获得长期收益。2019 年《中国责任投资年度报告》对责任投资的定义则与联合国的“负责任投资原则”的表述相似，认为责任投资是在传统投资的基础上，加入对投资对象的环境、社会和公司治理情况的考量，即 ESG 是践行责任投资时的重要参考指标。进一步地，首都经济贸易大学中国 ESG 研究院（全书简称“中国 ESG 研究院”）提出 ESG 从环境、社会和治理维度为企业提供了一种全新的发展理念，服务于企业可持续投资实践、企业非财务绩效评价、企业可持续发展框架和企业价值判断标准。

1.1.2 ESG 的相关概念

企业是资源和能源的消耗者，其活动与环境相互影响，息息相关。企业对长期利益的追求与保护环境的需求是一致的。ESG 中的环境维度包括公司所需的资源、使用的能源、排放的废物，以及由此产生的环境影响，特别是温室气体排放和气候变化。在多元化社会中运营的企业，必须遵守社会标准。ESG 中的社会维度既包含公司与雇员的内部关系，也包含公司与其他机构、当地社区的外部关系。ESG 中的治理维度是公司为了实现自我管理、有效决策、法律合规和满足外部利益相关者需求而建立的内部机制（Henisz 等，2019）。

GRI、SASB、CDP、CDSB、IIRC、中国 ESG 研究院等国内外机构和科研平台都出台了 ESG 标准体系，且在 ESG 分类和具体指标设置上存在不同意见，但对 ESG 内涵的表述具有比较高的一致性，均关注企业在环境、社会和治理等非财务领域的表现，尤其是投资过程中需要关注的与可持续发展密切相关的核心要素。基于对主流评价体系的归纳，ESG 三个维度的常见内容如表 1-1 所示。

表 1-1　ESG 三个维度的常见内容

	环境（E）	社会（S）	治理（G）
具体内容	水资源 物料 能源 其他自然资源 废水 废气 固体废物 其他污染物 温室气体排放 减排管理	员工招聘与就业 员工保障 员工健康与安全 员工发展 生产规范 产品安全与质量 客户服务和权益 供应商管理 供应链环节管理 社区关系管理 公民责任	股东会 理事会 监事会 高级管理层 其他最高治理机构 合规管理 风险管理 监督管理 信息披露 高管激励 商业道德 战略与文化 创新发展 可持续发展

资料来源：中国 ESG 研究院。

进一步地，ESG 管理体系包括四大关键环节：ESG 战略、ESG 披露、ESG 评价和 ESG 投资，如图 1–1 所示。企业做出 ESG 战略部署，并根据评价体系包含的内容对相应信息进行披露，评价机构对企业披露的 ESG 信息进行收集和量化评价，ESG 投资者再根据评价情况控制风险，减少投资的波动，提高长期收益。

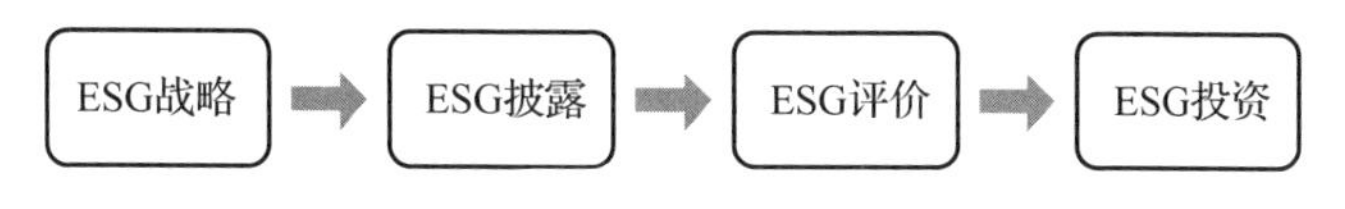

图 1–1　ESG 管理体系的四大关键环节

资料来源：中国 ESG 研究院。

1. ESG 战略

ESG 战略是指企业在经营管理过程中，以环境、社会和治理三方面为基础，以创造长期价值为战略导向，积极采取一系列策略措施以实现可持续发展。ESG 战略是可持续发展战略的具体体现。一方面，ESG 战略与可持续发展战略目标一致，旨在推动经济、环境和社会的可持续发展。可持续发展是全球发展的目标，而 ESG 是企业实现可持续发展目标的方法和路径。ESG 战略框架可充分纳入可持续发展目标的内容。另一方面，ESG 战略细化了可持续发展战略的内涵，可持续发展目标为全球各国政府、地方政府、企业、社会组织和公民等所有的利益相关方提供了一个推动可持续发展的通用框架。而 ESG 更加详细地提出衡量企业环境、社会和治理表现的框架，聚焦于企业这一关键市场主体。随着 ESG 理念的普及和快速发展，越来越多的企业开始在制定公司战略的过程中考虑 ESG 因素。有学者基于 ESG 的投资策略，将环境、社会和公司治理因素作为股票表现的非财务维度进行评估（Duuren 等，2016）。Barnett 和 Salomon（2006）研究发现，某些 ESG 战略的财务绩效与社会绩效之间的关系是曲线状的，这意味着随着企业加大 ESG 战略的实施力度，财务绩效一开始会下降，然后趋于平稳，最终会改善。还有学者根据利益相关者对企业 ESG 实践的“现实需求”和“期望需求”，将 ESG 战略细分为营销型 ESG 战略和发展型 ESG 战略（雒京华，赵博雅，2022）。自此，ESG 理念被广泛认可并提高到公司战略层面。

2. ESG 披露

ESG 披露是指企业或投资者向公众、股东、投资者和利益相关者提供与环境、社会、公司治理等因素相关的信息的过程。ESG 因素已成为机构投资者投资决策中越来越重要的因素，ESG 披露已然成为公司报告领域一个积极而重要的趋势。目前在大部分国家和地区，ESG 信息披露仍然属于企业自愿规范，即相关信息是否公开，应当公开哪些信息，应以何种方式公开，都主要取决于企业自身意愿。但是机构投资者经常抱怨公司 ESG 披露的可用性和质量不足以使其做出明智的投资决策（EY，2018；Ilhan 等，2021），为此一些国家已经启动了强制性的 ESG 信息披露规定。在我国，2014 年公布的《企业事业单位环境信息公开办法》规定，企业有义务如实向社会公开环境信息；2015 年中共中央、国务院印发的《生态文明体制改革总体方案》还要求资本市场"建立上市公司环保信息强制性披露机制"。

3. ESG 评价

ESG 评价衡量公司对行业内长期、重大的环境、社会和治理风险的应变能力。有研究表明，机构投资者将 ESG 评价纳入投资决策过程，能够有效提高投资组合的风险控制能力，减少投资组合波动，并提高长期收益。在实践中，评价是一个将 ESG 相关信息分类、量化、整合的过程，主要涉及指标构建和打分这两个方面。目前，许多国际机构提出了自己的 ESG 评价体系，其中有代表性的体系包括 KLD、MSCI、道·琼斯 DJSI、汤森路透、富时罗素、Refinitiv 等。这些评价体系在指标设计和评分方法上各具特色。

如今，在适应经济发展新常态的背景下，中国的一些企业机构也在积极实践 ESG 评价。例如，2015 年中国工商银行启动了"ESG 绿色评级与绿色指数"项目及相关的研究工作，并推出了针对中国企业的评价结果（中国工商银行绿色金融课题组，2017）。

4. ESG 投资

ESG 投资是指在投资决策过程中考虑环境、社会和治理因素以及财务因素。ESG 投资通常与可持续投资同义，与影响力投资、目标驱动型投资、社会责任投资等概念高度相关（MSCI，2020）。截至 2020 年 6 月，已有超过 3000 家投资机构加入了联合国负责任投资原则组织，承诺将 ESG 纳入投资决策。近些年来国际上 ESG 指数的收益情况也较为乐观。根据汤森路透主要地区 ESG 指数近年来的表现，其年化收益率多数超过基准指数年化收益（陈宇，孙飞，2019）。2012 年 11 月，挪威央行投资管理机构（Norges Bank Investment Management，NBIM）宣布更改投资组合，对有环境问题的公司进行了重点撤资。2017 年，全球最大的养老基金——日本政府养老投资基金（Government Pension Investment Fund，GPIF）将 ESG 纳入投资决策，其首席投资官宣布 GPIF 的责任是使投资更具可持续性。自 2016 年起，中国证券投资基金业协会将 ESG 投资作为改善资本市场质量、提升基金行业长期价值的着力点，通过举办中外研讨会、分享 ESG 投资经验等措施推进 ESG 研究和实践。

小案例

绿色金融助力广州新能源公交车置换

为响应“绿色发展、绿色出行”的号召，广州市政府提出市内所有公交企业要全部实现新能源公交车上路运营，政府在新能源充电桩建设、新能源公交车购置等方面给予大力的支持。与普通公交车相比，纯电动新能源公交车具有“零污染、噪声小、易保养、能量应用率高”的特点，对减少汽车尾气排放，提升空气质量，助力试验区践行绿色发展理念有重大意义。

中国建设银行花都分行通过创新“绿色租融保”业务模式，为广州市公交集团申请授信额度，并引入租赁公司办理公开无追索权融资租赁保理业务。具体业务流程为融资租赁公司与公交集团开展纯电动城市客车的固定资产融资租赁业务，并将上述融资租赁应收租赁款以无追索权的方式转让给建设银行花都分行。通过三方合作，由建设银行境外分支机构向融资租赁公司发放贷款，并由建设银行花都分行受托支付给新能源公交车厂商。

最终，建设银行花都分行创新了“绿色租融保”业务模式，充分利用建设银行海外机构融资优势，为广州市公交集团置换3138辆新能源公交车提供了约20亿元的融资解决方案。建设银行花都分行采用一次性买断租赁公司对公交公司的应收账款，在全口径宏观审慎政策框架下开展跨境融资业务，引入境外低成本资金，满足了广州市公交集团及时完成项目审批、不承担融资负债、成本不高于基准利率的三大要求。目前，该项目金额20亿元已获得批复，已投放金额14亿元。

1.2 ESG发展脉络

要研究ESG，必须先梳理清楚ESG的发展脉络。本节循时间线追溯ESG理念的起源，并梳理和剖析ESG发展里程中的重要事件。ESG的发展大致可以分为四个时期，即ESG的酝酿期、萌芽期、确立期和发展期。

1.2.1 ESG的酝酿期

ESG理念真正起源于社会责任投资。社会责任投资具有“基于价值的投资”“绿色投资”等一系列别名。社会责任投资这一概念最早可以追溯到两千多年前，当时人们以宗教和道德标准规范投资行为，一些宗教和社团将烟草、博彩、军火等排除在投资之外。传统社会责任投资的核心概念与此相似，遵循“不伤害”原则，即规避有违个人、团体道德或价值观的投资。另外有学者提出社会责任投资这一概念不仅植根于信仰，也深受一系列具有变革意义的20世纪六七十年代的历史事件和社会问题的影响，比如美国的民权运动、反战运动、种族平等和环境运动等。这些社会问题越来越多地受到当时投资者的关注，甚至成为投资者决策的考虑因素。信仰与关注社会发展的进步价值观的融合，共同创造了社会责任投资（Townsend，2020）。

值得一提的是，在这一时期，非财务信息（即以非财务资料的形式出现，同时又与企业的生产经营活动有着直接或间接联系的各种信息资料）披露的做法在欧洲和北美相继出现。非财务信息的披露一定程度上反映了在更大范围内对企业的生产经营活动的监督，对传统资本市场中“企业仅仅需要对股东负责”的固有观点提出了挑战（Eccles 等，2019）。

1970 年至 1990 年是社会责任投资稳健发展的时期。这个时期见证了一系列重要环保法案的制定、社会责任投资基金的创立和可持续发展理念的提出。这一时期的社会责任投资主要采取排除法，即在投资组合中排除与社会、治理、环境方面通用价值规范相冲突的企业。这些企业通常属于酒业、烟草和军火等行业，这在一定程度上预示着社会责任投资日后将与 ESG 相结合。

1.2.2　ESG 的萌芽期

20 世纪 90 年代，全球环境问题日益突出，引发了各国对可持续发展的关注，社会、经济、人口、资源、环境的协调发展成为当时国际社会的核心议题。

1990 年，世界上第一个责任投资指数——多米尼 400 社会指数（Domini 400 Social Index）发布。多米尼 400 社会指数以社会性与环境性议题为筛选准则，由标准普尔 500 成分股中 400 家社会责任评价良好的公司组成（卢轲，张日纳，2020）。多米尼 400 社会指数现已更名为 MSCI KLD 400 社会指数，是首个追踪可持续投资的资本化加权指数，用于衡量“同类中最好”的企业。该指数不仅为社会责任型投资者提供了一个企业比较基准，其优秀的表现还证明了社会责任投资与投资收益两者并不矛盾（卢轲，张日纳，2020），对社会责任投资的发展给予了有力支持（Morningstar，2020）。

1992 年，联合国在巴西里约热内卢召开环境与发展会议，这是一场讨论经济发展与环境保护交叉问题的全球峰会。会议提出人类“可持续发展”的新战略和新观念，倡导人类应当变革现有的生活和消费模式，人与自然应当和谐统一，人类之间应当和平共处（秋辛，1992）。

1994 年，全球可持续投资基金数量达到 26 只，资产约为 19 亿美元（Morningstar，2020）。1997 年，环境责任经济联盟（CERES）与联合国环境规划署（UNEP）共同成立了全球报告倡议组织（Global Reporting Initiative，GRI）。该组织致力于推动企业自愿进行信息披露，走可持续发展之路。

1999 年，时任联合国秘书长科菲 • 安南在达沃斯世界经济论坛年会中，首次提出了“全球契约”（Global Compact）的构想。该倡议是一项针对人权、劳工、环境和反腐败问题的联合倡议，所包含的十项原则源于联合国的核心公约和宣言。它呼吁企业将上述十项原则纳入战略规划和业务流程，建立诚信的企业文化，承担应尽的社会责任。次年，联合国全球契约组织正式成立。该组织为企业衡量气候变化、人权和腐败等问题的影响提供指导。目前，该组织已有来自超过 160 个国家的 1.2 万余家企业会员，并发布了 4 万余份关于企业实现全球契约十项原则的进展报告。

2000 年，碳排放信息披露项目（Carbon Disclosure Project，CDP）正式成立。这是一家国际非营利机构，主要任务是协助企业和城市披露环境影响信息。

1.2.3 ESG 的确立期

2004 至 2019 年是 ESG 理念的确立期。这一时期见证了 ESG 理念从正式亮相，到成为国际广泛认可的主流投资理念。在此期间，ESG 生态系统不断完善，ESG 相关工具日益丰富，ESG 的内涵不断深化扩充。

2004 年，联合国正式发布由时任联合国秘书长科菲 • 安南主导，多家金融机构联合撰写而成的报告“Who Cares Wins”。报告首次提出了 ESG 概念，探讨如何更好地将环境、社会及公司治理等相关问题纳入资产管理、证券经纪服务和相关研究。

2006 年，联合国“负责任投资原则”（PRI）正式发布，将环境、社会和治理纳入投资决策考量，含 6 大原则、34 项可行性方案，成为检验投资者是否履行责任原则的重要指针。

2009 年，全球影响力投资网络（GIIN）成立。该组织诞生于美国洛克菲勒基金会会议上，此次会议正式提出了“影响力投资”（Impact Investing）这一概念。GIIN 的宗旨是促进影响力投资者的沟通交流，创新投资模式，促使更多资金用于解决全球共同面临的难题，推动影响力投资的发展。

2011 年，可持续发展会计准则委员会（SASB）开始制定关乎企业可持续性发展和企业财务信息的相关准则。SASB 旨在建立行业特定的标准，使不同行业的企业可以采用其所在行业的统一标准对 ESG 问题进行报告，从而提升企业报告的质量。SASB 致力于为每个行业提供更加具体的财务信息。

2016 年，英国非营利机构“共享行动”（Share Action）发起“劳动力披露倡议”（Workforce Disclosure Initiative，WDI）。这项倡议旨在收集企业管理员工的相关数据，为投资者提供有意义的信息，其最终目标是改善企业员工的工作条件。

为了满足 ESG 投资群体日益增长的需求，许多机构纷纷创建了自己的 ESG 评价业务以评估企业的 ESG 表现。ESG 评价机构和评价体系的蓬勃发展，有助于投资者采用更多样的方式、更灵活的渠道评估公司信息披露、公司治理和环境风险。

近年来，ESG 投资的发展速度进一步加快。有报告显示，2014 至 2016 年间，在 ESG 参数上表现良好的公司大多也实现了良好的财务业绩。随着公众对气候危机和其他环境问题的关注度提升，企业是否有效践行了社会责任对投资决策的影响愈加显著。

2015 年，《巴黎协定》在联合国气候变化大会（COP21）上通过，并于 2016 年 11 月 4 日正式生效。《巴黎协定》的正式生效，象征着世界各国领导人在应对气候变化和适应其影响方面已基本达成共识。

2016 年，美国最大的公共养老基金加州公务员退休基金（CalPERS）通过了一项战略计划，宣布将 ESG 原则纳入其投资流程。

2018 年，美国大型投资管理公司贝莱德（BlackRock）首席执行官拉里·芬克（Larry Fink）呼吁企业通过厘清自身在社会中的角色，定位能为企业带来长期盈利的业务，同时尽可能减少对环境和社会的负面影响。

2019 年 8 月，极富影响力的美国商业圆桌会议组织（Business Roundtable）

发布公司使命宣言。宣言承诺：股东利益不再是企业最重要的目标，企业的使命是创造一个更美好的社会，并增进所有利益相关者（顾客、员工、供应商、社区和股东）的福祉。包括苹果、亚马逊、摩根大通在内的181家美国顶级公司的首席执行官都签署了这一份宣言。

2019年全年流入美国可持续发展基金的资金高达200亿美元，该数字是2018年的四倍多。美国近500家基金在其投资说明书中添加了ESG标准，正式向投资者传达了可能使用ESG来指导其投资决策的信息。

1.2.4 ESG的发展期

2020年至今是ESG理念的快速发展期。全球可持续基金在第一季度实现了456亿美元的净流入，而整个基金领域的资金流出为3847亿美元（Morningstar，2020）。

2020年9月，GRI、SASB、CDP、CDSB和IIRC五个主导机构联合发布了构建统一ESG披露标准的计划。几乎同时，世界经济论坛（World Economic Forum，WEF）和普华永道、德勤、毕马威、安永四大会计师事务所也推出了统一标准。

2021年，“碳达峰”“碳中和”被首次写入“十四五”规划和政府工作报告，进一步推动了我国ESG投资的快速发展。

2022年4月，欧盟委员会通过了金融市场参与者在根据《可持续金融披露条例》（SFDR）披露可持续性相关信息时使用的技术标准，规定了需披露信息的确切内容、方法和呈现方式，提高了披露质量和可比性。

2022年11月，第27届联合国气候变化大会（COP27）于埃及沙姆沙伊赫召开。各国代表达成协议，同意设立气候赔偿基金，以补偿因气候变化而导致的损失和损害。

2022年11月，欧洲议会高票通过《公司可持续发展报告指令》（CSRD）提案，CSRD将报告主体扩大至欧盟所有上市公司和大型企业，强制使用统一报告标准，推动自身业务和上下游产业的碳排放量披露。CSRD的生效标志着欧盟成为全球首个采用统一披露标准的地区。

2023 年 6 月，国际可持续发展准则理事会（ISSB）正式发布《国际财务报告可持续披露准则第 1 号——可持续相关财务信息披露一般要求》（“IFRS S1”）和《国际财务报告可持续披露准则第 2 号——气候相关披露》（“IFRS S2”）。

在中国，ESG 从引入到快速发展的进程十分迅速，逐渐形成了具有中国特色的 ESG 实践生态体系。从政府维度看，中国 ESG 市场发展离不开“自上而下”的顶层设计和政策推进。2020 年 9 月 22 日，习近平总书记在第 75 届联合国大会上宣布，我国力争于 2030 年前二氧化碳排放量达到峰值，努力争取 2060 年前实现“碳中和”目标。2021 年 3 月 5 日，李克强总理在 2021 年国务院政府工作报告中指出，要准确把握新发展阶段，深入贯彻新发展理念，加快构建新发展格局，推动高质量发展。党的二十大报告指出，高质量发展是全面建设社会主义现代化国家的首要任务。可见，ESG 理念与我国追求的经济长期发展趋势是一致的。

从市场维度来看，越来越多的金融机构将 ESG 纳入战略管理、投资分析和决策过程。随着 ESG 理念的蓬勃发展，金融机构在进行投资时不仅要考虑经济和财务指标，还要将环境、社会和公司治理指标纳入评估中，从而促进全球经济可持续健康发展。监管机构通过绿色金融、绿色信贷等相应政策推动更多的金融机构树立 ESG 投资理念。例如，自 2020 年起，代表性投资机构 BlackRock 和 State Street 已经开始要求接受其投资的企业按照统一的标准披露其 ESG 信息。世界上规模最大的主权基金挪威央行投资管理机构（Norges Bank Investment Management）公开列出其规避的一系列 ESG 表现不达标的企业。国内商业银行 ESG 评价已有实践案例，虽 ESG 评价及应用开展较晚，但发展较为迅速。中国银行、中国建设银行、中国工商银行等银行基于信贷客户 ESG 风险特征开发了 ESG 评价标准体系，并就 ESG 评价结果融入信贷风险管理进行尝试。

从研究主体维度来看，很多高校和科研机构关注 ESG 发展，并不断丰富和完善ESG理论体系。2019年以来，中国ESG研究院从ESG标准体系、理论创新等维度帮助ESG落地中国，牵头制定“1+N+X”ESG标准，发布《企业ESG披露指南》《企业ESG评价体系》《企业ESG报告编制指南》三项团体标准，出版《ESG理论与实践》《中国ESG发展报告》《ESG披露标准体系研究》《国内外ESG评价与评级比较研究》等系列丛书。同期，中央财经大学绿色金融国际研究院提出中国债券发行主体ESG评级，依托自建的ESG数据库，输出ESG评级结果、行业表现、具体指标得分、量化数据以及独家ESG分析报告。

小案例

首都经济贸易大学中国ESG研究院的三年拼搏之路

首都经济贸易大学中国ESG研究院（以下简称“中国ESG研究院”）由首都经济贸易大学与第一创业证券股份有限公司、盈富泰克创业投资有限公司等机构于2020年7月联合发起成立，围绕ESG披露标准、ESG评价、ESG理论等方面，陆续推出包含论文、专著、政策咨询报告等不同形式的高质量科研成果，并开发ESG相关的案例与课程，成为引导中国ESG研究的高端智库和培养ESG专业人才的重要基地。

三年来，中国ESG研究院不断探索ESG中国化道路，从三个研究小组拓展到十个研究大组，从“对ESG知其然却不知其所以然”到帮助政府机构、行业协会、企业构建多套ESG标准。2021年，中国ESG研究院牵头制定“1+N+X”ESG标准，是涵盖通用、行业专项和特色模块的标准体系，发布《企业ESG披露指南》《企业ESG评价体系》《企业ESG报告编制指南》三项团体标准，出版专著《ESG理论与实践》，初步完成ESG理论梳理过程。2022年，已完成钢铁行业专项标准，正积极开展汽车、交通运输等其他行业专项标准的制定工作，为国家实现“碳达峰、碳中和”目标提供参考；主持编撰出版《中国ESG发展报告》《ESG披露标准体系研究》《国内外ESG评价与评级比较研究》等系列丛书，阐述了企业实现绿色低碳和可持续发展的理论基础和实践路径。2023年，与社科联等政府机构合作，努力为建设ESG标准体系贡献智库力量，完稿《从CSR到ESG：企业可持续发展理论与实践》等专著，努力扩大ESG影响力，呼吁企业履行ESG责任，参与ESG披露评价。同时，中国ESG研究院连续两年与国家市场监督管理总局、商务部等国家部委，证券投资基金业协会等行业协会，UNPRI和GRI等著名的ESG国际组织，全国工商联等人民团体以及众多知名企业开展合作，举办中国ESG论坛，获得央视网、每日经济新闻网、中国证券报、华夏时报等媒体关注。

1.3　ESG理论基础

ESG管理体现的是一种兼顾经济、环境、社会和治理效益的可持续发展价值观和管理思想。本节分别阐述企业环境责任理论、企业社会责任理论、公司治理理论、战略管理理论和利益相关者理论这五个基础理论，并在此基础上全面解析ESG理论。

1.3.1　企业环境责任理论

企业环境责任（Corporate Environmental Responsibility，CER）逐渐成为企业可持续发展的重要保证，企业在创造经济利润的同时，还要承担对生态环境的责任。许多学者探讨了企业履行环境责任的现实价值。Henriques和Sadorsk（1999）认为环境责任是企业通过与利益相关者之间公开透明的关系管理对社会产生正向积极影响的过程，这既实现了对环境的承诺，又满足了自身可持续发展的要求；Bansal和Roth（2000）对环境责任的定义是企业为减少对生态环境的影响，对企业的生产和管理过程施加伦理约束的自律行为。通过整理发现，虽然国内外学者对企业环境责任的概念界定存在差异，但是其核心是一致的，即在法律与道德的约束下，企业在追求利润最大化的同时，还要广泛关注其他利益相关者，共同参与环境保护以维护生态平衡。

企业环境责任理论的已有研究主要是从伦理道德视角、政策视角和经济视角展开。道德视角认为履行环境责任是一种伦理性行为，不需要考虑经济因素，只从企业对法律规范的遵守和自律方面来分析。Bansal 和 Roth（2000）提出，履行环境责任是企业为了减少对生态环境的影响（主要是环境污染），在产品、管理流程以及行为规范等方面做出改变的行为，这是一种在伦理约束下作用于企业生产和管理的自律行为。Lyon 和 Maxwell（2008）则重点研究企业的自由决定权，他们认为环境责任表现在企业超出法律法规，自愿生产绿色环保产品并用环境准则来约束自身行为，为建设环境友好型社会贡献力量。政策视角从外部性探讨企业环境责任的履行。根据外部性理论，企业的环境问题是典型的负外部性问题，会对其他主体造成损害，因此应当通过法律制度明确企业的环境责任，纠正其负外部性。经济视角认为发展经济和保护环境二者是统一的。Mazurkiewicz（2004）清晰地将 CER 解释为企业在生产、设施和产品方面的管理对生态环境带来的影响，在减少生产经营过程中的废弃物和碳排放的同时，实现资源利用率和生产力的最优化。Onkila（2009）则认为环境责任是对利益相关者要求的被动反应，是政府、社区等利益相关者综合影响的结果。

企业环境责任理论从环境维度为 ESG 管理发展提供了理论支撑。伴随经济高速增长和人们物质文化需求持续升级，全世界面临资源日益紧张、生态环境恶化等一系列问题；特别是近些年来气候变暖、雾霾污染严重等情况已经引起社会各界的广泛关注。习近平总书记在党的十九大报告中指出，要构建政府为主导、企业为主体、社会组织和公众共同参与的环境治理体系。因此，企业环境责任逐渐成为企业可持续发展的重要保证，企业在创造经济利润的同时，还要承担起对生态环境应尽的责任。企业承担环境责任并非简单的“赚钱 + 治污”的过程，在开展经济活动时还应当综合考虑环境资源的社会用途及福利效应，实现社会福利的最大化和可持续发展。

1.3.2 企业社会责任理论

企业社会责任（Corporate Social Responsibility，CSR）的概念最早于 1924 年由英国学者 Oliver Sheldon 提出。其后，Bowen 于 1953 年在《商人的社会

责任》一书中将社会责任界定为“商人有义务按照社会的目标和价值观要求进行决策并采取行动”。国内外学者对于企业社会责任的概念仍各抒己见，首先，从内容上看，企业社会责任有广义与狭义之分。广义责任观认为企业社会责任是一种综合性责任，囊括了经济、法律、道德和慈善等诸多方面，典型代表人物有 Carroll、周祖城等；而狭义的社会责任特指企业所需承担的道德责任和慈善责任，其代表人物有 Joseph W. McGuire、Stephen P. Robbins 等。二者最大的区别在于是否将经济责任包含在内。其次，根据提出的视角不同，分为利益相关者和社会利益两个角度，各自代表人物分别有 Epstein、金立印、屈晓华、张兆国和 Andrews、袁家方、刘俊海、卢代富。利益相关者角度认为企业在为股东谋求利润最大化的同时，也应当追求其他利益相关者的价值最大化，即经济责任与社会责任并非此消彼长的对立关系，而是同时存在、同等重要且相互影响的；社会利益角度则认为企业在进行一切决策时需要认真地考虑其对社会的影响，并努力使结果有利于改善社会福利以实现社会利益最大化。基于以上研究，我们认为企业社会责任意味着企业在法律允许范围内追求股东利润最大化的同时，对投资者、员工、消费者、社区、政府及环境等各个利益相关者也负有责任。它包括经济、法律、道德和慈善等诸多方面，旨在维护和增加整个社会的利益。

已有企业社会责任的研究分为四个维度。早期的一元社会责任观基于“股东利益至上”理论，认为企业唯一的责任就是在法律允许范围内，通过向社会提供物质产品和服务为股东或所有者谋求利润最大化（Friedman，1970）。二维论视角下，企业社会责任分为内部和外部责任：内部包括向社会提供安全的产品和满意的服务、创造利润、确保员工的全面发展和企业的持续发展；外部主要是努力改善或阻止可能对社会产生不利影响的行为（Gallo，2014）。Frederick（1983）把 CSR 分为强制性和自愿性两种类型，前者由政府法律规定，如保障公平就业、保护环境、维护消费者权益等，后者主要包括慈善捐赠等自愿性行为，企业主管可以为政府提供一些参考性建议以协助推动社会活动。1971 年，美国经济发展委员会（Committee for Economic Development，

CED）提出 CSR 的“三个同心圆”模型，揭示其相互联系、层层递进的内在思想。目前，关于企业社会责任的具体内容，最为学术界广泛接受的是 Carroll 于 1991 年提出的四层次金字塔模型。该模型认为企业社会责任由低到高分为经济责任、法律责任、伦理责任和慈善责任四个层次（Carroll，1991）。

企业社会责任理论从社会责任维度为 ESG 管理的发展提供了理论支撑。企业社会责任引导企业从社区、政府、雇员、投资者等的角度看待社会责任问题，即在考虑企业自身投资回报的基础上，加入社会价值取向，选择有利于社会可持续发展的管理行为，并希望通过该行为实现某种社会目标，如社会公平、经济发展、环境保护等。企业社会责任与 ESG 管理之间存在较为紧密的联系：一方面，企业社会责任是 ESG 管理的基础，只有更多的企业积极履行社会责任，才可能形成负责任的 ESG 管理行为，促进社会可持续发展。另一方面，ESG 通过不同方式促使企业履行社会责任，只有具备良好社会责任感的企业才能在融资和科学管理等方面获得相对优势，推动自身的发展。

1.3.3 公司治理理论

20 世纪 80 年代以来，公司治理（Corporate Governance）逐渐成为国内外学术界和业界共同关注的一个全球性课题，涌现出丰富的理论研究成果和具有重要实践指导意义的公司治理准则。经济学家对公司治理的定义主要持制度学说观点，Myer（1994）认为公司治理是由于市场经济中公司组织形式的变化，即所有权与控制权分离而产生的，体现的是一种为投资者利益服务的组织安排。管理学家通常从企业决策与利益关系的视角对公司治理进行定义，Oliver（1996）指出公司治理结构在存在代理关系且合约不完全的情况下尤为重要，它被视为一个决策机制，决定了初始合约中没有明确设定的权利将如何使用。综合来看，公司治理是一个多角度、多层次的概念，其本质是通过各种制度或机制协调和维护公司所有利益相关者之间的关系，对内表现为股东、董事、监事和经理层的权力制衡关系，对外即与债权人、雇员、政府和社区等利益相关者的利益平衡关系，在保证各方利益最大化的基础上实现公司价值最大化。

公司治理理论的研究主要是从合法性视角、公司治理质量评价、公司治理度量等领域展开。合法性视角认为企业在生产经营过程中面临着来自环境、社会、政府等利益相关者的“合法性”压力，这要求企业采取必要的手段进行合法性管理，其中包括建立健全有效的治理结构。例如，加强员工的道德教育以提高企业内部社会责任意识，对积极履行社会责任的行为给予薪酬奖励以完善激励机制，健全独立董事制度以提升企业环境和社会责任披露水平等。公司治理质量评价基于公司治理理论的不同维度和参与主体，制定指数和评价体系，反映企业治理现状和发展趋势。例如，Gompers 等（2003）从延缓敌意收购战术、投票权、董事 / 高管保护、其他防御措施及国家法律五个维度构建综合性的 G 指数来衡量股东权利水平；Bebhuk 和 Cohen（2009）在对 G 指数深入分析的基础上构建了壕沟指数（E 指数）。公司治理度量关注股权结构、董事会特征、信息披露透明度等因素。例如冯根福和温军（2008）从股权集中度、高级管理层持股、国有持股、机构持股和董事会结构五个维度考察公司治理与技术创新的关系。

公司治理理论从治理维度为 ESG 管理的发展提供了理论支撑。企业在生产经营过程中面临着来自环境、社会、政府等利益相关者的“合法性”压力，这就要求企业采取必要的手段进行合法性管理，其中包括建立健全有效的治理结构。公司治理水平体现了一家企业董事会治理水平的高低，包括委托代理冲突、股利分配方式、董事决策机制等，这些是企业可持续发展的重要实现方式，也为 ESG 管理提供了合法性依据及评价和度量的基础。

1.3.4　战略管理理论

战略管理是根据整个组织的愿景、使命和战略，系统地组织资源，实现战略分析、战略创造、战略实施和战略监控的持续性活动（Teece，1984）。战略管理是从全局和长远的观点研究企业在竞争环境下生存与发展的重大问题，是现代企业高层领导人最主要的职能，在现代企业管理中处于核心地位，是决定企业经营成败的关键。最早将战略引入企业经营管理领域的学术著作是菲利普·塞兹尼克在1957年出版的《经营中的领导能力》。1962年，阿尔弗雷德·钱德勒出版了《战略与结构》，被认为是“现代对战略的理解的第一本集大成著作”。1965年，伊戈尔·安索夫出版了《公司战略》，标志着公司战略理论的正式诞生。同年，肯尼斯·安德鲁斯出版了《商业政策：原理与案例》。

战略管理理论的研究主要分为环境战略、目标战略、竞争战略、核心能力战略四个维度。环境战略研究以安索夫为代表。安索夫的环境战略论的基本结构含环境、战略、组织三大支柱要素，只有这三要素协调一致的战略才能实现企业的经营目标。安索夫认为上述三大支柱要素可以划分为五种类型，即稳定型、反应型、先导型、探索型、创造型，并进一步研究其相互协调与适应关系。目标战略研究以德鲁克为代表。这里将战略定义为由目标、意志或目的，以及为达到这些目的而制定的方针、计划所构成的一种模式，目标管理迫使主管人员考虑计划的效果而不仅仅是计划的活动或工作，经营战略所研究的问题是决定企业的长期目的和目标，并通过经营活动和分配资源来实现。竞争战略研究以迈克尔·波特为代表。竞争战略的基本观点认为企业经营战略的关键是确定企业的竞争优势，企业一般采取三种基本竞争战略类型中的一种：成本领先战略、差异化战略和集中化战略。核心能力战略研究以普拉哈拉德为代表。核心能力是指企业长期积累而成的一种独特能力，可实现高于竞争对手的价值，具有进入多种市场的潜力，难以复制模仿，是长期利润的源泉。

战略管理理论从决策维度为ESG管理的发展提供了理论支撑。ESG不是用于“表达企业具有行善意愿”的声明，而是一种让企业能够为环境、社会，以及自身管理带来积极成果的战略和无数具体的决策。企业在制定战略决策和管理流程时，需要综合考虑ESG的作用，专注在相关行业和环境背景中寻找具有经济影响的特定社会或环境问题，通过ESG战略管理，向投资者展现企业在识别发展风险、差异化竞争、创新商业模式等方面的能力和敏捷性，并以可量化的成果指标获得利益相关方的认可。只有将ESG与战略管理相联系、具备ESG战略思维的企业，才更有可能通过独特的价值主张和有效行动实现多维度的收益、多方共赢和真正的可持续发展。

1.3.5 利益相关者理论

利益相关者概念最早由美国学者伊戈尔·安索夫1965年在他的《公司战略》一书中提出并引入管理学界和经济学界。1984年，诺贝尔经济学奖获得者、新古典主义经济学之父米尔顿·弗里曼在《战略管理：利益相关者方法》这本书中提出了广义的定义：利益相关者是指那些能够影响企业战略目标的实现，或者能够被企业实施战略目标的过程所影响的个人或团体。之后，Clarkson（1995）提出了狭义的定义：利益相关者在企业中投入了一些实物资本、人力资本、财务资本或一些有价值的东西，并由此而承担了某些形式的风险，或者说，他们因企业活动而承受风险。国内学者贾生华和陈宏辉（2002）对利益相关者的界定介于广义和狭义之间，他们认为利益相关者是指那些在企业中进行了一定的专用性投资，并承担了一定风险的个体和群体，其活动能够影响企业目标的实现或者受该企业实现其目标的过程影响。

利益相关者可以从多个角度进行细分，不同类型的利益相关者对于企业管理决策的影响以及受企业活动影响的程度是不一样的。按照相关群体与企业是否存在交易性合同关系，可以将利益相关者分为契约型利益相关者和公众型利益相关者（Charkham，1992）。根据相关者群体与企业联系的紧密性，可以将利益相关者分为首要的利益相关者和次要的利益相关者（Clarkson，1995）。根据相关群体是否具备社会性以及与企业的关系是否直接由真实的人来建立，可以将利益相关者分为四类：主要的社会利益相关者、次要的社会利益相关者、主要的非社会利益相关者和次要的非社会利益相关者（Wheeler，1998）。各利益相关者作为一个利益共同体，凭借各自不同的优势参与企业经营过程，促进企业长期健康发展。不同性质的利益相关者对企业的影响力存在明显差异，某些利益相关者能够为企业提供专用性或关键性资源，或者愿意承担企业经营的重大风险，其行为直接影响企业能否持续发展，因此在治理结构中占据主导地位。

利益相关者理论从价值维度为ESG管理的发展提供了理论支撑。企业嵌入一个由相互连接、相互依赖的利益相关者构成的社会网络中，与企业产生重要联系的不仅包括股东，也包括债权人、员工、消费者、供应商、政府、社会大众、同行业企业，甚至是跨行业企业，综合考虑各利益相关者的利益才有利于企业的长期成功。企业履行社会责任能够增强利益相关者的信任感，提高经营效率，进而带来更好的财务绩效。ESG 管理是企业向利益相关者透明地展示其社会责任和多方价值共创的一种管理方式，如果企业积极地践行 ESG，利益相关者会认为该企业可能具有更好的声誉和更低的风险，更愿意和该企业合作。

1.3.6 ESG 理论发展

1. ESG 投资理论

ESG 投资目前仍没有统一的定义。Cowton（1999）首先提出了伦理投资这一新的投资方法，认为其投资标准除了考虑传统的财务指标外，还包括社会目标或道德的约束，因此比单纯基于经济回报和风险的投资更为复杂。Plantiga 和 Scholtens（2001）对 ESG 投资的界定关注投资者如何将个人价值取向与道德标准融入投资决策过程中，不仅考虑投资者的金融需求，而且考虑投资对社会的影响。Sparkes（2002）指出，不同于伦理投资，ESG 投资的主要特征在于股权投资组合的构建，投资者运用社会或环境标准选择和管理投资组合以获得最优的投资回报。美国社会责任投资论坛（2005）则认为 ESG 投资是一种考虑对社会和环境产生积极或消极后果的投资过程。基于以上几种定义，ESG 投资的本质是，投资者进行投资决策时，除考虑传统财务因素外，还要考虑该投资行为可能给环境和社会带来哪些影响。它将财务收益与社会、环境及伦理问题相结合，体现的是一种多重考量的新型投资模式。

投资者一般选择组合筛选、股东倡导和社区投资这三种方式或者通过不同方式的组合来实现 ESG 投资。组合筛选是一种基于道德与环境准则进行判断的投资决策策略。股东倡导是指具有社会责任意识的股东充分发挥企业所有者的关键作用，主动与企业交涉谈判，呼吁企业勇于承担社会责任，并主动采取适当的措施来影响企业的行为，如直接与管理层沟通、提交股东决议案、代理投票、参与股东大会或直接对企业提出诉讼等，协助企业树立良好的社会形象。社区投资是指投资者将现有资源直接投资于社区的某项计划、活动或项目，向其提供所需的信贷、资金和人力资本等。

2. ESG 总体理论

可持续发展已成为 21 世纪商业的主题，也是目前学术界和产业界的一个重要研究议题。企业的高速发展和外部环境的持续动荡引发的“黑天鹅”事件，使得企业道德、环境、公司治理等非财务因素成为不可忽视的重要风险。ESG 作为一种追求长期价值增长的投资理念和企业评价标准，会对公司治理、公司战略及资源分配活动产生实质性的影响，是推动资本主义市场由“利益化”向“可持续发展化”转变的重要举措，是促进经济高质量发展的抓手。

（1）ESG 理论内涵。ESG 中的 E 指公司在环境方面的积极作为符合现有的政策制度、关注未来影响等，主要包括能源、水等资源的投入方面以及废物污染、温室气体排放等方面；S 指企业在社会方面的表现，主要涵盖领导力、员工、客户和社区关系等方面；G 主要指公司在治理结构、透明度、独立性、董事会多样性、管理层薪酬和股东权利等方面的内容。在某种意义上，ESG 可被视为对环境责任理念、社会责任理念和公司治理理念的总体概括。

无论是“E- 环境”“S- 社会”还是“G- 治理”因素，都是基于“企业—社会各利益相关者”的关联视角进行的界定，其本质特征是对利益相关者理论（Stakeholder Theory）更深层次的解读。传统管理理论以股东利益为中心，强调企业经营的最终目的是最大限度地提升股东回报，即股东利益最大化。与主张“股东至上”的理论不同，ESG 理论认为企业的生存与发展并不只依赖于资本投入，还需要管理者、员工、顾客、供应商、社区等利益相关者的共同投入。而且，在企业的运营过程中，所有利益相关者与出资者共同承担风险，例如，消费者承担了产品安全风险、债权人承担了债务人无法按时偿还债务的风险、社区承担了环境污染的风险等。实际上，企业嵌入于一个由相互连接、相互依赖的利益相关者构成的社会网络中，与企业产生重要联系的不仅包括股东，也包括债权人、员工、消费者、供应商、政府、社会公众、同行企业，甚至是跨行业企业，综合考虑各利益相关者的利益才有助于企业的长期成功。

从这一理论视角来看，ESG 提倡从以往以股东利益为核心的财务信息披露向以多方利益相关者利益为核心的非财务信息披露转变，其可以理解为对各利益相关方的综合考量，“E- 环境”考量可持续发展的环境因素，“S- 社会”考量的是与企业活动有关的一系列利益相关者（如员工、供应商、顾客等）的利益，“G- 治理”考量的是对企业最具话语权的股东利益。

（2）ESG 三者间的关系。此外，对环境、社会与治理彼此之间的影响，例如关于环境与治理间的关系和社会与治理间的关系，也有众多研究关注。在社会—环境方面，Rodriguez 和 Cruz（2007）对社会责任与环境责任的重要性进行分析，研究西班牙酒店业环境责任与企业绩效之间的关系。结果表明，履行酒店业环境责任能够显著促进企业绩效。在环境—治理方面，Peters 和 Romi（2014）研究发现，公司治理机制在应对企业的环境和气候相关风险以及监控企业在碳排放计划中的参与方面发挥着关键作用。而良好的环境绩效也会使得公司的 CEO 获得相应的绩效奖励（Pascual，2009）。在社会—治理方面，许多学者认为，企业社会责任与几种公司治理机制之间存在正相关关系。Harjoto 等（2015）采用了董事会特性的七个维度（性别、种族、年龄、外部董事资格、任期、权力和专业知识）研究了董事会成员多样性对企业社会责任绩效的影响，证明了董事会成员多元化与企业社会责任绩效的正相关关系。还有研究发现董事会中女性成员的占比与公司的慈善活动之间存在正向的关联（Bear 等，2010），即董事会中女性比例越高，企业社会责任披露程度越高。

1.4 面向 ESG 的企业管理

ESG 是将环境、社会和治理战略融入商业模式和管理体系的理念和方法论。它能有效指导企业在追求经济绩效的同时平衡社会、环境的价值诉求，是提升企业管理有效性的重要理念。本节从 ESG 对企业管理的意义、企业 ESG 管理的原则、ESG 结果与企业管理三个维度探究 ESG 嵌入企业管理的作用。

1.4.1 ESG 对企业管理的意义

1. ESG 对企业管理的必要性

随着社会的不断进步，公众、政府部门和投资机构对企业的要求不仅是单一的高绩效，更多的是要求一家企业注重生态环境保护、履行社会责任、提高公司治理水平。所以，ESG 理念可带给企业从绿色环保、社会责任和科学治理等维度进行管理的思路。

（1）绿色环保理念贯穿企业管理各个阶段。绿色环保是企业可持续发展的重要保障之一，越来越多的企业开始探索节能环保的生产、生活与工作方式，尤其是将环境保护与生产运营相结合，将绿色环保理念贯穿研发、采购、生产、包装等运营全流程，尽可能减少运营和产品生命周期内对环境的不利影响，持续打造绿色和谐环境。随着社会对绿色环保的关注，企业若在这些方面做得更好，就能够赢得消费者、投资者和员工的信任和支持，从而提高企业的竞争力。

（2）履行社会责任是企业应尽的义务和使命。随着市场化及全球化的进一步发展，企业履行社会责任已经成为世界范围内的共识和潮流，得到了政府、政府间组织和各种非政府组织的广泛关注。不同利益相关者要求企业关注员工的福利和安全、消费者的权益、社区的利益等方面的问题。如果企业能够履行好社会责任，不仅可以赢得消费者的信任和支持，还可以提高员工的归属感和忠诚度，为企业的长期发展打下坚实的基础。

（3）科学治理能够提升企业管理的透明度和稳定性。如果企业的治理结构不健全，可能会出现内部腐败、管理混乱等问题，从而影响企业的长期发展。因此，企业需要建立健全的治理结构，确保决策和运营能够符合规范和标准。越来越多的投资者开始关注企业的 ESG 表现，他们更愿意投资那些做得更好的企业。如果企业在 ESG 方面表现良好，就能够吸引更多的长期投资，为企业的长期发展提供资金支持。

因此，ESG 在企业管理过程中发挥着必不可少的作用，将 ESG 理念融入企业管理目标、对象、流程和具体内容，才能有效指导企业实现可持续发展。

2. ESG 对企业管理的重要性

ESG 理念已经在影响企业管理的各个维度，ESG 正在通过企业落地 ESG 战略、投资、披露、评价等管理措施，对企业管理形成多种益处。

（1）赋予企业新价值创造理念。近年来，越来越多的企业开始认识到 ESG 的重要性。ESG 将企业的关注点从过去单纯的股东转向更为广泛的利益相关者，推动企业追求经济价值和社会价值的统一，重塑企业的价值观，同时也重塑商业的价值体系。因此，推广企业 ESG 理念、建立企业 ESG 标准、促进企业 ESG 的实践和可持续发展，能够通过企业落地 ESG 管理措施，助推企业构建新价值理念。

（2）帮助企业跨越全球竞争壁垒。中国已经成为全球节能减碳、能源转型的中坚力量，正在出台碳排放、节能降碳、减污、增绿等相关政策，国际可持续发展准则理事会出台了强制性、全球通用的 ESG 披露标准，企业要想发展就必须提前布局并适应 ESG 标准。同时，企业具有良好的 ESG 表现，就能够符合更多国家的环保需求，与跨国企业合作。可见，ESG 也是企业迈向国际化、跨越全球竞争壁垒的重要门槛。

（3）提高企业创新能力。ESG 需要靠数字化技术、绿色低碳技术来支撑。目前我国单位产值的能耗是国际平均水平的 1.5~1.7 倍，是发达国家的 2~3 倍，实现碳中和首先要靠绿色低碳技术和智能化技术节能降碳，用先进技术来替代传统技术，用可再生能源替代化石能源。同时，ESG 投资已经变成了一个新的范式，通过追求绿色低碳获取资金支持，加快企业研发与创新速率。

（4）提升企业声誉。ESG 能够引导企业关注政府导向，科学管理自身流程体系。例如，引导企业践行绿色发展的理念，鼓励企业采用节能减排等技术，从而促进环境友好型社会的发展。同时，将企业 ESG 管理工作逻辑清晰、数据明确地向政府和市场进行披露，可吸引利益相关者关注企业的 ESG 管理成果，从而满足政府监管要求，获取投资者资金支持。由此，企业可以更好地识别和管理与环境、社会和治理有关的机会，直接影响投资机构和消费者对企业的信任与忠诚度，树立良好的 ESG 发展形象，降低不良口碑和负面影响，提升市场价值。

（5）提升企业可持续发展能力。企业 ESG 表现良好能稳健持续地创造价值，对内优化股东、董事及管理人员之间的关系，对外协调与员工、客户、社会公众等利益相关者之间的关系，实现经济效益、社会效益、生态效益的兼顾，进而实现长期可持续的发展。一些具有较大影响力的企业，如腾讯、贵州茅台和阿里巴巴等相继高调发布 ESG 报告，阐述公司的 ESG 理念、目标、战略与行动。ESG 正在更加深入地渗透进企业战略制定和日常管理环节。

1.4.2　企业 ESG 管理的原则

1. 实质性原则

实质性原则（materiality principle）是会计和审计行业遵循的重要原则之一，也是企业 ESG 管理的一项重要参考依据。许多国家的 ESG 管理规范中都对实质性问题提出了要求。近年来，在欧盟委员会的推动下，“双重实质性”（double materiality）的理念在许多欧洲国家成了制定 ESG 政策、规范企业 ESG 管理的核心概念之一。在 ESG 管理中遵循“双重实质性”原则，意味着公司不仅要考察某一议题对企业自身的发展、经营和市场地位的影响，还要考量这些议题对外部经济、社会和环境的影响。

企业 ESG 管理的实质性原则要求企业在实施 ESG 战略过程中对自身发展和利益相关方产生重要影响的领域进行统筹管理。一方面，企业可以从战略决策、运营、财务、信息保护、质量安全和生产规范等角度识别并布局具有重要环境及社会影响的范畴；另一方面，企业要综合考虑利益相关方（如员工和股东）的期望及国内外宏观政策等因素，加强风险管理以保障企业经营目标的达成，提高企业核心竞争力和可持续发展。

小案例

第一创业的 ESG 抓手——实质性议题

作为第一创业 ESG 管理的总负责人，钱龙海做了大量的工作，主持了多场公司范围内的 ESG 专题培训，并介绍了 ESG 管理的内涵与原则，以及在欧美市场的实践情况、案例等。如此一来，ESG 管理的原则与理念在第一创业深入人心。但如何与自己的工作相结合，大家还是一头雾水。钱龙海明白，没有实质性的具体指标，一切理念都是空谈。ESG 管理的原则与理念要融入员工的工作，就必须将其指标化。为此，钱龙海带领 ESG 研究员分析联合国可持续发展目标、国内经济转型趋势及可持续金融发展趋势，参考 GRI 标准（全球报告倡议）、SASB（可持续发展会计准则）等国际 ESG 标准和国内政策现状，深入研究如何将 ESG 纳入公司战略的方案。

高管、ESG 研究员、组织管理层、部门负责人在反复讨论与沟通后认为，一家金融企业既不“高污染”也不“高耗能”，对环境（E）的责任应该体现在减少金融活动对环境的不利影响，包括内部的绿色运营和外部的环境保护。对于社会（S），企业可做的事情有很多，包括保证成员的健康和社会的福祉，关注利益相关方的期望，促进企业价值网各环节的协调发展。最后，在治理（G）方面，作为金融行业的上市公司，企业要确立经营中实行的管理和控制系统的有效规范，涉及批准战略方向、监视和评价高层领导绩效、财务审计、风险管理、信息披露等活动。

随着公司上下对 ESG 管理原则的理解慢慢加深，大家逐渐发现承担 ESG 责任是可以与公司业务中资源配置功能和市场化框架有机结合的：企业 ESG 管理的原则可以引导与优化资源配置的方向，让企业在承担社会责任的同时也获得经济绩效的成长，实现义利并举。基于这样的认识，第一创业开始结合已有标准和自身特色设计承担 ESG 责任的实质性议题。公司员工都积极参与进来，群策群力，集思广益。例如，供应链管理议题在国际 ESG 标准中较少进入投行经济类的行业指标，所以一开始公司并没有把它纳入实质性议题列表。但信息技术中心提出，信息技术中心办公软硬件的采购涉及非常大的采购成本，这与供应链管理相关，对公司也非常重要，应该纳入 ESG 实质性议题中。沿着这个思路，公司又考虑到行政管理与大厦运营部会负责办公用品的采购。最终，公司把“供应链管理”加入了实质性议题。类似，经过近半年的反复研讨，第一创业才确立了与自身发展密切相关的 ESG 实质性议题。

2. 统一性原则

统一性原则是指企业通过实施ESG追求生态、经济、社会三个层面的整体和协调发展，综合对应了ESG的环境、治理、社会三维度。并且，ESG理念与可持续发展的内涵基本保持一致，因此ESG发展还需要与可持续发展的内涵相统一。

企业ESG管理的统一性原则启发企业在实施ESG战略的过程中要搭建一个环境、社会、治理三者内涵和标准相互统一的框架，帮助企业与利益相关者共赢。一方面，企业搭建ESG内涵相统一的框架，可以减少信息不对称，提升企业的风险管理能力，也有助于在行业内进行ESG表现的横向比较，以及对本公司不同年份的ESG表现进行纵向比较。另一方面，企业统一ESG信息公开的标准和方法，可以节省信息使用者的时间成本和机会成本，还可以提高可持续发展倡议透明度，从而建立公众信任，使ESG信息能使利益相关方进行有意义的比较。

3. 准确性原则

准确性原则是指企业应以利益相关方的判断和准确理解能力作为自身信息公开的标准，应使用简明清晰、通俗易懂的语言，内容不应含有误导性陈述。特别是要求内部工作人员确保相关性、专业性、广泛性。

企业ESG管理的准确性原则要求企业在实施ESG战略过程中积极公开自身信息，紧跟ESG前沿。企业应公开对利益相关方做出价值判断和决策有重大影响的所有信息，信息内容应完整、全面、具体，格式规范，不应有重大遗漏。企业应结合市场发展的实际情况，广泛征求社会各界利益相关者的意见，不断对标准进行调整和更新，制定一套全面、有效的标准。

4. 协调性原则

协调性原则是指企业ESG管理需要兼顾短期和长期经济效益，二者是协调的，长期经济效益是企业将来要达到的目标，短期经济效益是支持长期目标达成的阶段性目标。

企业ESG管理协调性原则要求企业在实施ESG战略的过程中权衡长短期

目标的实现途径和方式。一方面短期经济效益表现意味着企业有能力把握短期趋势和短期机遇，这是长期发展的基础。另一方面，企业在制定决策时应该关注自身的长远生存和发展，从企业、员工的长远利益出发，做好更长远的规划。所以，企业应适时分析、评估实际情况与计划的偏离，并考虑内外部环境的变化，健全和完善自身的内部控制及风险管理，从而保证企业长短期目标的协调。

1.4.3 ESG 结果与企业管理

ESG 对企业管理的影响主要集中在企业价值、企业绩效和企业创新三个维度。从企业价值维度来看，有国外学者运用 53 个国家的样本数据和马来西亚上市公司数据进行了实证研究（Ghou 等，2017；Wong 等，2021），认为 ESG 表现对企业价值有正向影响；基于 A 股上市公司的实证研究大多数也指出 ESG 表现有助提高企业价值（Broadstock 等，2021），可以促进企业高质量发展（Deng 等，2023）。在 ESG 表现提升企业价值的路径方面则存在不同的研究视角：一是从利益相关者的角度，良好的 ESG 表现加强了与利益相关方的联系，赢得了价值认同，满足了监管层面的要求和社区环境保护的要求，使得员工、股东、客户、投资人等利益相关者进一步为企业创造价值（Reber 等，2022）。二是从资本市场的角度，对企业 ESG 责任履行的良好评价显著提升了市场关注度，释放了更多的积极信号，有助于资本市场的良性发展。良好的 ESG 表现完善了公司形象，使企业获得超额利润，进而提高了企业的市场价值（Albuquerque 等，2019）。三是从企业角度，良好的 ESG 表现有助于改善企业的经营效率，提高企业的财务信息真实度，拓宽企业融资渠道，实现利益相关者共赢，提升企业价值（Shin，2021）。

从企业绩效维度来看，Friede 等（2015）综合了 2000 多项关于 ESG 与财务绩效关系的实证研究的结果，指出大约 90% 的研究发现 ESG 与财务绩效是非负相关的（大部分为正相关），且随着时间的推移，这种关系是相对稳定的，这表示在一定程度上 ESG 可对企业长期的财务绩效产生正面的影响。Rajesh

和 Rajendran（2020）发现在制定企业的 ESG 综合绩效评分时，环境、社会和治理三个维度的绩效贡献水平是不相上下的，意味着企业应该在 ESG 问题上设定同等的优先级来获得更好的 ESG 绩效。从全球公司的实例中发现，绝大多数的企业 ESG 活动与公司效率、资产收益率（ROA）和市场价值都存在非负的相关关系。在环境活动方面，一些能够削减成本的政策，如绿色建筑政策、可持续包装、环境供应链或独立评估的采用，都与公司长期的财务绩效呈正相关关系。在社会活动方面，那些试图减少歧视并提供培训项目的企业往往会比同行有更好的表现。而在治理活动方面，将女性纳入董事会成员以及独立董事的存在在降低代理成本、实现股东价值最大化方面发挥着重要作用，从而帮助企业实现更好的财务业绩。

从企业创新的维度来看，ESG 将企业目标由股东价值最大化逐渐转移到兼顾经济价值和社会价值，实质上是对企业关系网络和发展资源的重新整合，有助于提高创新水平（Donaldson，Preston，1995）。Zuo 等（2021）从员工自我价值特征出发，提出企业正面的社会责任形象有助于满足员工的自我价值实现需求，这不仅可吸引有创造力的员工加入，还有助于提高企业内部的信任度和分工协作效率，形成内外部资源的良性循环，进一步促进企业创新。Zhang 和 Lucey（2022）认为 ESG 传递的社会责任理念为企业积累社会资本和建立商业合作网络提供了便利，从而减少企业面临的商业风险，缓解企业创新过程中的资源约束。同时，由于企业 ESG 优势传递的社会责任信号，外部利益相关者更可能将创新或其他企业经营的失败归于不可控因素，而非内部人对企业的掏空，更高的信任和风险容忍有助于激励企业的风险承担，促进企业创新。

1.5　企业 ESG 管理的框架

综上，ESG 是一种关注环境变化、社会效益、公司治理绩效综合表现的发展理念，是衡量企业可持续发展水平的标准之一。越来越多的企业开始将 ESG 嵌入管理体系，保证企业可持续发展，提升企业竞争力。这里，我们提出企业 ESG 管理是企业将环境、社会责任和治理因素纳入战略决策和实践过程，同时考虑自身和相关利益者发展的管理活动。

1.5.1 企业 ESG 管理的目标

企业 ESG 管理和企业可持续发展的逻辑思路是一致的。ESG 管理的最终目标是服务于企业可持续发展。所以，我们认为可持续发展是企业 ESG 管理的总目标，ESG 将可持续发展目标细化为环境责任可持续、社会责任可持续、公司治理有效性三个维度。

其中，企业可持续发展为总体目标。1987 年，世界环境与发展委员会将可持续发展目标描述为在不损害子孙后代满足自身需要能力的前提下，满足当代人需要的发展目标。2015 年，联合国通过可持续发展目标，旨在到 2030 年实现可持续、多样化和包容性的社会。可持续发展目标同时兼顾消除贫困、社会发展和环境发展三个维度，并为此设定了促进经济增长、教育、卫生、就业机会、气候变化和环境保护等领域的 17 项目标和 169 项具体指标。企业可持续发展是指与整个社会可持续发展相关的发展，即企业在生产运营过程中考虑对经济、社会和环境的影响，最终实现企业自身发展和社会整体发展的有机结合。联合国可持续发展目标涵盖了与企业有关的广泛的可持续发展议题，企业应积极践行联合国可持续发展目标并深入了解各利益相关方的期望和诉求。企业可持续发展目标又可以分解为环境责任可持续目标、社会责任可持续目标、公司治理有效性目标。

环境责任可持续目标指的是在保护环境的同时，实现经济、社会和环境的协调发展，以满足当前和未来世代的需求。企业在创造经济利润的同时，还要承担起对生态环境应尽的责任。在法律与道德的约束下，企业在追求利润最大化的同时，还要广泛关注其他的利益相关者，共同参与环境保护以维护生态平衡。

社会责任可持续目标指的是企业在法律允许的范围内，在追求股东利润最大化的同时对投资者、员工、消费者、社区、政府及环境等各个利益相关者也负有责任。企业将自身的社会责任战略与联合国可持续发展目标进行了系统化匹配，积极践行可持续发展目标。企业社会责任的履行是实现企业可持续发展的动力。企业在实施可持续发展和履行社会责任时，一方面着眼于企业和社会的长远发展，另一方面推动着企业和社会共同进步，具有高度的内在一致性。例如，中航光电的社会责任管理工作的总体目标是成为富有价值、深受客户欢迎、持续高质量发展的全球一流互连方案提供商，切实做到经济效益与社会效益、短期利益与长远利益、自身发展与社会发展相协调，实现企业与员工、企业与社会、企业与环境的健康和谐发展。

公司治理有效性目标指的是企业积极践行联合国可持续发展目标并深入了解各利益相关方的期望和诉求，坚持不断完善公司治理架构、强化风险管理能力、提升信息披露水平、为企业可持续发展构建坚实基础。公司在经营过程中不仅要考虑经济效益，还要考虑社会和环境效益，从而实现可持续发展目标，即经济、社会和环境三方面的平衡发展。公司治理有效性影响投资者的利益和企业的长期健康，并影响可持续发展战略管理过程的效率。公司治理的不同特征让企业可持续发展战略决策、实施等方面呈现出不同特点。例如，上海家化在追求业绩高质量、可持续提升的同时，贯彻落实监管层进一步提高上市公司质量的要求。公司秉承在实践中不断优化的路线，持续优化公司治理体系、完善内部控制体系、提升信息披露和股东回报机制、推行股权激励机制、推进战略创新变革，为公司长期可持续发展构筑最坚实的基础。

小案例

中国核电：践行 ESG 目标，赋能美好生活

中国核能电力股份有限公司，由中国核工业集团有限公司作为控股股东，联合中国长江三峡集团有限公司、中国远洋海运集团有限公司和航天投资控股有限公司共同出资设立。公司经营范围涵盖核电项目的开发、投资、建设、运营与管理；清洁能源项目的投资、开发；输配电项目的投资、投资管理；核电运行安全技术研究及相关技术服务与咨询业务，还涉足售电等领域。

一直以来，中国核电积极响应联合国可持续发展目标（SDGs），明确履责重点，将与企业紧密相关的关键可持续发展目标融入ESG管理，助力SDGs早日实现。从环境目标来看，中国核电抢抓“2030年碳达峰、2060年碳中和”这一历史机遇，持续构建“核能+非核清洁能源+敏捷端新产业”的产业格局，做生态文明建设的践行者和推动者。中国核电2020年度ESG报告就环境管理目标写道：到2025年，中国核电各类生态环境风险得到有效管控，全面提升生态环境保护能力，形成责任明确、导向清晰、决策科学、多元参与、执行有力的环境治理体系。从社会责任目标来看，中国核电践行共享发展理念，打造积极、卓越、健康、安全的工作环境，投入人力、物力、财力助力乡村振兴建设，努力成为创造价值、富有责任、备受尊敬的企业公民。从治理目标来看，中国核电秉持“强核强国，造福人类”的企业使命，围绕“规模化、标准化、国际化”战略，加强风险识别和管控，着力构建现代企业治理体系，以良好的管治标准促进企业透明有效运营，保障股东和其他利益相关方的权益。

1.5.2 企业ESG管理的对象

随着ESG发展成为一个重要的分析框架，越来越多的利益相关者（包括投资界）希望了解一个企业ESG管理的对象，本节基于ESG的常见内容和管理体系，将企业ESG管理依对象划分为人员管理、资源管理、信息管理和流程管理。

1. ESG人员管理

ESG的人员管理包括高管维度和员工维度。从高管维度来看，ESG事项覆盖决策层、监督层、执行层各个层级，需要分工负责、权责清晰的ESG治理架构，保障ESG事项融入不同层级的履责过程中，提升公司综合治理水平。从员工维度来看，ESG涉及人力资源管理的多个方面，包括人员结构、薪酬福利、培训开发、绩效考核、员工健康等。这些信息的披露可以帮助投资者和利益相关者更好地了解企业的人力资源情况，以及企业在人力资源管理方面的实践和成果。企业需要重视做好相关的员工管理工作，提高自身ESG水平和市场认可度。

2. ESG 资源管理

ESG 的资源管理包括环境资源管理和社会资源管理。从环境资源管理的角度来看，ESG 呼吁关注温室气体、能源、原材料、自然资源（特别是水资源）、生物多样性等维度，体现了企业对自然资源的使用和保护，说明企业基于 ESG 理念进行资源管理可以促进环保目标的达成、改善自然资源的利用模式。从社会资源管理的角度来看，ESG 有助于企业获取投融资资金，赢得良好声誉。企业从产品、顾客、供应商、供应链、社团（或社区）等维度，积极获取并配置社会资源，说明 ESG 理念可帮助企业获取资金和声誉等社会资源，实现顾客价值共创、供应链管理、与社区供应商等伙伴合作，走向价值共创。

3. ESG 信息管理

ESG 的信息管理是指利用 ESG 信息和相关数据进行披露管理、评价管理和投资管理。从披露管理的角度来看，主要关注 ESG 数据和披露体系，特别是 ESG 数据的定义、标准和计量等方面。企业基于监管机构、股东及其他投资者、社会公众等利益相关方的对企业信息公开的要求，以定期或不定期的方式，通过年度报告、ESG 报告（可持续报告或社会责任报告）、政府指定平台、公司官网可持续相关栏目等方式披露 ESG 信息。从评价管理的角度来看，主要关注 ESG 评价体系，特别是 ESG 评价的统一处理方式、准确性和可比性。ESG 评价是对被评主体 ESG 综合绩效的定量化评价，是对 ESG 内涵具体化、细节化和数量化的思考，反映的是第三方架构对企业 ESG 表现的打分、评级等具体信息。从投资管理的角度来看，主要关注 ESG 信息报告，特别是信息报告的准确性、及时性和一致性，ESG 投资需要充分考虑环境、社会及公司治理等非财务信息，是在企业的盈利能力及财务状况等相关指标的基础上，从环境、社会及公司治理的非财务角度考察公司价值与社会价值的信息。

4. ESG 流程管理

ESG 流程管理的对象是推动企业 ESG 发展的各个流程的运作及其相互作用方式。成熟的 ESG 管理是一项系统性的工作——以 ESG 为核心，企业既要实现“理念—治理—战略—披露—评价—投资”的全要素融合，又要有“决策层—管理层—执行层”组织架构的全方位推进，还需要资源的持续投入和部门之间的相互配合。所以企业要想实现 ESG 流程管理，必须关注 ESG 理念、ESG 治理架构、ESG 战略运营、ESG 披露沟通、ESG 评价反馈、ESG 投资发展这六个流程的运作及其相互作用方式。

1.5.3 企业 ESG 管理的流程

随着可持续发展理念和 ESG 实践的迅速发展，企业需要采取系统的方法实施 ESG 管理实践，并定期重新审视和更新其当前的管理机制和 ESG 政策，以维持最佳的可持续发展水平。本节重点介绍 ESG 理念、ESG 治理架构、ESG 战略运营、ESG 披露沟通、ESG 评价反馈、ESG 投资发展这六个流程，如图 1–2 所示。

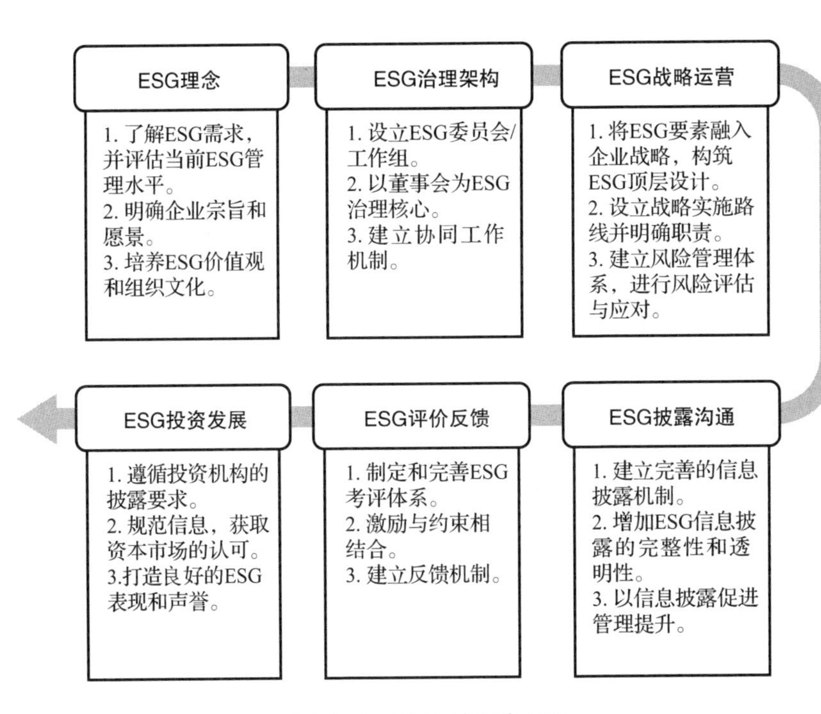

图 1–2 ESG 管理流程图

资料来源：作者整理。

1. 确立 ESG 理念

将 ESG 理念融入企业发展不是企业是否愿意的问题，而是企业所处经济、社会环境的规律性要求，有其必然性。在企业确立 ESG 理念之前，首先要充分考虑 ESG 因素对企业前景的内外部影响，并对自身 ESG 实践状况进行充分评估。具体包括：第一，企业需要充分分析当前 ESG 管理的成熟度，包括任何现有的 ESG 活动，以及每个业务单元和跨工作流程的职责。第二，确定企业为什么想要或需要对 ESG 负责。第三，确定驱动因素和潜在利益，并确定 ESG 理念与企业现行管理模式有多接近。在其所在行业和所处市场的背景下，确定 ESG 对企业的重要性，确定企业 ESG 管理实践是否能提供竞争优势。之后，企业需要根据自身发展特征重新审视自身 ESG 发展需求和管理现状，根据自我评估结果，找出差距，确立企业 ESG 理念，培养 ESG 价值观和企业文化。具体包括：第一，确定企业在 ESG 领域的未来目标。第二，确定理想的组织在运营、管理和沟通方面的 ESG 文化。第三，确定将出现哪些新的利益相关者以及他们将如何参与。第四，识别 ESG 战略是否与组织的文化和总体战略一致，据此升级完善。

2. 制定 ESG 治理架构

治理架构是 ESG 管理实践的一个重要维度，是企业 ESG 管理实践的结构支撑，企业的 ESG 治理架构以及相应的治理机制、治理效能往往决定企业的 ESG 绩效。根据企业是否独立设置 ESG 管理部门，企业的 ESG 管理组织体系有两种情况：一是专门的 ESG 管理组织架构；二是将 ESG 治理嵌入企业既有的管理组织架构之中。企业建立的专门的 ESG 管理组织架构实际上是企业 ESG 管理实践的指挥机构，而融入了 ESG 的企业既有管理组织架构实际上是企业 ESG 管理实践的执行者、落实者。如何设置 ESG 治理架构没有唯一正确的答案。企业可以结合公司治理现状、营业规模、业务的社会影响等实际情况进行综合考虑，选择适合自己的 ESG 管理架构，主要流程包括设立 ESG 委员会和工作组、以董事会为 ESG 治理核心、建立协同工作机制。

3. 实施 ESG 战略运营

ESG 的战略运营状况决定了企业 ESG 管理实践能否落地。在 ESG 战略实施层面，企业需要明确战略实施路线并落实到相关的执行部门，建立 ESG 风险管理体系，基于风险评估采取适当的应对举措，增强企业韧性，通过持续监控管理风险和绩效，提升运营管理及流程，为利益相关方创造综合价值。企业 ESG 战略管理涉及环境、社会、治理三方面内容。依据 ESRS 等现行 ESG 披露标准，企业 ESG 战略管理至少在环境责任方面涵盖气候变化、资源管理、能源使用和废物处理等表现；在社会责任方面涵盖员工权益、劳动关系、社区关系、人权和供应链管理等表现；在治理责任方面涵盖公司治理结构、董事会组成、股东权益保护等表现。主要流程包括将 ESG 要素融入企业战略（构筑 ESG 顶层设计）、设立战略实施路线并明确职责、设立风险管理体系进行风险评估与应对。

4. 进行 ESG 披露沟通

企业的 ESG 管理实践最终需要通过系统合规的 ESG 信息披露机制与利益相关者进行沟通反馈。因此，构建 ESG 信息披露机制，向社会各方充分披露信息，减少信息的不对称和提高自身信息披露的质量，是企业 ESG 管理实践的重要一环。有效的披露可为企业带来诸多益处：加强环境与社会风险的管理，推动企业可持续发展能力的提升；树立负责任的企业品牌和形象，提高企业声誉；满足政府、行业协会的监管要求，合规且系统地展现自身在 ESG 方面的绩效；选择负责任的供应商，共同维护客户权益，提升客户满意度。主要流程包括建立完善的信息披露机制、提高 ESG 信息披露的完整性和透明性、以信息披露促进管理提升。

小案例

中芯国际：科创板 ESG 治理及信息披露践行者

中芯国际集成电路制造有限公司是世界领先的集成电路芯片代工企业之一，也是中国内地规模最大、技术最先进的集成电路芯片制造企业。主要业务是根据客户本身或第三者的集成电路设计为客户制造集成电路芯片。

中芯国际较早开始践行ESG治理（环境保护、社会责任和公司治理），并通过公司官网、CSR报告、CDP报告和DJSI报告及年报等渠道面向投资者披露相关信息。中芯国际多年来在ESG方面的披露提供了公司在有效利用自然资源、环境治理、供应链管理、人力资源管理、对社会的贡献、董事会治理、商业道德、信息披露及合规等维度的信息，为投资者提供了十分全面的公司信息，帮助投资者判断公司是否真正能借助良好的体制建设和管理能力为投资者创造长期价值。

中芯国际不但注重企业发展和创造经济价值，并且不断推动ESG治理机制建设，坚持可持续发展。与投资者沟通ESG治理信息，不是在空中楼阁高谈阔论理想和目标。ESG治理信息方面的沟通都基于公司长期以来在此方面做的实质性工作：公司管理层的引领，相应部门的设立，管理机制的完善和各部门的协同。在企业管制方面，公司还设有内部审计、合规办公室、风险管理组织和信息披露部门，专门建立了内部合规机制（ICP）确保公司遵守高科技产品的国际出口管制法律和条约。公司也有严格的股价敏感资料披露政策及程序。这些部门共同协助董事会审计委员会评估经营风险，敦促改善公司内部控制，降低风险并提升公司治理水平。

5. 推动ESG评价反馈

企业搭建ESG实施与运营体系后，应当对ESG绩效进行监测和评估，促进ESG管理体系的不断完善。这里讲的企业ESG绩效评价不是指评级机构对企业的ESG评价评级，而是指企业自身在ESG管理实践过程中进行常态化的跟踪、分析、评估，根据企业在常态化的日常评价中发现的ESG问题，对企业的战略、实施、执行活动进行相应的优化与调整，以符合企业的ESG战略方向，保持、提升企业ESG绩效水平，同时也可以使企业更为便利地定期编制ESG报告。主要流程包括制定和完善ESG考评体系、建立ESG激励与约束机制、建立ESG考评反馈机制。

小案例

首创环保集团：聚焦 ESG 管理，
推动“生态 +2025”战略发展规划落地

北京首创生态环保集团股份有限公司（以下简称“首创环保集团”）成立于 1999 年，是全国 500 强企业北京首都创业集团有限公司（以下简称“首创集团”）控股的环保旗舰上市公司。首创环保集团深耕环保行业二十余年，在城镇水务及水环境综合服务、固废综合治理、大气环境与工业服务、资源能源等领域为客户提供高效、智慧、绿色的解决方案。

首创环保集团搭建并持续完善结构完整、层级清晰、系统化的 ESG 管理架构，进一步提升 ESG 管理效率。ESG 工作组负责 ESG 相关规则与战略的决策，确保公司 ESG 管理与公司发展方向一致。另外，ESG 工作组负责推动公司 ESG 相关规划的执行及各项工作的落地，并组织协调各部门及下属公司开展 ESG 实践工作。

首创环保集团结合自身战略规划，对标行业优秀企业，分析识别出 25 项 ESG 重大性议题（2022 年度），包含员工责任、产品责任、社会、环境和公司治理五个类别，并依据“对首创环保的重要性”和“对利益相关方的重要性”绘制议题矩阵。针对不同的议题，首创环保集团对自身可持续发展现状开展分析，深化 ESG 实践，并在报告中进行重点披露，以回应利益相关方的诉求。

通过搭建 ESG 管理架构、编制发布 ESG 报告，首创环保集团可以回溯信息化管理、运营管理、数据安全管理等方面遇到的问题，并逐一反馈与解决，以 ESG 管理为基础，规划高质量发展路径。

6. 布局 ESG 投资发展

ESG 投资是在传统财务分析的基础上，充分考虑环境、社会及公司治理等非财务因素的投资方法论。ESG 投资需要投资者在分析企业的盈利能力及财务状况等相关指标的基础上，从环境、社会及治理的非财务角度考察公司的经济与社会价值。ESG 投资能促进企业 ESG 表现和企业价值重构，具有显著的积极影响，重视环境、社会和公司治理，承担社会责任的企业更具有企业价值提升潜力和动力，更可能在资本市场获得更多的金融资源。同时，ESG投资能帮助企业将自身冗余资源和投资性资产布局到高ESG绩效表现的产业，这也算是企业ESG管理实践的最后一环。ESG投资一方面能够促进企业将ESG评价纳入其项目投资决策流程，推动ESG对企业项目投资的引导作用；另一方面，ESG投资立足ESG三个维度，可引导资本市场的资源向ESG表现良好的企业流动，产生信号传递和羊群效应，加强上市企业定期同业对比分析，倒逼企业向行业领先企业吸取ESG先进经验，推动上市公司高质量发展，降低企业融资成本，提升企业品牌形象。主要流程包括遵循投资机构披露要求、规范信息并获取资本市场认可、打造良好的ESG表现和声誉。

小案例

Infosys：践行ESG理念，构建ESG管理体系

Infosys是印度历史上第一家在美国上市的公司。作为一家大型软件外包公司，其主要业务是向全球客户提供软件外包、咨询等IT服务。Infosys凭借其在ESG问题上的出色表现，得到了许多ESG评价机构的信任和青睐。

Infosys将ESG理念贯彻到工作的每个环节，积极响应生态和社会需求。在过去的几年中，Infosys公司员工人均耗电量大幅减少，并成为印度第一家加入RE100联盟的公司，承诺至2050年将100%使用可再生电力。2020年，Infosys已经用可再生能源代替了将近一半的电力消耗，并积极投身到可持续能源计划当中，包括对60兆瓦的太阳能光伏发电的投资，展现了Infosys向可再生能源转型的决心。Infosys在2020年表示，公司已经实现了碳中和。在社会方面，为了提高普通民众的生活水平，Infosys推出面向社会的培训计划，预计将培养1000万名拥有数字技能的人才，为超过8000万人的生活提供技术支持。在治理方面，Infosys始终坚持在可持续发展原则基础上为股东创造最大价值，同时努力保障所有利益相关者的权益，为此Infosys设定了许多执行标准，包括日常运营、价值链、供应链和监管的每一环节。作为印度治理实践最优秀的公司之一，Infosys将道德治理放在首位，建立了完善的问责机制，包括领导者、员工、合作伙伴和供应商在内的所有成员都必须严格遵守并积极维护。

1.5.4 企业ESG管理的内容

综上，企业ESG管理是企业将环境、社会责任和治理因素纳入战略决策和实践过程，同时考虑自身和相关利益者发展的管理活动。本书聚焦企业ESG管理，系统梳理了企业ESG管理的理论研究与实践发展。具体来看，第1章从ESG的定义概念、发展脉络、理论基础引入，探究了ESG嵌入企业管理的意义、原则和结果，由此推出企业ESG管理的目标、对象、流程和八个核心内容。第2章关注ESG战略管理的重要性，系统论述了ESG战略管理的相关概念、文化管理体系、战略管理流程、风险挑战。第3章关注ESG披露管理的重要性，系统论述了ESG披露管理的相关概念、披露体系、应用领域。第4章关注ESG评价评级管理的重要性，系统论述了ESG评价管理的相关概念、评价体系、应用领域。第5章关注ESG投资管理的重要性，系统论述了ESG投资管理的相关概念、策略、生态体系和应用领域。第6章聚焦企业环境责任可持续的重要目标，系统论述了环境管理的定义、重要应用领域，并提出E-CPC模型。第7章聚焦企业社会责任可持续的重要目标，系统论述了社会责任管理的定义、重要应用领域，并提出S-LPSS模型。第8章聚焦公司治理有效性的重要目标，系统论述了治理管理的定义、重要应用领域，并提出G-SME模型。企业ESG管理的整体框架如图1–3所示。

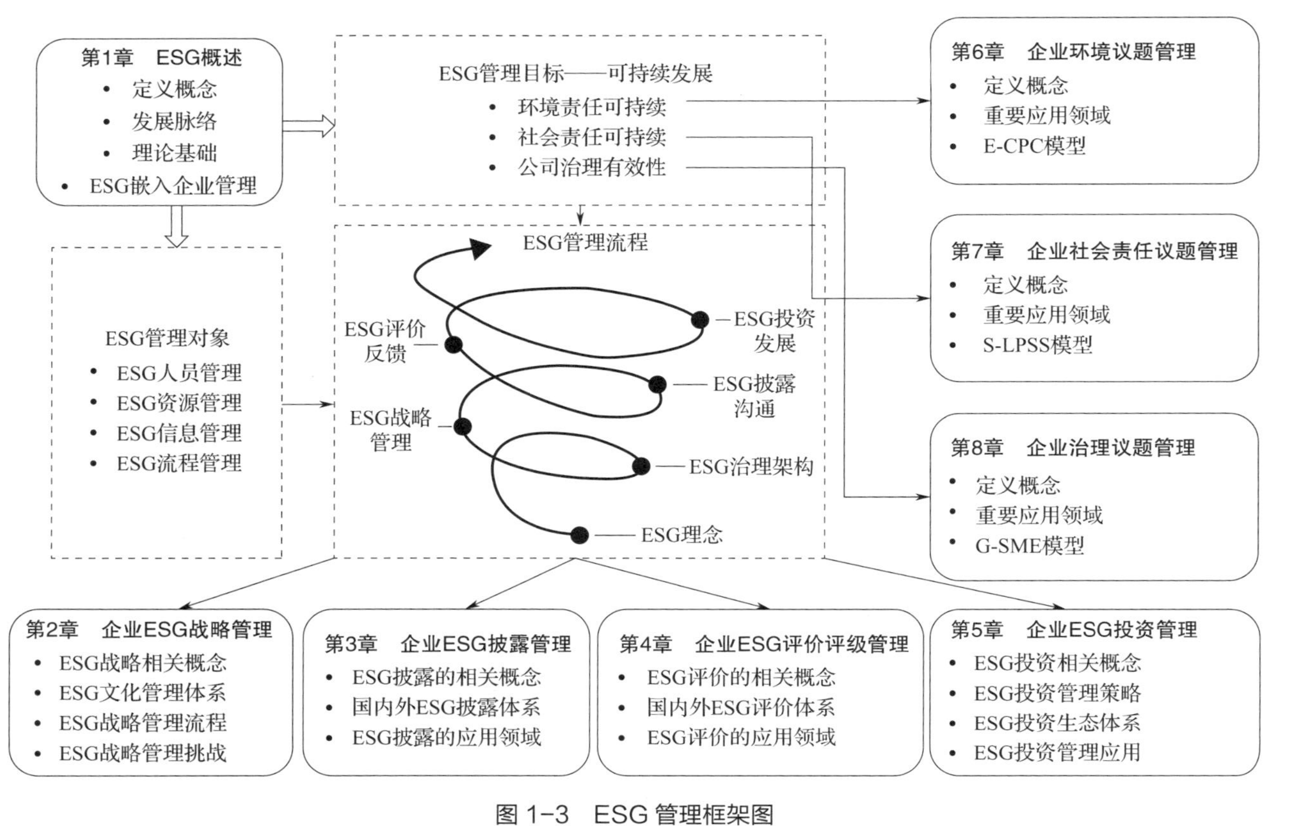

图 1-3 ESG 管理框架图

资料来源：作者整理。

第 2 章　企业 ESG 战略管理

开篇案例

安踏的 ESG 平衡术：绿色变革、社会效益与企业价值

回首过往 30 余年的发展，安踏由一家制鞋小作坊逐渐成长为一家成熟的上市集团公司，并成为享誉中国的“国货之光”。自 2016 年起，营业收入持续增长，2022 年上半年超越耐克。这得益于 2015 年基于 ESG 理念实施的可持续发展战略变革。首先，安踏希望改变纺织行业对生态环境造成的破坏，并引领改变，响应政府、投资机构和消费者对环保的日益关注。其次，作为中国体育用品领军企业，安踏认为有责任支持国家发展战略，贡献资金和技术。最后，尽管治理结构有所不足，但安踏立志将中国品牌推向国际巅峰，打造百年中国品牌，基于 ESG 的战略能增强透明性，向资本市场传递企业良好发展和科学决策的信号，吸引国际投资机构的关注与合作。由此，综合考量内外部因素，在国内率先进行基于 ESG 理念的可持续发展战略变革是安踏发展的新方向。

安踏的行动：构建全方位 ESG 生态体系的探索

1. 做“真・企业公民”，提升安踏品牌影响力

尽管确立了基于 ESG 理念的可持续发展战略变革目标，但是安踏深知，ESG 战略变革的实现不是一朝一夕之功，安踏需要能够就地取材，充分发挥自身在体育用品领域的专长，并结合企业实际情况持续进行 ESG 战略变革。

“不是所有的国产品牌都有资格叫国货，但是，安踏值得！”“国货之光！良心企业！支持国产！就买安踏！”看到微博上的消费者对安踏洋洋洒洒的赞美，安踏人心中洋溢着骄傲与满足。在持续践行ESG战略变革的努力下，安踏终于不负耕耘，成长为最具品牌价值的国产体育用品集团。安踏取得一定成就后，回馈故乡。创始人丁和木先生成立玉厚阿瑞慈善基金会，改善岸兜村生活。为实现中华民族伟大复兴，安踏创始人家族还投入100亿成立“和敏基金会”，推动医疗救助、体育、乡村振兴、环境保护。巨额公益投入引发了一些争议，但安踏认为热爱国家不用金钱衡量，长远来看，投资公益将提升品牌价值，带动其他企业参与公益事业，推动国家共同富裕。

2. 做“真·环境使者”，推动全产业链绿色变革

2017年8月，一条新闻刷爆行业朋友圈：浙江染厂、纺织厂关闭377家、搬迁140家、签订搬迁协议54家、断电1631家……而联合国的一组数据显示，生产1公斤棉花需要用水1万升以上，仅够一条蓝色牛仔裤用，却相当于一个人十年的饮水量。除此之外，其产生的塑料微纤维也成为海洋塑料污染的罪魁祸首。安踏负责人对行业环境污染的报道感到担忧和重视。细细回想，虽然集团已经在积极地推动基于ESG理念的可持续发展战略变革，但是前两年主要将精力集中在社会责任方面，对于安踏一直想要进行深度变革的环保实践做得还十分不足。面对严峻形势，他们意识到环保转型对企业增长的重要性。作为纺织服装生产企业，环保转型是必然之举，也有助于节约成本。同时，作为行业领军企业，安踏有责任推动整个行业绿色转型。虽然面临各种问题和争议，但安踏坚定选择绿色变革，将环保纳入ESG框架，以身作则、内外协同、创新超越，投入资源推动企业绿色变革，积极践行社会公益。通过软硬件升级推动员工环保和节能减排意识的形成。对内，改造设备，降低能耗；升级管理系统，降低办公能耗；设立规范制度，教育员工环保。对外，制定供应商环保标准，提供资金支持和技术创新；创新产品设计，节约资源和降低排放。安踏2021年的ESG报告显示，直接碳排放量从2015年的14800吨降至2021年的2772.48吨，下降率达81.27%。碳强度也从2015年的5.53降至2021年的

2.95。此外，公司还通过自主创新推出“雨翼科技”无氟防水面料服装、“唤能科技”环保系列产品和大受欢迎的“霸道环保鞋”。这些环保产品受到年轻一代消费者的喜爱，证实了践行环保不仅不会导致顾客流失，还带来了新的利润增长点。

3. 做“真·优质企业”，与伙伴共生

在全球化的关键阶段，安踏积极回馈社会，推动绿色创新，但也需要内部变革。加强治理体系，团结员工和伙伴，奔向世界舞台，展现优质中国形象成了企业的目标。2021年，安踏形成了科学的公司治理体系，为企业抵御内外部挑战提供了坚强的堡垒。然而，安踏内部的治理问题依然突出，顾客投诉也时有存在。基于此，安踏于2021年12月18日正式成立可持续发展委员会，推动全公司自上而下的ESG治理架构的形成。在建设多元化董事会治理架构方面，安踏在董事会下设五个委员会，各委员会基于各自的专长划分职责范围，推动公司可持续发展的实现。在供应商治理体系方面，安踏针对供应商设计了一套严格而科学的选拔、监督、管理与培训体系，成功地打击了生产性假冒侵权案件19宗，以微小的成本规避了巨大的损失，间接促进了企业的财务增长。在员工福祉方面，安踏从生理需要出发，实施《医疗无忧计划》《安居计划》，举办“戈壁徒步”“海岛生存拓展训练”等活动，建立安踏学园，定期开展安踏大讲坛，提供名校进修机会，全面提升员工的领导力、商业力、通用力、文化力和专业力。由此，安踏上榜福布斯最佳雇主榜单，并收获了源源不断的人才流入。截至2021年ESG报告发布，安踏已面向社会提供52000余个岗位。在客户关系管理方面，安踏抓住顾客的痛点，想顾客之所想，急顾客之所急，积极利用数字化手段与客户实现“无缝对接”。安踏的数字化管理系统已更新至第十代，其在消费者心目中的形象也转变为如今科技感强、设计感棒、质量可靠的国货之光，而数字化顾客管理系统的运用则如虎添翼，帮助安踏稳稳地占领住了消费者的心智，不断实现对同行的超越和市场份额的扩大。

安踏的收获：ESG助力企业高质量与可持续发展

自2015年发布ESG报告以来，安踏的营业收入实现连年攀升。ESG理念让安踏树立了“勤俭节约、绿色低碳；关爱社会、从我做起；克己复礼、防患未然”的行动理念和价值观念。与此同时，基于ESG的可持续发展战略变革还帮助安踏减少了与利益相关者间的信息不对称，获得了更多的政策性支持和社会资本的信任，同时规避了许多环境和治理风险及其引发的连锁效应，间接带动了企业价值的提升。不仅如此，ESG战略也推动了安踏创新能力的提升，扭转了消费者对安踏的刻板印象，为向国际市场开拓积蓄了力量。

作为行业内首家发布ESG报告的体育用品企业，安踏已经连续7年发布了ESG报告，并实现了7年内业绩飞速增长，让我们看到了ESG评价体系的建立给企业可持续发展带来的积极影响。ESG报告不是企业的宣传册，而是企业的启明星，指引着企业可持续发展的前行方向。在ESG报告披露带来的良好企业效应和社会效应的成功实践下，安踏不断思考如何成为体育用品行业的引领者。安踏希望通过自身的努力，带动整个体育产业实现负责、高效和绿色连接；也希望通过自身的引领作用推动企业数字化治理路径的全面实现以及在全社会范围内构建多方利益相关者共同参与的全面、完善的社会责任和环境保护机制。

问题：

哪些因素会促使企业关注并践行ESG战略？企业推动ESG战略实施可能会面临哪些阻碍？安踏是如何逐步推进ESG战略转型的？该转型过程经历了哪些重要的阶段？安踏是如何寻求绿色变革、社会效益和企业价值间的平衡统一的？

2.1 企业ESG战略管理的概念与作用

随着国际资管行业越发重视ESG理念在投资目标、投资策略或投资原则中的重要性，越来越多的企业秉持ESG理念走上了转型之路，ESG已成为全球范围内的共识。本节将对企业 ESG 战略与企业 ESG 战略管理的核心概念进行介绍，为后续的深入分析奠定基础。

2.1.1 企业 ESG 战略管理的概念

企业 ESG 战略是指企业在经营管理过程中，以环境、社会、治理三方面为基础，积极采取一系列策略措施以实现可持续发展和创造长期价值的战略导向，如图 2-1 所示。其核心理念在于企业能够认识到环境、社会和治理因素对企业发展和利益相关者的影响，摒弃“股东利益最大化”的发展理念，追求社会价值最大化的可持续发展。

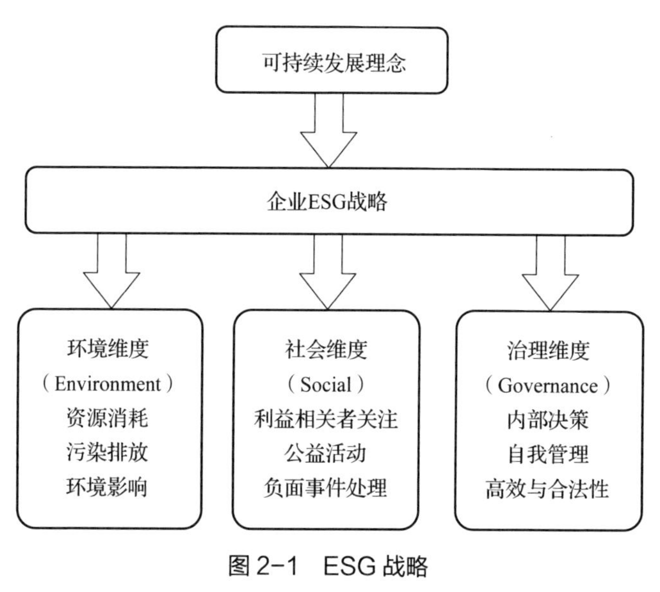

图 2-1 ESG 战略

资料来源：作者整理。

企业 ESG 战略中的环境维度强调企业在自然资源消耗、污染防治、气候变化方面的环境责任和可持续经营。企业需要关注其经济活动涉及的能源和资源使用情况以及废弃物和排放物的构成和处理方式，积极采取资源节约、污染防治等环保措施，减少生态足迹，为未来的发展创造更友好的生态环境。

企业 ESG 战略中的社会维度关注企业在开展经济活动时，与外部机构或社区及内部劳工等利益相关者的关系问题。企业需要重视员工权益和福利、客户服务质量，积极参与社区建设和慈善活动等。通过积极履行社会责任赢得良好社会声誉，增强利益相关者的信任，提升品牌形象，并对社会产生积极影响。

企业 ESG 战略中的治理维度强调企业内部决策及自我管理机制的科学、高效与合规性，要求企业建立有效的公司治理结构体系、保护股东权益、建立可信赖的沟通和报告机制并保证决策的合法合规性。

企业 ESG 三维度战略共同促使企业在追求经济利益的同时关注其对环境、社会和治理等因素的影响，有助于提高企业的综合价值和回报率，实现企业和社会的双重价值。

企业 ESG 战略管理是指企业制定并实现 ESG 战略目标的动态管理活动，是一个包含 ESG 战略策划、战略实施、持续检查评估和反馈改进的动态循环过程。其核心理念在于将 ESG 发展原则融入企业的战略决策和行动中，以促进企业对环境、社会和治理方面的协同管理。对比企业 ESG 战略与战略管理，ESG 战略回答的是企业如何实现环境、社会和治理三个层面的可持续发展，从而长期存在下去的根本性问题，而企业 ESG 战略管理研究的是如何分析、制定、选择并实施 ESG 战略，并通过对实施过程及结果的评价与控制来确保 ESG 目标的有效实现。企业 ESG 战略管理涉及多个层面，包括公司层 ESG 战略和业务层 ESG 战略，具体内容将在下一节详细阐述。

小案例

科技绿行者：腾讯的企业 ESG 战略

腾讯秉持“用户为本，科技向善”的使命及愿景，致力于通过科技创新促进环境可持续发展，解决社会问题，提高公司治理透明度。

在环境保护方面，腾讯发布了《环境保护管理制度》《生物多样性声明》，在承诺碳中和目标的基础上设置了符合《巴黎协定》的绝对减排目标，并利用技术促进自然资源的可持续利用和保护，应用互联网工具提升公众环保认知。

在社会价值创新方面，腾讯持续探索用企业核心能力推进社会价值创新，在实践中形成“基础科学研究、乡村发展、公益数字化”三大主线；发布《我们就多元、平等与共融的承诺书》，打造让员工感到被尊重、支持和启发的工作环境；同时始终保持高度的企业责任意识，持续升级各类产品与服务中保护与支持未成年人健康成长的措施。

在管治能力方面，腾讯建立了全面而完整的ESG管治架构，在董事会监督、管理层推进及业务代表落实三个层面推进ESG治理和绩效提升。2022年，腾讯发布多项ESG领域相关政策，持续修订完善有关人力资源、隐私安全、反舞弊、反垄断及反洗钱等领域的现有制度与政策。

2.1.2 企业ESG战略管理的作用

ESG将可持续发展的丰富内涵予以归纳整合，充分发挥政府、企业、金融机构的主体作用，依托市场化驱动机制，在推动企业落实低碳转型、实现可持续发展等方面形成了一整套具有可操作性的系统方法论。因此，企业ESG战略管理作为一种新的企业管理方式越来越受到各大机构和企业青睐。具体来说，企业ESG战略管理具有以下几个方面的作用：

（1）企业ESG战略管理能帮助企业找到未来生存与发展的正确方向。通过关注环境、社会和治理等重要因素，企业能够更好地适应未来的市场和社会环境变化。企业ESG战略管理鼓励企业从长远、可持续的角度出发，审视业务模式和发展战略，以满足人们日益增长的对环境友好、社会责任和透明治理的需求。这有助于企业在不断变化的商业环境中找到正确的发展方向，增强企业的竞争优势和长期盈利能力。

（2）企业ESG战略管理有助于企业优化资源配置。企业战略是企业编制经营计划和制定经营政策的依据，也决定了企业资源配置的标准和原则。关注ESG因素的企业更倾向于优化资源配置，将ESG与企业经营目标统一起来，有利于充分发挥企业各种资源的作用并产生协同效应，避免重复投资、盲目投资和无效投资，最终提升企业的整体绩效。

（3）企业ESG战略管理有助于强化企业的内外部凝聚力。企业ESG战略管理强调企业与内外部利益相关者的积极互动和合作。通过关心员工福利、加强员工培训、推崇多元包容文化，企业能够增强员工对企业的忠诚度和归属感。同时，积极参与社区建设和慈善活动也能够提高企业在社会上的形象和声誉，增强利益相关者对企业的支持。

（4）企业 ESG 战略管理有助于促进企业与社会的和谐发展。实施 ESG 战略管理有助于企业从多个角度审视自身，建立自身和社会共同发展的和谐关系。通过考虑环境、社会和治理层面的因素，ESG 战略管理促使企业在经营过程中寻求与社会共赢：不仅谋求自身利益，同样重视积极回馈社会，推动社会的可持续发展。这种共赢的理念有助于增强企业的竞争力，实现企业和社会的共同繁荣。

2.2 企业 ESG 战略类型

ESG 战略可以从公司层面和业务层面进行划分。公司层战略包括 ESG 整合型战略、ESG 平衡型战略和 ESG 专注型战略，业务层战略包括 ESG 成本领先战略、ESG 差异化战略和 ESG 聚焦战略。本节将重点介绍各个战略的基本概念、核心目标、优势、挑战及适用场景。

2.2.1 公司层战略

1. ESG 整合型战略

ESG 整合型战略是一种强调 E、S、G 协同发展的战略，旨在全面推动企业在环境、社会和治理三方面实现可持续发展。这一战略的核心思想是在企业决策和运营中平衡社会、环境和治理因素，创造长期价值，推动企业与社会发展的和谐共荣。ESG 整合型战略适用于资金实力雄厚、规模大、发展稳健的大型企业。这类企业拥有较多资源，并且有能力全面关注 ESG 三个方面的发展。由于其规模和影响力，这些企业可以在环境、社会和治理方面发挥领导作用，并通过将 ESG 纳入所有关键决策和业务活动中推动整个产业链可持续发展。

ESG整合型战略的优点在于：第一，全面实现ESG的可持续发展。ESG整合型战略能够确保企业在环境、社会和治理三个方面实现全面的可持续发展，这种综合性方法使企业能够在多个领域同时取得进步，实现ESG目标的平衡发展。第二，提高企业价值。ESG整合型战略有助于提高企业的价值和吸引力。积极关注环保、社会责任和良好治理的企业更受消费者、投资者和合作伙伴的青睐，市场竞争力也更强。

与此同时，ESG整合型战略也面临着一些风险和挑战：第一，需要长期投入。ESG整合型战略需要企业长期的投入和持续努力。在多个领域实现全面发展和改进需要时间和资源的投入，可能对企业的经营和财务状况产生一定的压力。第二，战略实施难度增大。ESG整合型战略同时涉及环境、社会和治理领域的实践，其复杂性可能增加企业的管理难度，企业需要确保在不同方面之间进行有效的协调和整合。第三，多方利益相关者期望的平衡。不同利益相关者可能对ESG有不同的期望和要求。企业需要平衡各方利益，确保ESG战略符合不同利益相关者的需求，并获得支持与合作。

小案例

风动未来：金风科技的ESG整合型战略

金风科技成立于1988年，是中国最早、自主研发能力最强的风电设备研发制造商。金风一直努力推动全球新能源产业的发展。作为新能源的倡导者，金风科技很早就开始关注ESG理念，并将环境、社会和治理三个因素考虑到整个公司战略制定的流程当中。多年来，金风科技在ESG三个方面做出了许多努力，效果显著。2019年，凭借在环境、社会和治理上的出色表现，金风科技获得了全国制造业领域含金量最高的“全国质量奖”。

环境方面，金风科技早在2015年就加入了中国RE100，新能源使用比例达65%。同时，金风科技重视废弃物管理和噪声污染优化管理，采用了全球先进的风电场降噪优化方案，并自主研发了风电厂噪声降低传播模型，有效地减少了噪声污染。截至2020年，金风科技的全球新能源装机量超过60GW，累计减排1.22亿吨二氧化碳。社会方面，金风科技不仅注重员工权益与培养，还倡导平等雇用，提供高额薪酬和安全工作环境，定期进行培训。同时，金风科技努力维护与社区的良好关系，在湖北荆州建设风电厂时修建公路，被当地居民称为“爱情公路”。另外，金风科技积极投身社区教育事业，实施“国学送教”和“丰润中华”公益活动，帮助超过4万名学生。在海外，金风科技与当地机构合作，向新能源研究工作者提供奖学金，推动当地新能源技术的进步。治理方面，金风科技一直秉持诚信经营、规范运作，设立股东大会、董事会、监事会的现代治理模式，并下设多个委员会保证公司正常运转。此外，金风科技还成立了专门的风险管控部门，逐步完善风险管理办法。为防止腐败，金风科技设立独立的审计监察部门，并出台相关管理制度，有效预防公司内部贪污腐败行为。

2. ESG 平衡型战略

ESG 平衡型战略是一种强调 ESG 维度与财务维度平衡发展的战略，旨在追求可持续发展的同时维持良好的财务状况。这一战略的核心思想在于 ESG 绩效与财务绩效的相辅相成。ESG 平衡型战略适用于中小型企业或财务状况相对较薄弱的企业。这类企业可能资源有限，需要更加关注 ESG 与财务之间的资源配置和平衡问题。这种战略允许企业在追求可持续发展的同时，避免过度压缩财务状况。通过精心平衡 ESG 与财务目标，逐步提升 ESG 绩效和经济绩效。

ESG 平衡型战略的优点在于：第一，可确保企业的稳健发展。ESG 平衡型战略使企业在追求可持续发展的同时保持财务健康，有助于实现长期稳健的经营和发展，通过合理平衡 ESG 投资和财务需求，企业可以更好地应对市场波动和外部风险。第二，有利于企业资源优化。ESG 平衡型战略注重在 ESG 实践中合理配置资源，避免过度投入导致财务状况不稳定，这有利于企业优化其资源配置。

ESG 平衡型战略的风险和挑战在于：第一，优先级冲突。在追求 ESG 目标的同时，企业可能面临财务投入的压力。决策者需要在 ESG 实践和财务目标之间做出优先级决策，确保资源的合理分配，但可能导致ESG目标的推进受阻。第二，投资回报率不明确。有些ESG实践可能并未直接带来明确的财务回报，使得企业在资源配置时需要权衡短期投资回报与长期ESG目标。

财绿共盈：蒙牛的ESG平衡之道

蒙牛的ESG实践体现了一种平衡型战略，即将ESG维度与财务维度有机结合，在追求可持续发展的同时维护良好的财务状况。通过发布“GREEN可持续发展战略”，蒙牛明确了可持续发展的方向，将重点放在可持续的公司治理、共同富裕的乳业责任、环境友好的绿色生产、负责任的产业生态圈和营养普惠的卓越产品等五个方面。这一战略不仅与环保、社会责任及企业治理紧密结合，还与企业的主营业务十分一致。

蒙牛在实践中投入巨资对乌兰布和沙漠进行了生态治理，并开展了沙草有机奶的产业实践。通过将23万亩沙地改造成有机草场，养殖奶牛12万头，日产鲜奶1800吨，蒙牛既实现了环境友好的生产，又推动了乳业责任和营养普惠的目标。此外，蒙牛巧妙地将公益与产品上市相结合，随特仑苏沙漠有机奶的限量版礼盒装赠送沙漠沙、沙画工具以及淡水珍珠，成功引发了消费者关注和社会热议。

通过内外部的有效沟通和结合，蒙牛让消费者对其品牌建立起了信任，使得ESG绩效与财务绩效相辅相成，实现了可持续发展与盈利能力的平衡。这种平衡型的ESG战略为企业长期可持续发展奠定了坚实的基础。

3. ESG专注型战略

ESG专注型战略是侧重于某个ESG维度的发展战略，专注于特定领域的可持续发展。这类战略的核心思想在于专注和集中利用资源，而不是广泛分散资源。具体包括环境导向型ESG战略、社会责任型ESG战略和治理优化型ESG战略。

环境导向型 ESG 战略强调企业在环境保护方面的责任和行动。这种战略侧重于减少企业对环境的负面影响，推动可持续发展，并提倡资源的有效利用。企业可采取节能减排措施、使用可再生能源、推广循环经济和环保技术等来实现环境可持续性。社会责任型 ESG 战略注重企业对社会的影响和承担的责任。这种战略涉及企业对员工、客户、供应商和社区的关怀，并致力于改善社会福利。这种战略关注企业对社会的影响和责任，它包括关注员工福利、人权、劳工权益、社区发展、产品安全和质量等方面。企业可致力于提供安全的工作环境、平等和多样性的机会、支持当地社区发展、支持慈善机构等。治理优化型 ESG 战略侧重于改善企业的治理结构和决策过程，以确保透明度、问责制和法律合规性。这种战略关注企业内部的治理标准和实践，包括董事会结构、股东权益保护、内部控制和道德行为准则等方面。企业可强调独立董事的角色和职责、建立有效的内部控制体系、推动透明度和披露准则、建立反腐败和道德准则等。

ESG 专注型战略适用于在特定领域拥有专业优势和资源，希望在某一 ESG 领域取得深入发展的企业。这类企业可以选择在环境、社会或治理方面成为领导者，专注于特定领域的 ESG 发展，并在其专业领域内建立可持续发展优势。

ESG 专注型战略的优势在于：第一，在特定领域谋得领先地位。ESG 专注型战略使企业能够在特定领域成为专业领袖。专注于某一 ESG 维度的企业可以投入更多资源和精力，深入研究和实践，从而在该领域取得更显著的进展和成果。第二，增加影响力，带动行业发展。通过在特定 ESG 维度成为领导者，企业可以在该领域对行业产生更大的影响力。企业的积极实践和示范效应可能激励其他企业效仿，从而推动整个行业朝着更可持续的方向发展。

ESG 专注型战略可能面临的风险和挑战在于：第一，依赖单一领域。专注于某一 ESG 领域可能导致企业在其他领域的发展相对薄弱。如果该领域受到市场波动或政策变化的影响，企业的业务和财务状况就可能受到严重影响。第二，更激烈的竞争压力。在某一领域成为领导者是企业发展的一个崇高目标，然而，这也伴随着更激烈的竞争。成为领导者将吸引其他企业竞相效仿，并希望在市场上获得一席之地。这种竞争可能表现为新进入者的增加以及现有竞争对手加大对市场份额的争夺。ESG 公司层战略间的对比如表 2-1 所示。

表 2-1　ESG 公司层战略对比

战略类型	定位	目标	优势	挑战	适用场景
ESG 整合型战略	E、S、G 三方面全面发展	确保企业在环境、社会和治理方面取得可持续进步	全面发展 ESG，提升企业整体的可持续性	需要持续投入大量资源，管理难度大	适用于资金实力雄厚、发展稳健的大型企业
ESG 平衡型战略	ESG 维度与财务维度平衡发展	追求可持续发展，同时维护良好财务状况	兼顾 ESG 和财务目标，维持财务稳健	优先级冲突和投资回报率的压力	适用于中小型企业或财务状况相对较薄弱的企业
ESG 专注型战略	在特定领域集中利用资源	在特定领域深入可持续发展	在特定领域取得领先地位和影响力优势	环境波动和更大的竞争压力	适用于在特定领域拥有专业优势和资源的企业

资料来源：作者整理。

小案例

茶饮界的绿色领袖：喜茶的 ESG 环境专注型战略

喜茶是一个备受年轻人喜爱的茶饮品牌。自 2016 年获得 A 轮融资后，估值迅速增长，2021 年估值达 600 亿元。被誉为中国的“星巴克”。基于行业特点，喜茶从环境战略入手，实施 ESG 专注型战略，带动了绿色消费升级，深受大众喜爱。喜茶一直以环保为追求，早在 2019 年就在全国门店推广纸质吸管，并不断升级环保战略。在国家“限塑令”落地前，喜茶率先推动供应链更新，采用环保材质的 PLA 吸管。喜茶对的 PLA 材料进行严格测试，并鼓励消费者反馈，在得到消费者的认可后最终确定供应方案。同时，喜茶倡导少用吸管和塑料杯，鼓励顾客自带杯，实现资源的可持续利用。他们还与美团外卖合作推出青山计划，回收可循环塑料制品，用环保周边支持环保项目。此外，喜茶门店使用高效环保空调和节能灯，采购本地建筑材料，减少碳排放。可持续环境战略让喜茶在消费者心中树立了环保形象，成为绿色消费的领军品牌。截至2023年7月，喜茶门店总数已经超过2000家，进入超过240座城市，线上点单小程序“喜茶GO”会员数达到8000万。

2.2.2 业务层战略

1. ESG成本领先战略

ESG成本领先战略是指企业通过各种方式把企业成本降低到行业平均成本以下或低于竞争对手，以成本领先获得ESG竞争优势，实现ESG效益最大化的战略。ESG成本领先战略不仅仅考虑企业的生产成本，还包括市场营销、服务、研发、管理等各方面的费用，并将环境、社会和治理因素纳入考虑范围。尽管ESG成本领先战略追求低成本运营，但并不意味着企业要彻底削减各种成本，也不是简单地进行价格战。相反，该战略要求企业在努力削减成本的同时，提升顾客的使用价值。着力点并不是产品的低性能或低质量，而是为了拥有更多的消费者和更高的市场占有率，向消费者提供符合ESG标准、成本更低的产品或服务。ESG成本领先战略适用于市场竞争激烈，价格敏感度较高的企业。在这种市场环境下，企业面临着较大的竞争压力，消费者更加关注产品或服务的价格和品质，并且越来越重视企业的环境、社会和治理表现。

ESG成本领先战略的优势在于：第一，降低成本。借助环保技术和资源的高效利用等，企业可以降低环境成本和资源浪费，即使面临着强大的竞争力量，仍可以在本行业中获得竞争优势，吸引大量对价格敏感的消费者，提高市场占有率，依靠薄利多销稳定企业的利润总额。第二，延缓替代品的出现。与竞争对手相比，ESG成本领先企业在应对替代品的威胁方面具有更大的灵活性。为了争取和稳定现有顾客，低成本企业可以以足够低的价格增加消费者的购买可能，使之不被替代产品所替代。当然，如果企业要较长时间地巩固现有竞争地位，还必须在产品及市场上有所创新。

但ESG成本领先战略也可能带来以下风险：第一，限制创新。过度追求成本领先可能导致企业的创新投入不足，影响其长期发展的可持续性。当企业产品的价格优势无法弥补其创新不足的劣势时，企业将会失去其竞争优势。第二，优势难以维持。随着技术与产业的成熟以及竞争对手之间的相互模仿，企业降低成本的空间会越来越窄，企业的成本优势将很难维持。

小案例

水资源变废为宝：青岛啤酒的ESG成本领先之路

啤酒制造需要消耗大量水资源及能源，并伴生大量三废。因此，很少有啤酒企业愿意主动公布用水量。而作为酿酒行业中少数公布用水量的公司之一，青岛啤酒积极关注水资源利用情况，公开透明地报告用水量，并在过去几年中成功降低用水量。青岛啤酒积极践行ESG成本领先战略，为降低水资源成本，提高水资源利用率，将节水、节能、废污处理等作为日常生产的核心课题。通过源头削减和过程控制，有效地降低了水资源的消耗，并且采取了多种有效的节水措施，包括对啤酒生产过程中产生的溢流水、冷凝水、设备冷却水、中水等的回收循环利用，大幅提高了水资源利用率。除了节约资源，青岛啤酒还积极探索循环经济，将废酒糟、废酵母、碎玻璃等一般工业固废进行100%综合利用。这种资源的再利用不仅降低了废物对环境的影响，同时也提升了生产效率，降低了原材料采购和废物处理的开支。青岛啤酒在实践ESG成本领先战略的过程中，充分展现了企业的环保意识和社会责任担当。通过节约资源、循环利用废物等举措，不仅实现了成本领先，还为构建更加环保和可持续的经济发展模式贡献了力量。这样的积极实践不仅推动了企业的高质量发展，也为其他企业树立了良好的榜样，促进整个行业朝着ESG目标迈进。

2. ESG差异化战略

ESG差异化战略是指在提供产品或服务的过程中，于多项条件上设计一系列有意义的差异，使本公司的产品服务与竞争对手的区分开来，塑造独特的ESG特征，从而吸引消费者和投资者，获得溢价收益，取得竞争优势的一种战略。其核心思想是通过塑造独特的品牌形象和声誉，获得市场份额和客户忠诚度。在这种战略下，企业将专注于与竞争对手区别开来，以吸引特定类型的客户和投资者。ESG 差异化战略不仅有助于减少可替代产品的数量和替代程度，而且通过突出环境友好、社会责任和良好治理的特征，增强了产品的不可替代性。这并不意味着企业追求绝对的垄断地位，而是强调通过对 ESG 因素的重视，形成与其他竞争对手不同的竞争优势。ESG 差异化战略适用于追求高端品牌形象，并愿意为可持续发展支付溢价的企业，这些企业的目标消费群体通常也是愿意为高品质和可持续性支付溢价的消费者。这些消费者更加注重产品的质量、社会影响和环境效益，而不仅仅是产品价格。

ESG 差异化战略的优势在于：第一，提高品牌价值和竞争力。通过在 ESG 领域采取独特、领先的实践，企业可以树立良好的品牌形象和声誉，建立稳固的竞争优势地位，吸引更多消费者和投资者。第二，避免替代品的威胁。实施 ESG 差异化战略的企业由于产品或服务具有特殊性，赢得了消费者的信赖，因此替代品只有具备更强的吸引力才能使消费者改变购买偏好，可见差异化可在一定程度上阻止和延缓替代品的威胁。

与此同时，ESG 差异化战略面临着以下风险和挑战：第一，过度差异化。如果企业过度强调 ESG 因素，导致产品价格昂贵或功能不足以满足消费者的基本需求，消费者可能会觉得无法承受或不值得购买。这将导致 ESG 差异化战略得不到市场认可，影响企业的市场份额和竞争地位。第二，宣传不足。只有消费者理解并接受了企业差异化的价值，市场才可能接受这种差异化。如果企业没有及时向消费者宣传差异化的价值，那么企业提供的差异化就无法被消费者所理解和接受。

小案例

绿色好麦：Oatly 的 ESG 差异化之道

Oatly 是一家成立于瑞典的燕麦植物蛋白食品公司，通过实施 ESG 差异化战略在植物性奶制品市场上树立起独特的品牌形象，吸引了众多消费者和投资者，赢得了市场竞争优势。首先，在环境方面，Oatly 关注燕麦生产的整个生命周期，从种植到生产再到运输过程，致力于降低碳排放。2024年4月，Oatly开始在燕麦奶产品的外包装上标注碳排放量，让消费者了解购买产品对环境的影响。此举不仅展示了公司对环境的承诺，也能帮助消费者做出更环保的选择。其次，在社会责任方面，Oatly通过多项公益活动和项目积极回馈社会。例如，率先为云南孟连咖农捐赠咖啡遮阴树，覆盖面积达到300亩，种植树木4500棵，同时帮扶20至30户农户。此外，Oatly还启动了燕麦“恢复农业”系统，支持农民采用恢复性和再生性农业种植方法，生产气候中性的燕麦。这些项目不仅体现了公司对农村社区的关爱，也帮助农民过渡到更可持续的农业种植，实现了环境和社会的双赢。通过这些独特的ESG实践，Oatly成功塑造了一个重视环保和社会责任的品牌形象，与传统乳制品企业形成了明显差异。消费者越来越关注企业的可持续性和社会责任，Oatly的ESG差异化战略在市场上吸引了更多的消费者和投资者，为公司的可持续发展奠定了竞争优势。

3. ESG聚焦战略

ESG聚焦战略是指企业集中现有资源和能力，将经营目标集中在特定的产品、消费群体或区域市场，并在有限的竞争范围内建立独特的ESG优势。ESG聚焦战略是一种与ESG成本领先战略和ESG差异化战略有所不同的战略，它着重围绕ESG理念，在一个特定的目标市场范围内开展经营和服务。企业采用ESG聚焦战略的逻辑依据是它能够比竞争对手更有效地满足某些特定顾客群体的需求或提供符合ESG标准的特定产品或服务。在ESG聚焦战略下，企业通过集中资源和能力，专注于特定的ESG目标市场，致力于提供符合该市场ESG价值观的高质量产品与服务，或推动ESG实践在特定领域发展。ESG聚焦战略的目标并不是在所有产品和全行业范围内取得成本领先或差异化优势，而是专注于在一个特定的目标市场范围内实现低成本或差异化，进而通过局部优势的能量累积和市场深度开发争得主动地位和有利形势。企业可以通过差异化战略来满足该目标市场群体的ESG需求，也可以通过成本领先战略来提供更具竞争力的ESG产品或服务，又或者两者兼而有之。ESG聚焦战略适用于在专业化、细分化领域发展的企业，企业所选择的目标市场具有较大的

ESG 成长潜力，且在同一细分市场中没有其他竞争对手采用同一 ESG 战略。

ESG 聚焦战略的优势在于：第一，抵御竞争压力。实施聚焦战略可以有效防御行业中的各种竞争压力，能够通过在特定目标市场中建立独特的 ESG 竞争优势，避免替代品的威胁，可以针对竞争对手的薄弱环节采取行动，借助成本领先或差异化优势提高自身的议价能力。第二，建立领先地位。企业实施聚焦战略将目标集中于特定的产品或市场区域，能够集中资源更好地生产某种产品或服务于特定的顾客群体，取得消费者的信赖和认可，从而提高企业的信誉度及其产品的社会美誉度和知名度。

与此同时，ESG 聚焦战略也面临着以下风险：第一，环境适应能力差。实施 ESG 聚焦战略意味着企业必然将全部力量和资源都投放在狭窄的产品服务领域或特定的市场范围内，当消费者偏好发生变化，技术出现创新，或有新的替代品出现时，特定的消费群体对产品或服务的需求就会下降，这会给实施聚焦战略的企业带来很大的挑战。第二，经营风险大。如果竞争对手针对企业所选定的特定目标市场采取了更优于企业的聚焦战略，会导致企业的市场份额迅速下降，利润减少，甚至亏损或破产。ESG 业务层战略对比如表 2-2 所示。

表 2-2　ESG 业务层战略对比

战略类型	定位	目标	优势	挑战	适用场景
ESG 成本领先战略	以成本优势实现 ESG 目标	在可持续性和财务健康之间取得平衡	降低成本、减小替代品威胁	限制创新、优势难以维持	适用于市场竞争激烈、价格敏感的企业
ESG 差异化战略	走创新差异路线实现 ESG 目标	与竞争对手区别开来，建立更强大的品牌和声誉	提高品牌价值和竞争力、避免替代品的威胁	过度差异化、宣传不足	适用于追求高端品牌形象、愿意为可持续发展支付溢价的企业
ESG 聚焦战略	致力于在有限的竞争范围内建立独特的 ESG 优势	在某一特定领域成为领导者并持续获得竞争优势	抵御竞争压力并占据领先地位	环境适应能力差、经营风险大	适用于在专业化、细分化领域发展的企业

资料来源：作者整理。

小案例

聚焦女性：欧莱雅的ESG巾帼风采

作为世界著名的化妆品企业，欧莱雅一直以来以可持续发展为战略导向，成为ESG实践的典范。而在其ESG战略中，独特的ESG聚焦战略让欧莱雅在市场上独树一帜。欧莱雅深知女性是其主要目标受众，因此将ESG战略目标聚焦在女性身上。以“美丽传承”为主线，欧莱雅在多个方面助力女性自信蜕变。

首先，在可持续发展计划中，欧莱雅不仅致力于环保，还特别关注女性的社会地位和权益。通过与各地慈善组织合作，欧莱雅设立专项基金，用于改善女性教育和职业培训，帮助更多女性获得自主发展的机会。其次，欧莱雅在青年人才计划上发挥了巨大价值，公司提供优质实习项目和培训机会，鼓励更多年轻女性加入科研、创新和管理领域，培养未来女性领袖。此外，欧莱雅还设立全球杰出女科学家奖，以表彰在科学研究领域做出了杰出贡献的女性，鼓励她们继续探索科学的未知领域。2022年，欧莱雅在中国25周年庆典上进一步发布了全新的“欧莱雅，为女性”女性赋能公益计划。计划在2023年至2027年期间向妇基金会捐赠总价值累计不少于人民币5000万元的资金及物资，携手更多品牌开展和深化更多的女性赋能项目，为处于不同人生阶段、人生境遇，以及具有不同社会需求的女性提供更加多元化的支持。在ESG实践中，欧莱雅紧紧抓住女性这一特定消费群体，专注于提供针对女性的美容产品和服务，使其在有限的竞争范围内建立了独特的ESG优势。通过关注女性，欧莱雅不仅赢得了消费者的信赖和忠诚，更在ESG聚焦战略下成了女性自信蜕变的坚实后盾。

2.3 ESG愿景、使命、价值观与战略目标

本节将介绍ESG愿景、ESG使命、ESG价值观以及ESG战略目标。这些要素在ESG战略中扮演着重要的角色，为企业建立可持续发展框架指明方

向。通过明确企业对未来的远景设想、强调责任和使命感、秉持核心价值观念，并设定具体目标和计划，企业能够在 ESG 领域采取有针对性的行动，推动可持续发展目标的实现。

2.3.1 ESG 愿景

愿景（Vision）是描绘企业期望成为什么样子的一幅画面。广义地说，就是企业最终想实现什么，指明了企业在未来数年前进的方向，回答的是“成为什么样子”的问题。狭义地说，企业愿景是指对企业前景和发展方向的高度概括的描述，是未来 10 年至 30 年的远大目标和对目标的生动描述。由组织内部的成员所制定并获得组织一致的认可，形成大家愿意全力以赴的未来方向。因此，愿景是对组织理想状况的描述，使组织的未来更加具体化。

ESG 愿景是指企业在 ESG 战略中追求的理想状态和未来发展方向，反映了企业对可持续发展的美好愿望，表达了企业在可持续发展、社会责任和良好治理方面取得卓越成就的渴望。ESG 愿景具体表现为企业承诺在其经营过程中将环保、社会利益和良好治理融入战略决策中，并积极采取措施来降低对环境的影响、推动社会公平与发展、确保公司运作的高效透明。这一共识由企业内部成员共同制定，并得到全体成员的支持与投入，以实现 ESG 愿景所描绘的理想蓝图。

2.3.2 ESG 使命

使命（Mission）是指企业在社会经济发展中所应担当的角色和责任，回答的是“为什么而存在”的问题。企业使命是企业的根本性质和存在的理由，描述了企业的经营领域、经营思想，为企业目标的确立与战略的制定提供了依据。

ESG 使命是指企业在 ESG 战略中承担的责任和使命，概括了企业对推动 ESG 目标和实践的核心职责和义务。ESG 使命通常涵盖企业的核心业务与产品，以及其对利益相关方、社会和环境的影响。通过明确 ESG 使命，企业将自身定位为可持续发展的推动者和实践者，致力于创造积极的经济、社会和环境影响。

2.3.3 ESG 价值观

价值观是企业的经营理念和企业哲学的集中体现，是企业看待及处理事物的准则，也是衡量企业一切行为的标准。具体来说，价值观是基于组织的共同愿景、宗旨和使命等，对预期的未来状况所持的观念，是对企业愿景和使命的具体展开，它将企业生存和发展的理由浓缩成组织独特的文化要素或理念要素。

ESG 价值观是指企业在 ESG 战略中秉持的核心价值和行为准则，代表企业在 ESG 管理和实践中坚持的原则和道德价值观念。ESG 价值观包括对环境保护、社会责任、良好治理和可持续发展的关注和承诺。通过贯彻 ESG 价值观，企业致力于建立可靠、诚信和可持续的企业文化，引导员工、合作伙伴和利益相关方参与实现共同的 ESG 目标。

2.3.4 ESG 战略目标

战略目标，是对企业战略经营活动预期取得的主要成果的期望值。战略目标的设定是企业宗旨的展开和具体化，是企业经营目的、社会使命的进一步阐明和界定，也是对企业在既定的战略经营领域展开战略经营活动所要达到的水平的具体规定。

ESG 战略目标是企业在短期或中期内为实现 ESG 愿景而设定的具体目标。这些目标是可衡量的，定量或定性地反映了企业在 ESG 方面的进展和成就。ESG 战略目标需要与企业的商业战略和目标相一致，能够在实践中推动企业朝着 ESG 愿景的方向前进。

ESG 愿景、ESG 使命、ESG 价值观和 ESG 战略目标之间是相辅相成的关系，如表 2–3 所示。ESG 愿景和 ESG 使命为企业提供了一个明确的方向和使命，ESG 战略目标是为上述方向和使命设定的具体目标，而 ESG 价值观为

ESG 战略目标的制定和实施提供了价值基础和行动准则。通过统一这四者之间的关系，企业可以更加有效地推进其 ESG 管理和可持续发展，实现经济、社会和环境的共赢。

表 2-3　ESG 愿景、使命、价值观与战略目标的关系

	定位	承接关系
ESG 愿景	企业在 ESG 战略中追求的理想状态和未来发展方向	是一个长远的愿景，展示企业在 ESG 方面的抱负，为 ESG 管理提供宏观方向
ESG 使命	企业在 ESG 战略中承担的责任和使命	是愿景的进一步具象化，描述企业在环境、社会和治理方面的核心责任
ESG 价值观	企业在 ESG 战略中秉持的核心价值和行为准则	为 ESG 战略目标提供价值基础和行动准则，反映企业对 ESG 问题的态度和立场
ESG 战略目标	企业为实现 ESG 愿景设定的具体目标	是愿景的细化和拆解，为实现 ESG 愿景而制定的具体短期或中期目标

资料来源：作者整理。

2.4　ESG 文化与管理体系

本节将探讨 ESG 文化与管理的关键概念和体系。ESG 文化是企业内部价值观、意识形态和行为准则在环境、社会和公司治理方面的体现。我们将深入了解 ESG 文化的内涵、特征及其对组织发展的功能作用，同时，揭示 ESG 文化“冰山模型”背后的显性和隐性文化。此外，我们还将介绍 ESG 文化管理体系，包括管理目标、管理原则和管理方法。

2.4.1　ESG 文化基本概念

1. ESG 文化的内涵与特征

ESG 文化是指在组织内部形成的共享价值观、信念和行为准则，强调环

境、社会和治理因素在组织文化中的重要性，由所有员工共同遵守和推广。ESG文化关注的是组织内部员工对ESG价值观的认同与践行，通过培养员工的ESG意识和行为，将可持续发展和社会责任理念融入企业的核心价值观和日常决策中。ESG文化具有以下基本特征：

（1）共享性。ESG组织文化的共享性强调了ESG理念在组织内部的广泛共识和普及。ESG文化不再局限于高层领导的决策层面，而是通过每个员工的参与和行动，成为整个组织的集体信仰和行动准则。在共享性的ESG文化中，每个员工都是ESG文化理念的倡导者和实践者。ESG文化不再是一种附加的责任，而是成为了组织内每个人心甘情愿承担的使命，推动组织朝着“可持续”和“负责任”的方向发展。

（2）长期导向性。ESG组织文化的长期导向性强调了文化建设的持续性和深度。ESG文化不是一项短期的战略目标，而是一种长期的承诺，对于组织的未来和可持续发展具有深远的影响。在长期导向性的指引下，ESG组织文化的构建和强化是一个持续不断的过程。这种文化的形成不是一蹴而就的，而是需要组织内所有成员共同努力，才能随着时间和实践的积淀逐步形成。因此，ESG文化的确立并不是短期内可见的成果，而是在时间的推进下，渗透到组织的血脉之中。

（3）综合性。ESG组织文化的综合性强调将环境、社会和治理因素共同融入企业的文化理念中，形成一个统一、综合的整体，这意味着组织内的决策和行为要兼顾ESG文化的统一性，确保环境、社会和治理文化的平衡发展。这种综合性的文化理念使得组织能够更全面地认识、应对社会和环境的挑战，更好地履行社会责任，为可持续发展做出积极贡献。

2. ESG文化的“冰山模型”

冰山模型是美国著名心理学家麦克利兰于1973年提出了一个著名的模型，所谓“冰山模型”，是指将个体素质的不同表现表式划分为表面的“水面上部分”和深藏的“水面下部分”。ESG组织文化也可以形象地比作冰山，如图2-2所示。冰山在水面以上的部分代表ESG组织文化的显性方面，包括

ESG 战略、ESG 相关活动、ESG 治理结构和 ESG 行为规范等。例如，环境方面的 ESG 显性文化体现在制定环保政策、资源管理计划以及减少碳排放等硬性措施方面；社会方面的显性文化体现在制定与员工、客户和社区相关的规章制度，关注员工福利、社区项目以及公益事业等方面；治理方面的显性文化体现在建立透明的公司治理结构、合规性管理和激励机制等方面。冰山在水面以下的部分则是 ESG 组织文化的隐性方面，包括员工认同、行为动机、群体的无意识信念等方面。这些组织文化很难被外部直接观察到，但却在推动组织 ESG 管理的发展过程中发挥着至关重要的作用。例如，环境方面的隐性文化体现在员工的日常工作意识中，如自觉采取节能减排措施，减少资源浪费，认同支持公司的环境保护项目等；社会方面的隐性文化体现在组织对员工的关怀和信任、员工认同组织的社会参与行为等；治理方面的隐性文化体现在组织内部重视公平公正和透明度、鼓励高效决策等。

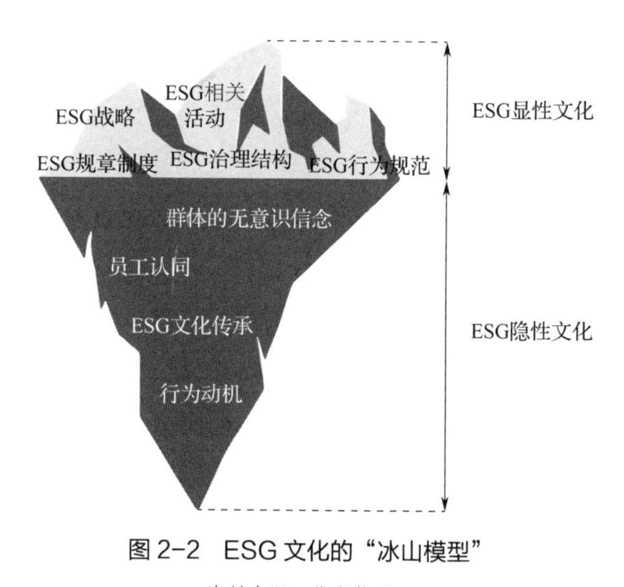

图 2-2　ESG 文化的“冰山模型”

资料来源：作者整理。

ESG 组织文化的显性和隐性方面共同构成了组织内部的 ESG 文化氛围。虽然显性方面的规章制度是组织文化的重要基础，但隐性文化作为推动 ESG 文化发展的根本动力，影响着员工的态度、决策和行为，对组织的可持续发展和核心竞争力产生决定性的影响。因此，ESG 组织文化要同时关注“冰山”水面以上的部分和“冰山”水面以下的部分，通过建设积极的 ESG 显性文化和 ESG 隐性文化，组织可以更好地实现可持续发展目标，增强社会影响力，赢得利益相关者的信任与支持。

3. ESG 文化的功能

ESG 文化具有多方面的功能，主要包括自我内聚、自我改造、自我调控、自我完善和自我延续功能。

（1）自我内聚功能。ESG 文化通过培养组织成员的认同感和归属感，建立起成员与组织之间的互相联系和依存关系。这种内聚力使得组织成员的行为、思想、感情、信念、习惯以及沟通方式与整个组织有机地整合在一起，形成一种无形的合力。ESG 文化的目标和价值观让员工意识到他们是共同推动可持续发展和社会责任的伙伴，从而激发了组织成员的主观能动性和对组织共同目标的努力。

（2）自我改造功能。ESG 文化能够从根本上改变员工的旧有价值观念，使之适应组织外部环境的变化要求。一旦组织文化所倡导的 ESG 价值观念和行为规范被成员接受和认同，员工将自觉或不自觉地做出符合组织要求的行为和选择。这种自我改造使得员工在日常工作中更加注重可持续发展和社会责任，不断修正自己的行为以符合 ESG 标准。

（3）自我调控功能。与以文字形式表述的明文规定不同，作为团体的共同价值，组织成员必须强调遵守的 ESG 文化是一种软性理智约束。通过组织的共同 ESG 价值观不断地向个人价值观渗透内化，形成组织自动生成的一套自我调控机制。员工在工作中的行动受 ESG 文化的指导，确保组织在可持续发展和社会责任方面持续地发挥作用。

（4）自我完善功能。ESG 文化不断沉淀，经过无数次的辐射、反馈和强化，推动组织文化从一个高度向另一个高度迈进。组织通过反思、总结经验教训和改进，使 ESG 文化日益完善和适应变化的环境。这种自我完善功能促进组织在 ESG 实践中持续改进和发展，更好地满足外部环境的需求。

（5）自我延续功能。ESG 文化的形成是一个复杂的过程，受政治、社会、人文和自然环境等多重因素的影响。组织文化的内化和传承是需要经过长期倡导和培训的。因此，一旦 ESG 文化形成并得到组织成员的认同，它将具有自我延续的特性。在组织战略或领导层人事发生变化时，ESG 文化能够持续存在，不断引导员工的日常活动，使其快速适应外部环境因素的变化。

2.4.2　ESG 文化管理体系

1. ESG 文化管理目标

ESG 文化管理体系的管理目标是确保企业内部形成积极、可持续的 ESG 文化，并将 ESG 价值观融入企业的各个层面和业务活动中。具体管理目标有以下几点，如图 2–3 所示。

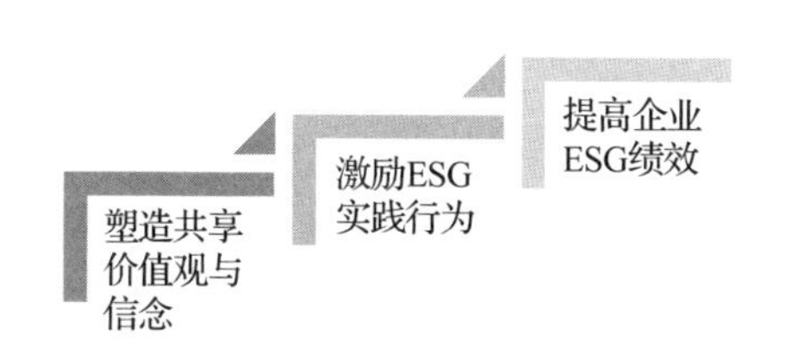

图 2–3　ESG 文化管理目标

资料来源：作者整理。

（1）塑造共享价值观与信念。ESG 文化的首要目标是在组织内部塑造关于环境、社会和治理的共享的价值观与信念。通过内部沟通和宣传教育，确保所有员工了解和认同 ESG 价值观的重要性，并将其视为组织文化的基石，培养员工关于环境保护、社会责任和良好治理的共同信念。

（2）激励 ESG 实践行为。在塑造共享价值观与信念的基础上，ESG 文化管理着眼于激励员工的 ESG 行为。通过设立奖励机制，鼓励员工在工作中积极践行 ESG 原则，如节能减排、推动员工多样性和包容、关注社区福祉等；引入绩效考核的 ESG 维度，将员工对 ESG 目标的完成度作为评估和奖励的一部分，从而激励员工积极地参与 ESG 相关活动。

（3）提高企业 ESG 绩效。ESG 文化管理的终极目标是提升企业的 ESG 绩效。通过明确 ESG 目标和指标，对企业在环境、社会和治理方面的表现进行量化评估，并予以持续监测和跟踪，将其纳入企业的持续改进计划，以不断提高 ESG 绩效。通过持续提高 ESG 绩效，实现可持续经营，增强社会声誉和品牌价值，吸引更多的投资和客户，同时对社会和环境做出更积极的贡献。

2. ESG 文化管理原则

在当今全球变化迅速、社会意识不断提高的背景下，ESG 组织文化管理成为企业可持续发展的重要策略。ESG 文化管理的核心原则包括综合性原则、长期导向原则、持续学习与教育原则以及透明管理与问责原则，如图 2-4 所示。

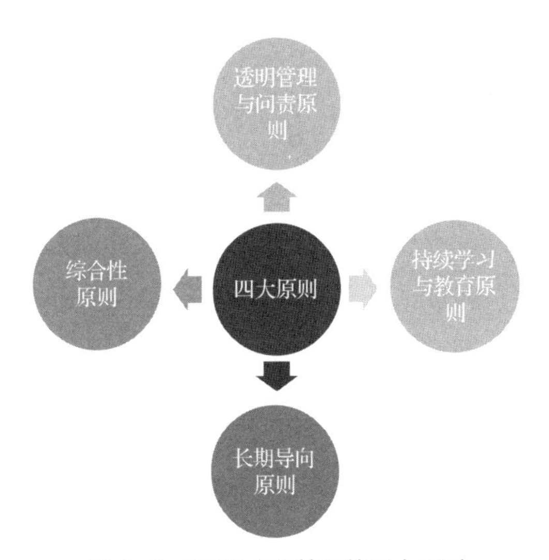

图 2-4　ESG 文化管理的四大原则

资料来源：作者整理。

（1）综合性原则。ESG 文化管理应对环境、社会和治理因素加以综合考虑，形成综合性、全局性的 ESG 管理思维，而不是将它们视为孤立的部分。企业应认识到这些因素之间的相互影响与相互依赖关系。例如，良好的治理结构有助于推动环境和社会目标的实现，而积极的社会责任实践有助于建立企业声誉和保障长期业务成功。

（2）长期导向原则。ESG 文化管理鼓励企业从长远角度看待 ESG 问题，将其纳入企业战略和价值创造的核心。这意味着企业不仅要关注短期经济利益，还要考虑 ESG 因素对企业长期可持续性和抗风险能力的影响。ESG 文化管理的长期导向性有助于企业在面对不断变化的商业环境时做出更加明智的决策。

（3）持续学习与教育原则。ESG 文化管理鼓励持续学习和教育，使员工了解 ESG 议题的发展和变化。通过内部培训、外部专家讲座等方式，鼓励员工不断增强对 ESG 问题的认识，并提升在 ESG 方面的专业知识。

（4）透明管理与问责原则。ESG 文化管理强调透明管理和问责制度的重要性。企业应主动向利益相关者公开 ESG 信息，包括 ESG 目标、绩效数据、风险管理措施等。保证透明度有助于建立信任和企业声誉。与透明管理相辅相成的是问责制度，问责原则要求企业建立明确的责任分配和追责机制，确保相关责任人对 ESG 目标的实现负责。

这些管理原则共同构成了 ESG 组织文化的基石，通过贯彻这些原则，企业能够建立积极的 ESG 文化，将环境、社会和治理价值观贯穿于企业各个层面和各项业务活动中，实现企业和社会可持续发展的双赢局面。此外，ESG 文化管理体制也需要持续更新改进，不断适应变化的商业环境与社会期望，支撑 ESG 实践发展。

3. ESG 文化管理方法

ESG 组织文化的管理方法主要包括培训教育、沟通参与和考核激励三个方面。组织多样化的培训教育，传达 ESG 理念和知识、建立多层次的沟通渠道，鼓励员工参与 ESG 决策和行动、制定明确的 ESG 绩效指标，将 ESG 绩效与奖励和晋升挂钩，这些方法有助于构建积极、可持续的 ESG 文化，并将 ESG 价值观融入企业各个层面和各项业务活动中。

（1）建立多样化培训教育机制。ESG 文化管理应当着重于建立一个全面培训计划，旨在深化员工对 ESG 理念和知识的理解，激励他们积极参与 ESG 实践。为此，可以采取以下措施：第一，制订个性化培训计划。根据员工职务、部门和相关经验，设计个性化的 ESG 培训计划。不同员工群体可能对 ESG 议题有不同的了解和需求，因此定制化的培训将更加有效地满足他们的学习需求。第二，引入外部专家培训。邀请 ESG 领域的专家学者，以及相关行业从业者参与培训活动，通过提供专业视角和分享实践经验，向员工传授更深入、实用的 ESG 知识。第三，实地考察和案例分享。组织实地考察和参观，让员工亲身感受 ESG 实践的现场情况，激发他们对 ESG 议题的情感共鸣。同时，分享其他企业或行业的成功案例，帮助员工了解成功 ESG 实践的关键要素和经验启示。第四，建立内外部交流平台。建立内部和外部交流平台，鼓励员工与同事、行业从业者乃至学术界进行广泛的交流和互动。这将促进知识分享，拓宽员工对 ESG 议题的视野，激发新的思考和创新。第五，定期评估和反馈。通过定期对培训活动进行评估，收集员工的反馈意见，了解培训效果和改进空间。根据评估结果不断优化培训内容和方式，确保持续有效地提升员工的 ESG 意识和责任感。

（2）建立多层次沟通参与渠道。企业可以建立多层次的沟通渠道，增强员工的参与度和归属感，鼓励员工参与 ESG 决策和行动。具体来说可以采取以下措施：第一，信息透明与共享。建立信息透明的文化，确保 ESG 相关信息对所有员工开放和可见。定期发布 ESG 相关的公司报告和公告，包括 ESG 绩效、目标进展和战略规划，以便员工了解企业在 ESG 方面的发展和表现。第二，员工参与项目组。设立 ESG 相关的项目组或委员会，并邀请员工自愿加入，参与 ESG 决策和实施。员工可以通过参与项目组，分享自己的想法和观点，为 ESG 实践贡献智慧和力量。第三，奖励和认可机制。设立奖励和认可机制，表彰那些在 ESG 方面做出积极贡献的员工。通过公开赞扬和奖励，激发员工的积极性和主动性，鼓励更多的员工参与到 ESG 实践中来。第四，反馈机制。建立双向的反馈机制，鼓励员工提供对 ESG 实践的反馈意见和建议。定期进行员工满意度调查和 ESG 意见征集，倾听员工的心声，及时调整 ESG 策略和方案。第五，跨部门合作。鼓励不同部门之间的合作与交流，促进 ESG 价值观在企业各个层面的传播和实践。通过跨部门合作，推动 ESG 文化在企业内部形成共识。

（3）制定考核激励体系。ESG 文化管理应当建立一个全面的绩效评估体系，以确保 ESG 价值观在员工绩效考核中得到有效体现，从而激励员工在 ESG 方面做出更多贡献。具体包括以下方法：第一，确立可衡量的 ESG 指标。制定明确、可衡量的 ESG 绩效指标，使其能够在员工绩效评估中量化体现。第二，绩效目标与职责关联。将 ESG 绩效目标与员工的职责和工作内容相关联，使每位员工在绩效目标中都能明确知晓与 ESG 相关的任务和职责。第三，定期评估绩效并反馈。建立定期的 ESG 绩效评估和反馈机制，对员工在环境、社会和治理方面的表现进行全面评估。通过定期的评估和反馈，帮助员工了解自己在 ESG 方面的表现，发现并改进存在的问题，同时也为表现优秀的员工提供及时的激励和认可。第四，奖励和晋升机制。设立奖励和晋升机制，将 ESG 绩效与员工的奖励和晋升挂钩，表现优秀的员工将获得相应的奖励和晋升机会，以激励他们在 ESG 方面继续发挥积极作用。

小案例

可口可乐的 ESG 文化管理之道

可口可乐公司一直致力于构建内部 ESG 文化，将 ESG 价值观融入其企业文化的方方面面。为了更好地践行 ESG 价值观，公司采取了一系列行动。可口可乐高层管理团队深知 ESG 的重要性，他们将 ESG 价值观贯穿于企业的使命和愿景中，以可持续方式提供产品和服务。高层领导不仅发表坚定的 ESG 承诺，更通过自身行动示范来引领全体员工，积极参与环保倡议和慈善事业，成为员工的榜样。此外，公司高度重视员工的意识提升，通过内部培训和工作坊，加强员工对 ESG 问题的认识。这使得员工能够更好地理解公司的 ESG 价值观，并在日常工作中融入这些价值观。可口可乐还鼓励员工参与 ESG 相关决策，并提供反馈机制。这种参与和反馈机制增强了员工对公司 ESG 目标的认同感，激发了员工积极参与 ESG 倡议和项目的热情。可口可乐的 ESG 价值观不仅贯穿于企业的使命和愿景，也融入了每个员工的心中。在这种 ESG 文化的引领下，可口可乐公司正朝着更可持续的未来稳步前行。

2.5 企业 ESG 战略管理流程

AFI 战略模型提供了一个系统有序的方法来评估和推行 ESG 战略，由战略分析（Analysis）、战略形成（Formulation）和战略实施（Implementation）三个阶段构成。战略分析阶段的任务是通过分析企业内外部环境，了解企业发展的机遇、威胁以及优劣势。战略形成阶段是基于分析结果，制定 ESG 战略目标并确定优先级。战略实施阶段的任务是贯彻执行已制定好的战略，通过持续的过程监控、检查评估与反馈改进，确保战略的有效实施并获得持续的竞争优势。

2.5.1 战略分析阶段

ESG 战略分析是一个综合性过程，主要包括外部环境分析和内部环境分析。外部环境分析有助于企业全面洞察 ESG 战略面临的机遇和威胁，而内部环境分析则关注内部资源和业务流程对 ESG 战略的支持情况，有助于企业挖掘自身优势，识别改进空间，为 ESG 战略的制定和实施奠定坚实基础。

1. 外部环境分析

ESG 战略的外部环境分析包括宏观环境分析、行业分析和利益相关者分析，这些分析有助于企业理解与 ESG 议题相关的外部环境，从而更好地制定符合可持续发展目标的战略。

（1）宏观环境分析。宏观环境分析是基于 PEST 模型，考察政治（Political）、经济（Economic）、社会（Social）和技术（Technological）四方面因素对企业 ESG 战略的影响，如图 2–5 所示。

在政治层面，企业必须高度重视相关法律法规，确保 ESG 的实践合法合规是可持续发展的基础。同时，政府政策对 ESG 领域的扶持力度也是关键因素。政府是否提供税收减免、补贴等激励措施，直接影响了企业 ESG 战略的制定和执行。除此之外，审视潜在的法律风险也至关重要。环保诉讼、违规行为等问题都可能严重影响企业的 ESG 声誉和经营稳定性，及早识别和应对这些风险是保障企业可持续成功不可或缺的一环。

图 2-5　PEST 分析模型

资料来源：作者整理。

在经济层面，企业需要研究当前和未来的经济趋势，包括国内外的宏观经济指标、GDP 增长率、通货膨胀率等，以把握经济的整体健康程度。这些因素会直接影响消费者的购买力和支出习惯，从而影响他们对可持续产品的接受程度。此外，经济形势也会影响产品的市场需求：在经济不景气的时期，消费者可能更注重基本需求；而在经济繁荣时期，他们可能更愿意投资可持续产品。企业需要根据经济形势灵活地调整产品组合，以应对市场需求的变化。

在社会层面，社会文化倾向在塑造消费者行为和购买决策方面发挥着重要作用，对 ESG 产品的接受度和市场需求会产生深远影响。社会逐渐趋向环保、社会责任和道德的价值观可能导致消费者更倾向于购买具有积极社会和环境影响的产品。而不同地区和文化之间的差异也会影响 ESG 产品的受欢迎程度，例如，一些地区的消费者可能更注重社会公平，而在另一些地区，环境保护可能更受重视。此外，随着时间的推移，人们的价值观和偏好可能会发生变化，对 ESG 产品的需求也会随之改变，企业需要实时洞察社会文化倾向，及时调整策略。

在技术层面，企业需要跟踪技术发展趋势，尤其是与可持续发展相关的技术创新，新技术趋势可能为企业实现 ESG 目标提供新机会，帮助企业在 ESG 领域取得竞争优势。然而，也需要警惕技术发展的难点和负面影响，某些技术可能引发伦理和道德争议，例如基因编辑、人工智能应用等，企业需要认真考虑这些问题，并确保其技术创新符合社会的价值观和道德标准。

（2）行业分析。行业分析主要包括五力模型和生命周期分析，有助于企业更深入地了解行业内部和外部的 ESG 相关因素，从而制定适应性强、具有影响力的 ESG 战略。

1）五力模型分析。五力模型强调对竞争者、供应商、顾客、潜在进入者和替代品的分析，如图 2-6 所示。基于 ESG 战略的五力模型分析，企业需要了解如何在这些力量的相互作用中找到平衡，以制定切实可行的 ESG 战略。

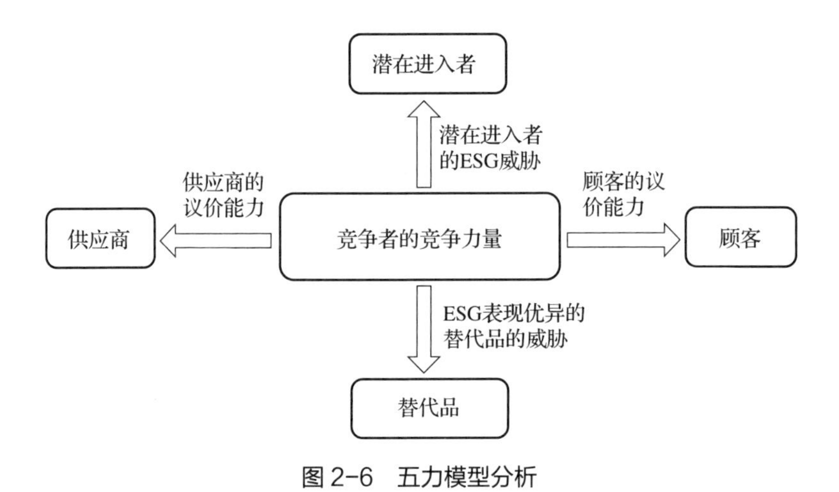

图 2-6　五力模型分析

资料来源：作者整理。

竞争者的竞争力量。在实施 ESG 战略的行业中，竞争者的角色至关重要。如果竞争者也在积极推进 ESG 实践，市场上可能会存在更多的可持续产品和解决方案，从而增加竞争的激烈程度。企业需要评估竞争者的 ESG 实践，了解其在可持续性方面的优势和劣势，并寻找差异化的竞争策略，以确保市场份额和优势地位。

供应商的议价能力。积极合作的供应商可以提供符合可持续标准的原材料和产品，增强企业的可持续竞争力。然而，不合规的供应商可能对企业的声誉和 ESG 实践造成负面影响。企业需要与供应商建立紧密合作，共同推动可持续供应链的建设，确保供应商的承诺与企业的 ESG 价值观一致。

顾客的议价能力。消费者在市场上对可持续产品和服务的需求不断增加，使其在交易活动中具有更大的影响力。随着消费者对环保和社会责任的关注度提升，他们更倾向于选择符合可持续性价值观的产品。企业需要对消费者需求保持敏感，并通过提供符合 ESG 标准的产品和有效的沟通策略满足消费者的期望，以保持市场份额和客户忠诚度。

潜在进入者的 ESG 威胁。实施 ESG 战略可能需要大量的投资和资源，这可能对新进入者形成一定的障碍。然而，如果新进入者在可持续发展领域具有技术创新潜力和资金优势，他们有可能迅速获取市场份额，增加行业竞争强度。现有企业需要保持创新，不断提升自身可持续发展的实力，以抵御新进入者的威胁。

替代品的威胁。替代品指的是那些可以代替现有产品或服务，并且在环保和可持续性方面表现更好的替代选择。这些替代品可能具有更低的环境影响、更高的社会责任等特点，更容易吸引消费者的注意，从而可能抢夺原有产品的市场份额。企业需要警惕这种替代品的出现，积极寻找创新解决方案，以应对潜在的市场份额流失和竞争压力。

2）生命周期分析。生命周期分析为企业提供了洞察行业发展阶段的工具，帮助企业在制定 ESG 战略时更好地理解行业发展的不同阶段，并根据阶段性特点调整战略的侧重点，如图 2-7 所示。

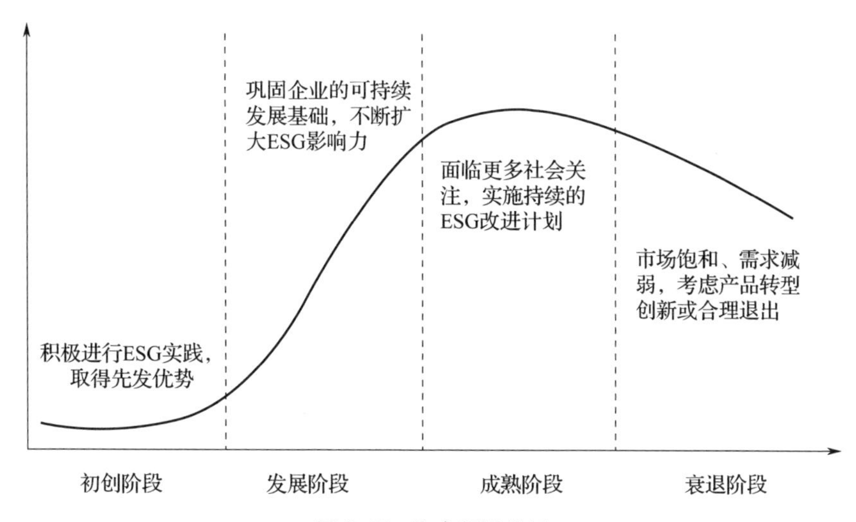

图 2-7　生命周期分析

资料来源：作者整理。

在初创阶段，市场缺少符合可持续发展理念的产品，企业应聚焦于引入技术创新和绿色设计，积极与利益相关者沟通，抓住发展机遇，实现ESG领域的先发优势。通过开发可持续解决方案，创新环境友好型产品，企业能够获得良好的ESG声誉，率先在市场上建立ESG领先地位，为可持续发展奠定坚实基础。

在发展阶段，随着企业的扩张和成长，企业需要关注供应链的可持续性、员工福祉和社区参与等方面。通过不断完善ESG管理体系、与供应商合作推动可持续实践并注重员工福祉以及积极参与社区责任活动，可巩固企业的可持续发展基础，不断扩大企业的ESG影响力。

进入成熟阶段后，企业可能面临更多的社会关注，因此需要更强调治理实践、透明度和长期战略的持续性。在这个阶段，建立强大的治理结构，以确保决策的透明合规至关重要。积极与利益相关者保持沟通，包括投资者、员工、消费者和社会组织，有助于获取反馈并获得支持。此外，实施持续的ESG改进计划可以帮助企业不断优化其ESG实践，巩固企业在成熟市场中的竞争优势。

最后，在衰退阶段，企业可能面临市场饱和与需求减弱等挑战。此时，ESG战略可能需要重新定位，考虑产品转型创新以重新激发市场兴趣，延长产品生命周期，或者选择合理退出，将资源重新配置到更具有潜力的领域。

（3）利益相关者分析。利益相关者分析旨在识别和评估影响企业ESG绩效和战略的关键利益相关者，包括政府、投资机构、顾客、员工、供应商、社区和股东等。通过了解利益相关者的需求和期望，企业可以更好地制定ESG战略，获得广泛支持，同时降低潜在的声誉和法律风险。具体而言，第一，政府机构在制定环保法规和政策方面具有强大的影响力，了解政府的法律要求和可持续发展政策有助于企业确保自身经营活动合法合规，降低法律风险，同时也可能获得政府的支持和激励。第二，投资机构越来越注重ESG因素，对企业的可持续性表现有着较高的期望，了解投资机构的ESG策略和要求，可以帮助企业吸引更多的可持续投资，提高融资能力。第三，顾客对于可持续产品和企业的 ESG 实践越来越关注，了解顾客的偏好和需求，可以引导企业开发更符合市场需求的产品，提高市场份额和客户忠诚度。第四，员工对于企业的 ESG 表现也有影响力，他们可能更愿意为有强烈社会责任感的企业工作，了解员工的价值观和期望，可以帮助企业提高员工满意度，降低员工流失率。第五，供应商的可持续性对于企业的 ESG 实践至关重要，深入了解供应商的可持续性承诺和表现，有助于企业建立可持续的供应链，减少供应链风险。第六，企业对社区的影响和社会责任也需要考虑，了解社区的需求和关切，可以帮助企业开展社会服务项目，增强与社区的合作关系。第七，股东会密切关注企业的财务绩效，要求一定的投资回报率，了解股东的期望可以帮助企业在 ESG 战略的制定中综合考虑商业和社会利益，实现各方共赢。综合来看，外部环境分析中的政府、投资机构、顾客、员工、供应商、社区和股东分析是确保企业 ESG 战略成功的重要一环。通过深入了解和积极回应各利益相关者的需求和期望，企业可以获得更广泛的支持，实现可持续增长。

2. 内部环境分析

ESG 战略的内部环境分析重点关注资源和价值链，帮助企业准确评估其内部资产和流程现状，以便更好地制定和执行与环境、社会和治理议程相关的战略。

（1）资源分析。资源分析包含对有形资产、无形资产和人力资源的评估，以确定企业 ESG 战略的实践基础。

有形资产评估是核心，包括审查企业现有设备和物资的环保程度。通过分析设备的能源效率、碳排放量以及对环境产生的影响，企业可以识别潜在的改进机会，减少资源浪费和环境影响，同时提高 ESG 实践绩效。

无形资产是企业价值体系中不具有实物形态的重要组成部分，包括品牌声誉、知识产权、商业关系、文化价值等。在 ESG 战略中，无形资产指企业在环境、社会和治理方面的声誉，以及与可持续发展相关的专利、商标、创新技术等。评估无形资产的价值不仅有助于衡量企业在 ESG 领域的影响力，还可以为战略制定提供有力依据。

人力资源评估聚焦于审视员工在可持续发展领域的 ESG 技能和态度。这不仅包括评估员工是否具备深入洞察理解环境、社会和治理问题的能力，还要关注他们是否拥有积极的环保、社会责任和道德观念，以及与 ESG 实践相匹配的技能。人力资源评估有利于企业充分发挥人才优势，并识别潜在短板，采取针对性培训，为 ESG 战略提供坚实的人力保障。

（2）价值链分析。ESG 战略的价值链分析是将环境、社会和治理因素整合到企业的活动序列中，探索企业在关键领域的改进机会和潜在的增值点，为 ESG 战略制定提供内部基础，价值链分析如图 2-8 所示。

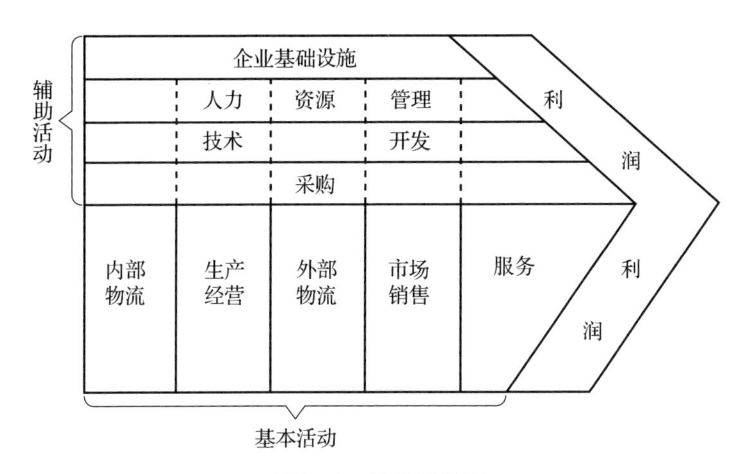

图 2-8　价值链分析

资料来源：作者整理。

基本经营活动是企业价值链的核心组成部分，包括产品的生产、销售、物流、售后服务等关键环节。通过分析各个环节的现状，思考如何将 ESG 理念融入各项活动中，有利于企业在多个方面实现 ESG 优势。在产品生产阶段，可以优化生产工艺，采用环保材料和技术，以减少能源消耗和废物产生。在销售环节，可以强调产品的环保特点，提供有关可持续性的信息，促使消费者做出环保的选择。在物流方面，可以选择低碳运输方式，减少运输距离和碳排放。而在售后服务环节，可以提供产品维护、回收和再利用的选项，鼓励客户减少浪费。

辅助活动在ESG战略中同样扮演着重要的角色，包括人力资源、财务、研发等领域。在人力资源领域，企业需要评估员工的ESG意识和技能水平，以及内部文化对可持续性的支持程度；在财务领域，企业要审查企业的资金状况以判断其对ESG实践的支持程度。评估现有的投资、预算分配以及与ESG相关的支出，有助于企业了解自身在可持续性方面的资金投入水平，确定是否有足够的资金支持ESG目标的实现；在研发领域，企业需要评估现有的研发项目和创新过程，思考如何将ESG理念纳入新产品和新技术的开发，推动环保技术的发展和可持续性创新。

2.5.2 战略形成阶段

战略形成阶段是在战略分析的基础上，选择合适的ESG公司层战略和ESG业务层战略，制定出明确的ESG战略目标并确定ESG战略发展领域的优先级。

1. 制定ESG战略目标

在对战略环境和风险机遇进行分析的基础上，企业应设定具体、可衡量的ESG目标，包括短期和长期目标，避免潜在风险并抓住发展机遇。这些指标应该符合SMART原则，即具体（Specific）、可衡量（Measurable）、可实现（Achievable）、相关（Relevant）和有时限性（Time-bound）。例如，在环境方面，企业的长期目标是要进行污染防治，根据企业涉及的污染类型，进一步将长期目标分解为短期目标，设定废气和固体废物等指标。在废气方面，应具体设定废气污染物排放量（千克），可视情况针对以下方面计算废气污染物排放总量或各类污染物排放量：第一，氮氧化物；第二，SO_2；第三，颗粒物；第四，VOC等其他废气。在固体废物方面，具体设定有害废物排放量（吨），可针对以下方面计算有害废物排放量：第一，产品，如每生产单位产品排放的有害废物量；第二，服务，如每项功能或每项服务所排放的有害废物量；第三，销售额，如每单位销售额所排放的有害废物量。社会和治理维度的战略目标分解制定过程同上，示例如表 2-4。

表 2-4　ESG 战略目标的分解示例

<table>
<tr><th>一级指标</th><th>二级指标</th><th>三级指标</th><th>四级指标</th><th>指标性质</th><th>指标说明</th></tr>
<tr><td rowspan="2">E 环境</td><td rowspan="2">E.2 污染防治</td><td>E.2.2 废气</td><td>E.2.2.3 废气污染物排放量</td><td>定量</td><td>可视情况针对以下方面计算废气污染物排放总量（千克）或分类别污染物排放量（千克）：
1）氮氧化物
2）SO_2
3）颗粒物
4）VOC 等其他废气</td></tr>
<tr><td>E.2.3 固体废物</td><td>E.2.3.6 有害废物排放量</td><td>定量</td><td>可针对以下方面计算有害废物排放量：
1）产品，如每生产单位产品所排放的有害废物量
2）服务，如每项功能或每项服务所排放的有害废物量
3）销售额，如每单位销售额所排放的有害废物量</td></tr>
<tr><td rowspan="2">S 社会</td><td rowspan="2">S.2 产品责任</td><td rowspan="2">S.2.2 产品安全与质量</td><td>S.2.2.1 产品安全与质量政策</td><td>定性</td><td>可针对以下方面描述产品安全与质量政策：
1）产品与服务的质量保障、质量改善等方面的政策
2）产品与服务的质量检测、质量管理认证机制
3）产品与服务的健康安全风险排查机制</td></tr>
<tr><td>S.2.2.2 产品撤回与召回</td><td>定量 / 定性</td><td>可针对以下方面描述产品撤回与召回：
1）产品撤回与召回机制
2）因健康与安全原因须撤回和召回的产品数量（件）
3）因健康与安全原因须撤回和召回的产品数量百分比（%）</td></tr>
</table>

（续）

一级指标	二级指标	三级指标	四级指标	指标性质	指标说明
G 治理	G.3 治理效能	G.3.2 创新发展	G.3.2.1 研发与创新管理体系	定性	可针对以下方面描述研发与创新管理体系： 1）研发与创新管理体系、制度、程序和方法 2）高新技术企业认定情况
			G.3.2.1 研发与创新管理体系	定量	可针对以下方面计算研发投入： 1）研究与试验发展投入（万元）及其占主营业务收入比例（%）和变化（%） 2）研究与试验发展人员数（人）及其占员工总数量比例（%）和变化（%）
			G.3.2.3 创新成果	定量	可针对以下方面计算创新成果： 1）按发明专利、实用新型专利和外观设计专利报告专利申请数（件）和授权数（件）、变化情况（%）、有效专利数（件）、每百万元营收有效专利数（件） 2）商标、著作权等知识产权数量（件）、每百万元营收软件著作数（件） 3）新产品开发项目数（个）、新产品销售收入（万元）、新产品产值率（%）
			G.3.2.4 管理创新	定性	包括但不限于企业将新的管理方法、管理手段、管理模式等管理要素或要素组合引入管理系统以更有效地实现组织目标的创新活动

资料来源：中国 ESG 研究院。

2. 确定 ESG 战略优先级

战略形成部分是 ESG 战略的核心环节，可确保企业在制定 ESG 战略时综合考虑内外部因素，为后续制订切实可行的行动计划奠定了基础。战略形成的核心是要确定战略重点和优先发展领域。在 ESG 目标设定和综合分析的基础上，企业需要确定战略的重点，也就是企业应将资源和精力集中投放在哪些 ESG 领域，以实现最大的影响和效益。企业可能面临多个 ESG 领域需要改进，而资源有限，无法一次性全面实施，因此，在战略制定过程中，企业需要根据内外部多项因素确定优先发展的 ESG 领域，确保企业在有限的资源下取得最大的 ESG 绩效。

具体来说，当企业评估 ESG 议题的优先级时，可以从以下两个方面入手：对业务的重要性和对各利益相关方的重要性。对业务的重要性包括对业务收入、利润、品牌形象价值和核心业务能力的影响；对各利益相关方的重要性涉及对员工、政府和监管机构、供应商、合作伙伴、用户及公众等主体的影响。如图 2-9 所示。

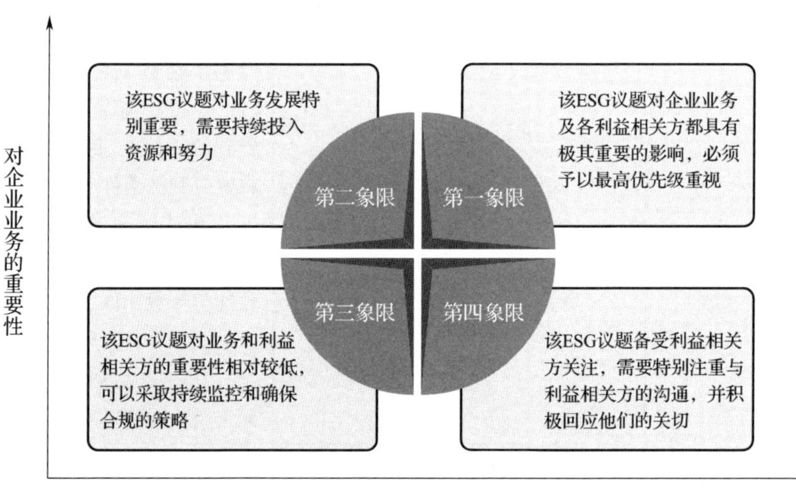

图 2-9　ESG 议题优先级评估矩阵

资料来源：作者整理。

对于第一象限中的议题，应赋予高重要性和高关注度。此类ESG议题对企业的业务和各利益相关方都有极其重大的影响，必须予以最高优先级重视。它们可能与企业的主要业务密切相关，直接影响市场竞争力和盈利能力，同时引起各利益相关方的广泛关注。对这个象限中的议题，企业应该全力应对，并将其纳入战略规划和核心业务运营中。

对于第二象限中的议题，应赋予高重要性和适度关注度。此类ESG议题对业务发展特别重要，需要持续投入资源和努力。虽然其对利益相关方的关注度可能较低，但其对业务的重要影响需要持续的关注和努力，以确保可持续增长和长期价值创造。

对于第三象限中的议题，应赋予适度重要性和低关注度。此类ESG议题对业务和利益相关方的重要性相对较低，但企业仍需采取持续监控和确保合规的策略。尽管其当前对业务影响有限，但随着市场和社会环境的变化，它们对业务的影响可能逐渐增加。

对于第四象限中的议题，应赋予适度重要性和高关注度。此类ESG议题备受利益相关方关注，需要特别注重与利益相关方的沟通，并积极回应他们的关切。尽管它们对业务的重要性相对较低，但对利益相关方的关注度高，因此企业应该与利益相关方保持持续开放的对话，共同探讨解决方案。

2.5.3 战略实施阶段

ESG战略实施是将制定好的环境、社会和治理战略付诸行动的过程。ESG战略实施的主要步骤包括过程监控与数据收集、ESG检查评价、ESG反馈改进。

1. 过程监控与数据收集

在ESG战略实施阶段，建立有效的过程监测与数据收集渠道对于确保ESG目标的实现和战略的持续改进至关重要。这一阶段依赖于持续地收集、分析和监测ESG相关数据。

一方面，根据确定的ESG绩效指标，进行数据收集与分析。公司需要建立系统化的数据收集与分析程序，以收集与ESG目标相关的数据和信息。这可能包括内部数据报告、第三方评估报告、供应链调查等。通过数据分析，可以评估ESG绩效，并找出潜在的改进机会。

另一方面，过程监控涉及对ESG战略实施过程中各个环节的持续观察和评估。包括跟踪公司在环境保护、社会责任和治理方面采取的各项措施，确保它们符合预期和规划。定期召开ESG策略实施评估会议，对进展情况进行详细汇报，有助于及时纠正不足和确定优化方向。

2. ESG检查评价

ESG检查评价过程包括评价主体启动ESG评价，评价方案设计，信息数据采集、处理与评价，形成评价报告，评价结果解读、应用与跟踪，评价结果责任与监督。具体的评价过程如图2–10所示。

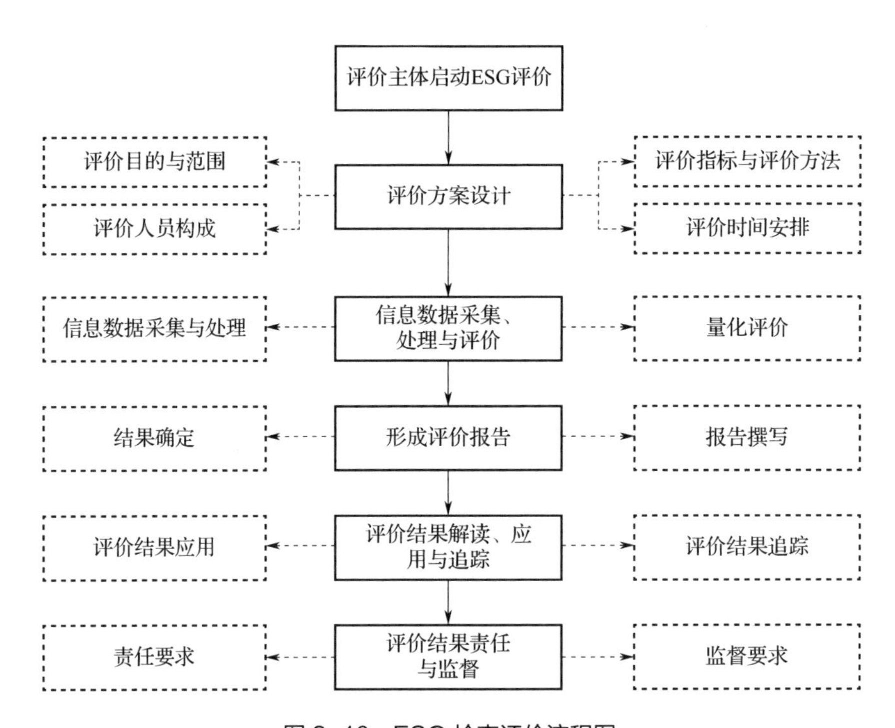

图2–10　ESG检查评价流程图

资料来源：作者整理。

（1）评价主体启动 ESG 评价。评价分为企业自评、第二方评价与第三方评价。第三方评价主体为具备评价能力、独立于评价对象，且具有良好市场信誉的专业评价机构；第二方评价和企业自评的评价主体为对子公司或供应链各环节企业和企业自身进行 ESG 评价的企业。第三方评价主体应满足如下条件：

1）应独立于评价对象。

2）应具有独立法人资格，且具有良好的市场信誉，近三年未受到监管处罚。

3）应具备较强的信息采集与处理能力。

4）应有与开展评价工作相适应的专职评价人员。

5）应根据具体项目，设立相应的评价小组，开展评价工作。

6）评价小组应至少包括 3 名具有社会管理、资源环境以及法律专业知识的成员，并确定组长 1 名。

7）应设立内部监督委员会，负责监督评价过程和结果认定。

8）应具有保障评价活动的质量控制文件，并对评价过程记录存档。

9）应明确评价人员的职责、权限。

对第二方评价和企业自评的评价主体的要求参照对第三方评价主体的要求。

（2）评价方案设计。根据评价目的完成评价方案设计，经评审批准后实施。设计内容包括但不限于：

1）评价目的与范围。衡量企业 ESG 绩效表现，推动企业持续改进 ESG 实践，为政府机构出台相关政策、投资机构做出 ESG 投资决策提供参考，实现企业可持续、高质量发展；企业 ESG 评价范围可为各行业、各类型具有独立法人资格的企业。

2）评价人员构成。评价人员需满足 4.1.2 节的要求。

3）评价指标选取。根据企业实际情况，从国内外评价体系中选择合适的指标体系，评价指标选取参照 4.1 节 ~4.6 节。

4）评价时间安排。制订评价工作计划，确定各环节时间安排，制订评价结果定期（一般为一年一次）跟踪计划。

（3）信息数据采集、处理与评价。评价对象的ESG信息按来源分类，可包括企业自主披露的信息数据，来源于监管部门、权威媒体等的公开信息数据。接下来进行信息数据的整理与核验，遵循以下准则：

1）评价主体应从正规渠道合规采集企业ESG信息数据。

2）信息数据采集应尽可能全面、真实、准确。

3）外部信息数据来源应多样化，不应使用未经证实的非正规渠道信息数据。

4）对于企业自愿披露的信息，评价主体应结合企业相关信息（如企业年报、半年报及其他形式的信息披露）查阅、核对和分析。针对疑点采取询问、现场勘查等实际性分析程序进行确认。不应使用无法证实的存疑数据信息。

5）如企业自愿披露和来源于监管部门、权威媒体等的公开信息数据出现矛盾或不一致的情况，评价主体应对相关信息核实后取用符合事实的信息。

6）评价主体应建立工作文件存档制度，对评价数据的来源和基础、评价本身的依据和基础记录存档。

7）评价主体应设立内部复核制度，评价人员和内部复核人员相互独立，确保评价结果公正客观。

（4）形成评价报告。评价报告应满足以下要求：

1）结果确定。得到初步评价结果后，必要时评价人员可与评价对象沟通，根据反馈调整，确定最终评价结果。

2）报告撰写。撰写评价报告，评价报告内容可包括评价目的、评价对象基本信息、评价指标与方法、得分与等级划分、评价结果的解读与分析、结论及建议等内容。

（5）评价结果解读、应用与追踪。评价报告可在政府相关部门行政管理、投资机构和投资者投资决策、企业经营等事项中使用。评价人员在完成评价报告后，根据评价工作计划和评价主体要求，可对ESG评价结果定期（一般为一年一次）展开跟踪，及时更新评价报告内容。

（6）评价结果责任与监督。评价主体对评价结果的真实性、准确性和完整性负责，评价结果应接受政府、社会公众、新闻媒体及其他第三方的监督。

3. ESG 反馈改进

ESG 反馈改进是 ESG 战略实施的最后一环，它涉及将 ESG 战略的执行情况和成效向利益相关方进行报告，并根据反馈信息采取措施改进 ESG 战略。包括披露 ESG 报告、收集反馈信息、构建改进措施和实施奖励认可。

（1）披露 ESG 报告。在 ESG 反馈阶段，企业需要向所有利益相关方报告其 ESG 战略的实施情况和成效，包括向投资者、客户、员工、供应商、社区以及其他利益相关方提供有关 ESG 目标的具体数据和信息。报告的内容应该是客观、准确、透明的，反映企业在环境、社会和治理方面的绩效和进展。

（2）收集反馈信息。ESG 反馈阶段需要企业与内部和外部利益相关方进行沟通，主动寻求来自各方的意见、建议和反馈，了解他们对 ESG 实践的看法和期望。企业应设立多种反馈渠道，例如在线调查、客户服务热线、邮件联系等，让利益相关方能够方便地提供意见和建议。通过有效的沟通，企业可以更好地理解利益相关方的需求，从而改进和优化其 ESG 实践。这种互动与反馈机制有助于树立企业形象，提升其在 ESG 领域的影响力和可持续发展的能力。

（3）构建改进措施。根据 ESG 检查评估的结果和利益相关方的反馈意见，企业应该不断地优化和改进其 ESG 战略，主要涉及调整战略目标、优化行动计划、加强内部管理体系等。持续改进是 ESG 战略管理流程的重要环节，可帮助企业保持适应性，确保 ESG 实践与企业的整体发展目标相一致。

（4）实施奖励认可。ESG 反馈阶段也是对在 ESG 实践中取得显著成就的员工和团队给予奖励和认可的阶段。这些奖励可以是实物奖励、奖金、表彰或其他形式的激励。在给予奖励和认可时，企业应确保公正、公平和透明，遵循明确的评估标准和流程。通过奖励和认可，企业可以激励员工持续参与 ESG 实践，同时加强员工对 ESG 战略的认同感和归属感。

综合来说，ESG反馈改进环节强调了与利益相关方的积极沟通和互动，确保企业在ESG实践中保持透明度和公正性。通过持续改进和激励措施，企业可以不断提升ESG绩效，推动可持续发展和履行社会责任，同时提高企业的社会声誉和竞争力。

LEGO的ESG战略——打造可持续乐趣

LEGO一直以其创造性、高品质的玩具产品而闻名，然而，它不仅关注产品的创新，也将ESG价值观融入其核心战略中。在ESG战略管理的起点，LEGO进行了全面的战略环境分析，深入了解全球面临的社会、环境和公司治理挑战，认识到了儿童对可持续未来的重要性，同时也意识到了全球变暖、资源浪费等问题对社会和环境的影响，并据此确定了一系列明确的ESG目标。首先，LEGO承诺在2030年实现全球碳中和，为减少碳足迹而努力。其次，LEGO决心采用可持续材料来制造产品，以减少对有限资源的依赖，为循环经济做出贡献。除此以外，LEGO还致力于提供教育计划，鼓励儿童学习可持续发展的重要性，从小培养他们的环保意识。在具体行动过程中，针对塑料制品对环境的影响，LEGO积极寻找替代传统塑料的可持续材料，以减少对环境的负担，并将可持续发展理念渗透到产品设计和制造过程中。此外，它积极与供应商合作，推动可持续采购和生产实践，确保原材料的可持续性。LEGO还发起了“Build the Change”计划，通过为儿童提供教育资源，提高他们对可持续发展的认知，以此激发更多人关注和支持ESG可持续发展。为完成企业的ESG战略目标，LEGO定期对ESG目标的实现情况进行监控和评估，通过数据收集、指标分析和利益相关者反馈，全面了解战略的成效。同时，它积极披露ESG相关指标信息，并基于监测结果和反馈，不断改进其战略和行动计划，以适应不断变化的ESG挑战和机遇，不断推动可持续发展。作为一家积极践行ESG战略的企业，LEGO不仅在业务运营方面取得了成功，而且在社会和环境责任方面树立了行业标杆，正推动整个行业朝向更可持续的未来发展。

2.6　企业 ESG 战略管理的挑战

随着社会和投资者对企业的环境、社会责任和治理问题日益关注，ESG 因素已成为企业长期可持续发展的关键要素，许多公司已经开始了 ESG 战略管理的历程。然而，尽管 ESG 战略管理在近年来取得了一些进展，但整体而言，它仍然处于初期探索阶段，企业在实施 ESG 战略的过程中仍面临许多困难和挑战。本节将具体介绍 ESG 战略管理过程中存在的挑战，包括数据质量与指标选择困难、利益相关方利益平衡的挑战、ESG 相关技术与创新应用的潜在风险以及履行和遵守监管与合规要求的挑战，并提出可能的解决措施。

2.6.1　数据质量与指标选择困难

数据质量与指标选择是 ESG 战略管理中的重要挑战。ESG 战略管理过程需要依赖准确、可靠的数据来评估企业的表现和进展。然而，这一过程面临着一系列困难。

（1）数据质量问题是 ESG 战略管理中最常见的难题之一。不同企业和组织可能采用不同的数据收集和报告标准，导致数据的不一致性与可比性问题。在一些情况下，企业可能故意或无意地误报或操纵数据，以改善其 ESG 绩效的表现，从而误导投资者和利益相关者。此外，很多非财务数据难以量化和衡量，可能需要更多的主观判断和解释。这种主观性可能导致非财务数据的可信度受到质疑，需要企业采取更加透明和可靠的方法来收集、验证和报告这些数据。

（2）选择适当的 ESG 指标也是一项复杂的任务。不同行业和企业面临着各自独特的 ESG 风险和机会。因此，单一的通用指标很难涵盖所有企业的情况。企业必须根据其所处的行业、地理位置、经营模式以及供应链特点等因素来确定最适合的 ESG 指标，这就需要在大量可用指标中进行筛选。此外，ESG 指标的选择不仅影响企业自身的可持续发展，还会对投资者和利益相关方产生影响。越来越多的投资者将 ESG 因素纳入其投资决策过程中，希望通过投资符合其价值观的企业来实现长期稳健的回报。因此，企业选择的 ESG 指标还需要与投资者的期望相匹配。

（3）ESG 数据的获取和整合也面临着技术挑战。由于 ESG 数据通常有多个来源，包括企业自身的报告、第三方数据提供商以及公共数据库，因此需要有效的数据处理技术和方法来整合和分析这些数据。数据的获取和整合涉及大数据分析、数据挖掘和人工智能等技术，需要企业投入相应的资源来建立高效的数据管理系统。

对于数据质量与指标选择困难这项挑战，企业需要全面考虑其自身特点、行业要求以及利益相关方的期望，设计科学、客观、符合实际情况的 ESG 指标体系，同时建立严格的数据收集和报告流程，确保数据来源透明且可追溯。只有克服了这些困难，企业才能更好地开展 ESG 战略管理，实现可持续发展的目标，赢得投资者和社会的认可与信任。

2.6.2 利益相关方利益平衡的挑战

ESG 战略的目标是实现环境、社会和治理方面的可持续发展，涉及广泛的利益相关者，包括股东、员工、客户、供应商、社区、环保组织以及政府监管机构等。每个利益相关者都有自己的期望和诉求，因此在平衡不同利益的过程中，企业可能面对以下挑战。

（1）不同利益相关者的需求可能存在冲突。例如，股东可能更关注企业的经济回报和股价增长，而社区和环保组织可能更关注企业的环保和社会责任表现；在环保组织的眼中，企业的环境保护措施可能还不够，而在投资者看来，过度的环保投入可能会影响企业的盈利能力。在这种情况下，企业需要在不同的利益相关者之间找到一个平衡点，即在有限资源和竞争压力下进行权衡和取舍，这可能导致一些利益相关者感到被忽视或心生不满。

（2）利益相关者参与的程度和方式也是一种挑战。企业需要与利益相关者积极沟通和合作，了解他们的问题和期望，并将这些因素纳入 ESG 战略的制定和执行中。然而，有些利益相关者可能非常积极主动，而有些则相对消极或较难触及，并且不同利益相关者之间可能存在信息不对称和沟通障碍，这使得企业难以有效推进利益相关者的参与。

（3）ESG 战略的长期性和复杂性也增加了利益平衡的挑战。ESG 战略不仅要应对当前的环境、社会责任和公司治理问题，更需要考虑未来可能出现的变化和挑战。随着时间的推移，市场环境、政策法规和经济条件可能会发生变化，使得原本的 ESG 战略需要调整或优化，企业需要预见和适应未来可能面对的 ESG 相关风险和机遇。

对于利益相关者的参与和利益平衡这项挑战，企业可以尝试建立透明的沟通渠道，让利益相关者了解企业的 ESG 战略和进展，有助于增加他们对企业决策的理解和支持，同时，企业需要在持续监测和评估的基础上，不断更新 ESG 战略，确保其与时俱进，适应不断变化的外部环境。通过合理平衡各利益相关者的需求、建立科学监测体系以及持续改进 ESG 战略，企业可以更好地应对长期性和复杂性带来的挑战，实现可持续发展的愿景。

2.6.3 ESG 相关技术与创新应用的潜在风险

技术与创新在 ESG 管理中的应用为企业带来了许多优势，但同时也带来了一些潜在风险和挑战。

（1）数据安全与隐私风险。随着大数据和人工智能技术的应用，企业在收集、存储和处理 ESG 数据时可能面临数据安全和隐私问题。ESG 数据涵盖了许多敏感信息，例如企业的环境影响、社会责任和治理实践等，如果这些数据泄露或被未授权方访问，可能导致企业声誉受损，甚至面临承担法律责任。

（2）技术成本与可持续性。在实施 ESG 战略的过程中，企业可能需要采用新的数据收集、分析和监测技术，推动可持续发展和环保措施，以及改进公司治理和践行社会责任。然而，这些技术的引入和应用往往需要大量的资金投入，并且一些 ESG 技术和项目可能有较长的回报周期，会对企业的财务状况和可持续性造成挑战。尤其是对于中小型企业来说，采用新技术更是一项较大的负担，可能导致它们在 ESG 领域的投入有限，难以全面推进可持续发展。

（3）技术依赖性风险。随着企业数字化转型的推进，ESG 数据的收集、分析和管理越来越依赖于信息技术系统和互联网连接，增加了技术依赖性风险的潜在影响。企业在 ESG 管理中可能需要依赖多个供应商提供技术支持和服务，如果其中一个供应商出现问题，或是某项技术发生故障或遭受攻击，可能会对 ESG 数据的采集和处理产生巨大影响。

（4）技术不平等风险。随着科技的迅猛发展，拥有先进技术和数字化能力的企业能够更好地收集、分析和利用 ESG 数据，从而更好地实施可持续发展战略。然而，一些资源有限的企业可能会进一步拉大与优势企业的“数字鸿沟”，加剧技术不平等现象，这可能导致一些企业在 ESG 领域的竞争地位受到挑战，影响其可持续发展的能力。

对于技术与创新应用带来的潜在风险，企业需要在采用新技术时审慎考虑其成本和可持续性，确保 ESG 数据安全，选择适合企业规模和需求的技术解决方案，避免盲目跟风投资，对 ESG 战略的长期收益与技术投资的短期成本进行综合评估，确保技术引入的可持续性和战略协调性，同时，应建立应急响应计划，以迅速应对技术故障或安全事件，减少其对 ESG 数据和业务运营的影响。

2.6.4 履行和遵守监管与合规要求的挑战

监管与合规要求的履行和遵守是 ESG 战略管理中的重要一环，但也存在着风险与挑战。ESG 战略受到各国、各地区不同的法规与政策的监管与合规要求，给企业带来了一些挑战和难题。

（1）多地区合规差异。不同国家和地区对 ESG 问题的合规要求可能存在差异，涉及披露要求、标准和指标等。对于跨国企业而言，全球化经营可能需要同时遵守多个国家和地区的 ESG 合规要求，可能增加企业的合规成本和经营活动的复杂性。

（2）不透明的监管环境。ESG 领域的监管环境可能相对不稳定和不透明。政府监管机构可能会频繁地调整相关法规和政策，或是提出新的合规要求，让企业难以及时做出调整。如果企业未能及时了解和遵守新的法规要求，可能面临罚款、诉讼或声誉损害等风险。特别是在 ESG 领域，一些重大环境或社会事件可能会导致政府加大对企业的监管力度，极大增加企业的合规性压力。

（3）披露风险。ESG 战略要求企业对其在环境、社会和治理方面的表现进行公开披露。然而，在某些情况下，企业可能不愿意披露特定的 ESG 敏感信息，因为这些信息可能使其处于竞争劣势。例如，企业的环境影响数据可能暴露其对环境资源的过度利用或污染排放，从而引发社会关注和批评，使企业担心竞争对手利用这些信息来抢占市场份额或引发消费者的抵制。

面对上述风险和挑战，企业需要建立灵活的管理机制，加强与监管机构和利益相关者的合作，制订应急策略和计划，以迅速应对可能出现的合规问题、监管变化或披露风险。此外企业要注意，即使在 ESG 实践存在问题的情况下，也要确保披露的信息真实、准确、全面，并遵守相关法规和准则，通过透明和诚信的披露，增加利益相关者对企业的信任，减少披露风险带来的声誉损害。

小案例

lululemon：ESG 实践的环保悖论

lululemon 是一家专注于运动服装和瑜伽装备的公司，为健身和瑜伽爱好者提供高品质、时尚的产品。其 ESG 实践案例体现在多个方面。首先，它与生物技术公司 LanzaTech 合作，创造出回收碳排放的纱线和布料，将原本会排放到大气中的污染源转化为可再利用的材料。这一举措有助于减少碳排放和资源浪费，体现了它对环境可持续性的关注。其次，lululemon 的创始人 Chip Wilson 与妻子宣布捐赠 1 亿加元，用于购买不列颠哥伦比亚省的森林并回购采矿、林业和其他资源许可证。这一行动表明他们对自然生态的保护和环境保护事业的支持。然而，尽管 lululemon 在环保方面采取了一些积极的举措，但在 2021 年的财报中，它的温室气体排放密度却上涨了 9%，这引发了社会对它的环保承诺的质疑和抗议。对于一家以“健康”和“关心社区与世界”为核心价值观的品牌来说，这种环境问题的悖论会导致消费者的怀疑和不满。这次事件给了 lululemon 及其他品牌一个重要的教训：ESG 实践必须真实且可持续。光有表面的宣传和合作是不够的，必须在核心业务和供应链管理中贯彻可持续发展的理念，确保企业的 ESG 承诺与实际行动相符。只有如此，品牌才能赢得消费者真正的信任，树立良好的声誉，并实现可持续发展的目标。

第3章 企业ESG披露管理

开篇案例

中国工商银行的ESG信息披露演进之路

中国工商银行（ICBC）是中央直管的大型国有企业，也是中国最大的商业银行。截至2020年，中国工商银行共向全球809.8万公司客户和6.5亿个人客户提供全面的金融产品和金融服务，并且连续七年位居英国《银行家》杂志发布的全球银行排行榜单的首位。

中国工商银行是中国金融业最早引入ESG理念的公司之一。自引进ESG理念之后，中国工商银行就将“可持续性”和“绿色”作为所有工作的基础，并且取得了许多成效。2019年，联合国环境署和全球银行业代表发布了与ESG理念高度相关的《负责任银行原则》(*Principles for Responsible Banking*)。中国工商银行是唯一一家参与发起《负责任银行原则》的中资银行，同时也是三家首批签署的中资银行之一（另两家为兴业银行和华夏银行）。中国工商银行还加入了气候变化相关财务信息披露工作组（TCFD），是首个加入TCFD的中国金融机构。此外，中国工商银行一直践行ESG，对环境、社会、治理三方面的信息披露做出了很多努力。

在环境方面，中国工商银行倡导绿色金融，积极践行“创新、协调、绿色、开放、共享”新发展理念，主要体现在以下三个方面：第一，公司向环境保护、绿色能源和资源循环利用等金融项目提供绿色贷款服务，2018年较2017年绿色贷款服务增幅达12.61%；第二，公司助力全球绿色金融市场的发展，2018年累计承销绿色债券6只，筹集资金达655亿元，积极践行可持续发展理念；第三，公司向客户和外界传递绿色金融理念，并资助研究机构进行绿色金融研究。公司通过App、融e行等线上渠道，为客户提供年度账单，估算本年度碳排放量信息，折合成回馈客户的福利。2018年，公司与中国证券指数联合研发的“180ESG指数”正式发布，成为国内首个由金融机构发布的ESG指数。

在社会方面，中国工商银行主要在以下三个方面做出了信息披露的努力：第一，公司实行“人才兴业”战略，重视人才培育工作。公司在内部实行民主管理，不断拓宽员工的职业发展路径，并定期举行专业技能培训。在员工福利方面，公司不断完善激励机制和薪酬制度，每年为员工提供免费的健康体检，充分保障员工健康安全。第二，公司坚持金融服务实体经济的理念，特别是对高端制造行业给予金融支持。2018年，公司向实体经济提供各项贷款达154199亿元，较2017年增幅为8.3%。除此之外，公司不断促进物联互联，助力区域协同发展，比如雄安新区、粤港澳大湾区和长三角区域的建设。第三，公司开展金融扶贫行动，为此，还专门成立了扶贫工作领导小组，负责统筹扶贫工作。2018年，公司扶贫贷款达到了1559.45亿元，较2017年增幅为22.76%。除此以外，为了帮助贫困地区脱贫，公司鼓励在采购时优先考虑贫困地区，并帮助其销售农产品。仅2018年，公司从贫困地区采购金额达2584亿元。

在公司治理方面，中国工商银行主要推出了以下四点举措：第一，公司不断加强治理能力，构建了“三会一层”的治理体系，各部门权责分明，相互协调。其中“三会”指的是股东大会、董事会和监事会，“一层”指的是高级管理层，包括业务推进委员会、资产负债管理委员会、金融科技发展委员会等10个委员会和8个管控部门。第二，公司将党建与治理工作进行深度融合。在管理层实行党员与非党员交叉任职，在决策机制上，将党委研究列为决策的前置程序，在责任制度上，将从严治党与从严治行结合起来。第三，公司改进对利益相关者的管理工作并不断推进信息披露。中国工商银行保持与利益相关者的高频互动，并积极推动投资者结构多元化建设。同时，公司持续推进信息披露，严格遵守国内外信息披露监管规定，在2019年上证交易所信息披露年度考评中，中国工商银行获得A（优秀）级。第四，公司全面推进从严治理，不断完善反洗钱体系的构建，加强组织内审内控体系建设，预防贪污腐败的发生。

问题：

中国工商银行是如何将ESG信息披露融入其披露管理中的？分析中国工商银行建立的ESG披露架构，你认为中国工商银行的ESG披露体系对于投资者和企业有何影响？

3.1 ESG披露的背景与内涵

随着可持续发展理念不断深入人心，企业ESG披露逐渐成为企业非财务绩效的主流评价体系。本节将从ESG信息披露的背景和内涵两个方面，对ESG披露进行初步介绍。

3.1.1 ESG披露的背景

企业ESG信息披露是企业关于环境、社会和治理三方面信息的披露体系。随着企业责任内涵的不断延伸，ESG信息披露已成为企业非财务绩效的主流评价体系，是企业实现可持续发展的核心框架。国际社会早在20世纪60年代伊始便关注到ESG问题。1962年出版的环境科普著作《寂静的春天》一书，描述了因过度使用化学药品和肥料而导致的环境污染、生态破坏等灾难性问题，引发了公众对环境的关注，推动了各类环境保护组织的成立。自此，环境问题开始逐渐被提上全球经济议程。1972年6月12日，多国共同签署《人类环境宣言》，正式掀开推动国际社会可持续发展的序幕。此后几十年间，国际社会陆续签署一系列重要纲领性文件，国际范围内的ESG从理论探索阶段正式迈入实践阶段。

如今，我国ESG生态系统建设正在蓬勃发展。ESG已成为政府关注并着力推动的制度和政策创新。投资者、交易所、评价机构、数据服务商及非营利机构等市场化组织也在积极进行ESG实践和ESG理念推广。在政策法规、市场环境的推动下，企业纷纷拥抱ESG理念和相关ESG实践。通过制定和推广ESG标准，促使企业采用规范化和系统性方式践行ESG，披露ESG信息，有力推动ESG发展。

3.1.2 ESG披露的内涵

1. ESG披露

ESG披露是指企业或投资者向公众、股东、投资者和利益相关者提供与环境、社会和公司治理等因素相关的信息的过程。它旨在揭示企业在ESG方面的表现和实践，让投资者和利益相关者了解企业经营的可持续性和社会责任的履行情况。ESG披露主要包含以下几个要点：

（1）披露范围。ESG信息披露包括各种行业、不同规模、不同类型的企业与环境、社会和公司治理相关的重要信息。企业在环境方面的披露范围包括空气、水、土地、自然资源、植物、动物、人，以及它们之间的相互关系；企业在社会方面的披露范围包括通过透明和合乎道德的行为，为其决策和活动对社会的影响而担当的责任；在治理方面的披露范围包括企业经营中使用的管理和控制系统，包括批准战略方向、监视和评价高层领导绩效、财务审计、风险管理、信息披露等活动。

（2）关键指标和数据。ESG信息披露需要提供关键的ESG指标和数据，这些指标和数据可以用来衡量企业在ESG方面的绩效和表现。在环境方面，关注企业环境绩效的投资理念和企业评价标准，包括碳排放、碳达峰、碳中和、节能减排、气候变化、污染防治、退耕还林、生物多样性等；在社会方面，关注企业社会绩效的投资理念和企业评价标准，包括职业安全与健康、员工权益保护、产品质量与安全、消费者权益保护、尊重和保护知识产权、人力资源、供应链管理、公共关系维护等；在治理方面，关注企业治理绩效的投资理念和企业评价标准，包括治理结构、反腐败、薪酬管理、商业道德、风险管理、监督举报制度、会计标准等。

（3）披露时间。ESG 信息披露从时间维度可划分为年度披露和临时披露。上市公司需每年刊发年度 ESG 报告，披露的时间可由公司自主规定，若发生重大事件应披露临时 ESG 报告，以向公众明示公司的可持续发展情况。例如，香港联合交易所发布的《企业管治守则》与《上市规则条文》中规定，香港上市公司的 ESG 报告刊发时间不迟于刊发年报后的 3 个月内、ESG 报告刊发时间不迟于财政年度结束后的 5 个月内，且自 2022 年 1 月 1 日起 ESG 报告须与年报同时刊发。

（4）可比性和标准化。为了使 ESG 信息披露更具可比性和一致性，一些行业组织和标准化机构制定了相关的 ESG 披露标准和指南。遵循这些标准的企业可确保信息披露的准确性和全面性，投资者也更容易比较不同企业的 ESG 绩效。

（5）持续改进。ESG 信息披露应该反映企业在 ESG 方面的持续改进和努力。企业应该展示其对 ESG 问题的认知、目标设定、行动计划以及实现进展的情况。

（6）透明度。ESG 信息披露强调企业公开透明地向投资者和利益相关者披露与 ESG 相关的数据和信息。这样的披露有助于建立投资者对企业的信任，并让社会对企业的行为有更为全面的了解。

2. 披露形式

企业应以 ESG 报告的形式进行披露。ESG 报告应在监管部门指定或企业自主选择的平台进行披露。目前，在我国，上市公司主要以 ESG 报告、企业社会责任（CSR）报告以及可持续发展（SD）报告三种形式进行 ESG 信息披露。

2008 年，中国证监会发布了《关于加强上市公司社会责任的指导意见》，提出了企业应承担的社会责任，并鼓励上市公司自愿编制和发布社会责任报告。自此，ESG 报告开始广为流行，ESG 报告是针对特定组织一段时间内在各项 ESG 议题上的表现的报告，是企业进行 ESG 信息披露、提供 ESG 数据的主要手段，旨在向投资者、利益相关者和公众展示企业的 ESG 表现。ESG 报告应披露企业在环境、社会、治理等方面的信息，在环境方面，要求披露有关企业的资源消耗、污染防治和应对气候变化的相关信息；在社会方面，要求披露有关企业的员工权益、产品责任、供应链管理和社会响应的相关信息；在治理方面，要求披露有关企业的治理结构、治理机制和治理效能的相关信息。

企业社会责任报告起源于企业环境报告，20 世纪 80 年代，环境污染严重的公司开始尝试内部环境审计，到了 90 年代，环境的计量变得很常见，公司开始支持自愿对外披露环境报告的行动。企业社会责任报告指的是企业对其履行社会责任的理念、战略、方式方法，其经营活动对经济、环境、社会等领域造成的直接和间接影响，取得的成绩及不足等信息进行系统的梳理和总结，并向利益相关方进行披露。广义的企业社会责任报告包括以正式形式反映企业承担社会责任的某一个方面或某几个方面的所有报告类型，即包括雇员报告、环境报告、环境健康安全报告、慈善报告等单项报告，以及囊括经济、环境、社会责任的综合性报告。

1997 年由美国环境责任经济联盟（CERES）和联合国环境规划署（UNEP）共同发起的非营利性组织——全球报告倡议组织（GRI）颁布了一系列条例指导公司及其他组织如何报告其经济、环境和社会表现，构建了第一个可持续发展报告框架。可持续发展报告（SD 报告），也称可持续性报告，是一种系统性评估分析公司在社会、经济和环境方面的可持续性表现的报告。报告的主要内容包括公司的国内外市场表现、成本效益分析、企业内部管理体系、业务发展战略实施情况以及社会责任表现等，以便更好地开展可持续发展管理工作。可持续发展报告主要披露的内容包括财务信息、环境和社会责任、可持续发展战略和目标、业务风险和机会、利益相关方参与、外部认证或评估报告、财务绩效目标和报告等。

小案例

雅诗兰黛践行可持续发展之路

雅诗兰黛将可持续定为发展目标，且发布了2021年度社会影响和可持续发展报告（SD报告）。报告显示，集团已经提前实现了消费后回收材料（PCR）在产品包装中的使用目标。2021年，集团89%的包装纸盒都获得了FSC认证，与2019年相比增长28%。为集团在社会上赢得了一致的信任与好评。

3. 披露应用

ESG报告可供企业、政府及监管机构、投资机构、第三方评价机构、社会公众和新闻媒体等不同主体参考使用。ESG披露报告面向包括政府和监管机构、公众和消费者、投资者以及其他外部利益相关方等在内的不同的利益相关方，对不同对象的功能和作用也有不同的体现。

企业利用发布的ESG报告，可评估一段时间内自身在可持续发展方面面临的机会与风险，并采取措施阻止环境风险、社会风险、治理风险转化为财务风险，进而制订下一阶段的可持续发展计划。政府和监管机构借助企业发布的ESG报告，可以清晰地观测企业一段时间内在环境、社会、治理方面的表现，且有了政府的监督，企业也会严格遵守披露政策的要求。投资机构利用ESG报告，可以根据ESG披露信息来选择符合其投资目标和价值观的资产，进行ESG投资。第三方评价机构可以推进企业的ESG报告鉴证业务，建立健全ESG信息披露违规处罚措施，企业通过ESG信息披露“漂绿”的行为将得到有效防范，ESG信息的可靠性将大幅提升。公众和新闻媒体可以从ESG报告中获取企业的社会责任和环境表现信息，了解企业是否符合其价值观和道德标准，从而支持消费决策。此外，企业披露的ESG报告可以有效拉近其他外部利益相关者与企业之间的距离，增加他们与企业合作的意愿（黄珺等，2023）。

小案例

燕京啤酒披露首份 ESG 报告获得第三方评价机构的赞扬

燕京啤酒披露 2022 年年度 ESG 报告。从社会责任体系进阶到 ESG 理念，燕京啤酒披露的首份 ESG 报告发布，通过搭建多层次的组织架构和确立以变革为主线的发展战略，燕京啤酒完成了卓越管理体系的建设，也在以人为本的理念坚守中持之以恒地坚持绿色工厂的实践。这是燕京啤酒第一次公开披露 ESG 报告，其专业、全面、客观地披露 ESG 报告的行为获得第三方评价机构的赞扬。此案例表明企业披露的 ESG 报告信息要力求专业与客观，第三方评价机构会针对企业公布的信息进行综合评分。

3.2 ESG 披露的相关理论

ESG 披露是企业向公众、股东、投资者和其他利益相关者提供与环境、社会、公司治理等因素相关的信息的过程，其中蕴含着深刻的管理学理论。本节从信息不对称理论、印象管理理论、合法性理论三个方面，全面阐述 ESG 披露的相关理论。

3.2.1 信息不对称理论

信息不对称理论的代表人物有 G.Akerlof、M.Spence 和 J.E.Stigjiz，他们使用不对称信息进行市场分析研究，进而开创了信息经济学的框架。信息不对称理论提出，市场参与方通过各种渠道获得的市场信息数量各不相同，且各方对信息的掌握程度亦各不相同，因此存在信息不对称现象。该理论认为市场上卖方比买方更了解有关商品的各种信息，掌握更多信息的一方可以通过向信息贫乏的一方传递可靠信息而在市场上获益，买卖双方中拥有信息较少的一方会努力从另一方获取信息，市场信号显示在一定程度上可以弥补信息不对称的问题。但信息不对称能够诱发市场交易中的机会主义行为，通常表现为逆向选择与道德风险，进而造成市场秩序混乱、市场参与主体行为有失规范，使市场失信事件频发。

对企业 ESG 信息披露进行研究时，可以将信息不对称理论作为理论参考。企业发布的 ESG 报告应该主动披露其在环境、社会、公司治理等方面的状况，使报告的使用者获得充分有效的信息，从而做出较为合理的投资决策。ESG 报告是一种相对全面的非财务信息披露方式，可以有效减低资本市场信息不对称的影响。企业披露的 ESG 报告的质量越高，越说明其环境保护、社会治理等方面勇于担责，也就能够得到社会公众越多的支持，进一步提高经济效益，扩大市场影响力，提高社会地位。而众多的积极影响又会成为一种动力，激励企业更加勇于承担环境、社会责任，披露更全面的 ESG 信息，ESG 信息披露最终促成了企业与公众的双赢。

3.2.2　印象管理理论

早期的印象管理是个人维度的。1959 年，戈夫曼在《日常生活中的自我呈现》中提出了"印象管理"这一概念。随着研究的不断扩展，学者们认为印象管理就是在与别人交流时，有意识地将有利于自己的信息传达给别人，并运用各种策略来操纵和控制别人对自己的看法，从而引导别人对自己产生良好的看法。随着人们对个人印象管理的认识逐步加深，组织印象管理在个人印象管理的基础上形成，并进一步具体到组织印象管理的一方面，即信息披露印象管理。国内外学者对其的定义是一致的，认为信息披露印象管理是指在内容和形式上操纵公司对外披露的信息，以达到维护自身形象、获得利益相关群体的认可、获得更多投资、影响公众决策和声誉的目的。但另一方面，公司可能故意在披露过程中加入印象管理的成分，以进一步加强信息披露的市场效应。这一行为体现了管理层的投机心理，从而影响了公司的信息披露，可能导致投资者和政府机构等利益相关者错误的资源分配。

基于上述印象管理理论，将印象管理的相关思想运用到企业的 ESG 信息披露中，形成了 ESG 报告的印象管理。企业在获取竞争优势、解释不良绩效的过程中，都会对 ESG 报告进行印象管理，然而这种做法可能也会遭到监管机构的处罚、损害企业形象。因此，企业需要对 ESG 信息披露的目标和风险进行全面的评估，从而决定对 ESG 报告的印象管理，并对其实施的影响程度进行评估。印象管理理论为企业 ESG 信息披露提供了一个新的视角，不仅对信息披露的质量进行了探讨，还对企业信息披露的目的及其产生的经济影响进行了深入思考。

3.2.3 合法性理论

“合法性”最早作为一个政治学领域的概念，于 19 世纪末由德国社会学家、政治学家马克斯•韦伯提出，此后学者将其引入企业和组织的研究中，进而演化成“组织合法性”的概念。所谓“组织合法性”是将企业看作一个组织，认为组织生存与发展的首要条件是要被利益相关者接纳并为外部环境所包容。合法性理论将企业与其运行所在的社会系统紧密相连，该理论的支持者认为企业合法性的本质是履行社会契约（Deegan，2002）。契约的责任方即企业，如果履行了社会期望条款，则具备了合法性，可以获取其赖以生存和发展的社会资源。契约的监督方即整个社会系统，如果认为企业行为不符合社会预期的合法性标准，则有权驳回契约，剥夺企业在社会上生存与发展的权利。这些来自环境、社会、政府等利益相关者的“合法性”压力要求企业采取必要的手段进行合法性管理，包括建立健全有效的治理结构。

合法性理论能够解释制定 ESG 披露标准的动机，合法性是 ESG 信息披露的基本准则和动机。从企业内部来看，为了保证治理结构的科学性和效率，企业会积极完善治理结构、提升治理效率，对应 ESG 信息披露中的公司治理维度；从企业外部来看，企业希望获得政府、民众、外部投资者、社区等利益相关方的支持和认可，由于这些认可通常源于企业对环境保护、慈善事业的承诺和行动，因此企业会积极遵守法律规范、社会标准和道德准则，对应 ESG 信息披露中的环境责任和社会责任维度。

3.3 ESG 披露的原则和目标

ESG 披露的原则为企业实施 ESG 信息披露提供了基本准则，ESG 披露的目标则进一步阐述了披露的最终目的与作用。本节将着重阐述 ESG 披露的原则与 ESG 披露的目标。

3.3.1 ESG 披露的原则

ESG 信息披露的原则是指在向投资者和利益相关者披露与环境、社会和公司治理等因素相关的信息时应遵循的基本准则。ESG 信息披露原则包括实质性、真实性、准确性、完整性和一致性，如图 3-1 所示。

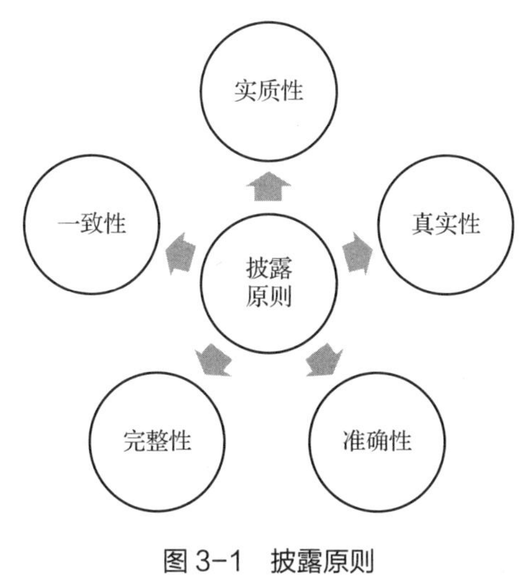

图 3-1　披露原则

资料来源：作者整理。

1. 实质性

实质性原则是指企业在进行 ESG 披露时，其披露的信息应能对企业、利益相关方的决策和价值创造能力产生重要影响。在评估一个议题或指标是否具有实质性时，不仅应考虑现实因素，还应考虑利益相关方的相关信息以及指标是否能客观真实地体现企业所披露的信息。

企业 ESG 信息披露并不只是对信息的简单罗列，而且要依据实质性原则，对各利益相关方真正需要的信息进行披露，这需要社会各界共同制定完善ESG 披露指标，带动高质量、实质性的可持续信息发布，才能满足包括政府、投资者以及企业在内的社会各界的信息需求。

2. 真实性

真实性原则是指企业应以客观事实或具有事实基础的判断和意见为依据进行披露，不应有虚假、不实陈述或隐瞒重要事实，必须如实反映企业客观情况。企业 ESG 披露只有满足真实性原则，才能对活动和事项进行如实反映，同时真实性也是企业取信于受众的关键。

企业 ESG 报告所披露的信息应是对实际状况和事实的客观描述，信息来源应真实、可靠，信息应具有可验证性。企业还应在 ESG 报告中对数据来源和计算方法等进行标识和说明。相关政策法规的制定能够提高企业信息披露的真实性和可信度，为投资者进行决策提供真实有效的依据。

3. 准确性

准确性原则是指企业应以利益相关方的判断能力作为准确理解披露信息的标准，应使用简明清晰、通俗易懂的语言，内容不应含有误导性陈述。保证报告的准确性意味着企业愿意遵守商业道德，合规发展。

ESG 报告的编制必须遵守准确性原则，保证报告信息来源真实、可靠，信息收集和处理方法科学、合理，信息与实际状况和事实完全相符，或信息基于实际状况和事实经严密的科学推断而得到。有效的法规和监管能够对信息的准确性加以约束。

小案例

百度 ESG 制度建设

百度积极制定环境、社会与治理（ESG）制度，致力于以可持续的方式经营和管理业务，并通过在所有业务活动中融入对环境、社会和治理方式（ESG）的策略考量和制度约束来实现可持续发展。在制度建设中，百度特别强调建立与各部门职责相匹配的部门层面的 ESG 具体目标和指标，并将 ESG

指标绩效及指标信息的收集水平纳入部门管理者的考核体系，力求通过制度建设来保障信息披露的准确性。

4. 完整性

完整性原则是指企业应披露对利益相关方做出价值判断和决策有重大影响的所有信息，信息内容应完整、全面、具体，格式应规范，不应有重大遗漏。信息缺失会影响利益相关者的决策，因其对缺失信息的解释存在差异，不同的解释会对应不同的选择策略。

在确定标准时，企业应遵循完整披露信息的原则，即所有可能影响潜在投资者投资决策的信息都应得到披露。对于某一信息的披露，该信息的所有方面都应该得到全面、周密的揭示，不得有所遗漏。因此，企业披露的信息必须完整，投资者只有掌握了全面的信息才能做出正确的投资决策。

5. 一致性

一致性原则是指企业应使用一致的披露统计方法，使利益相关方能进行有意义的比较。一致性原则有助于内外部各方确定表现基准，并在评估活动、投资决策、宣传计划以及其他活动中评估进展。

一致性就是数据保持一致，在企业披露的信息中，可以理解为多个节点中数据的值是一致的。同时，一致性也是指事务的基本特征或特性相同，其他特性或特征相类似。据此，企业应保证同一报告主体在不同报告期间或者不同的主体在同一报告期间，对相同的可持续相关风险和机遇的披露使用相同的处理方法。

3.3.2 ESG披露的目标

1. 增加企业ESG信息的透明度和准确性

兼顾社会经济与自然环境的良性循环是可持续发展追求的重要目标，也是ESG信息披露的重要基础。在环境方面，通过开展环境信息披露，为市场相关方提供全面准确的环境信息，有利于发挥市场对环境资源的配置作用，有利于绿色技术的研发应用和环境污染治理第三方市场的发展。在社会方面，实行信息披露有助于政府、监管部门、社会公众和其他利益相关者对企业可持续发展状况的了解与监控，使投资者及时采取措施，做出正确的投资选择。在治理方面，企业披露一段时间内的ESG表现，有助于企业分析各项指标并采取举措进行下一阶段的发展规划。

小案例

百胜的ESG实践

百胜中国发布的ESG报告介绍了公司在ESG领域的发展情况。在环境方面，百胜将可持续发展融入公司长期发展战略，公司重视减少能耗、改进废水处理、减少垃圾剩余以及加强相关法律法规教育。在社会方面，公司开展了一些慈善项目来帮助当地社会有需要的人士。在治理方面，百胜中国针对员工实施了丰富多彩的健康计划，包括体育活动、心理训练、营养食品发放等。

2. 降低运营风险

一方面，有效识别风险。借助一套系统的信息披露流程，能有效识别与产业运营和发展最相关的ESG风险，从而帮助不同产业加强对产业内相关企业的ESG管理，提高全行业ESG信息披露的质量，更加及时和有针对性地把握舆论导向的主动权。另一方面，降低合规风险。对政府和监管机构而言，高质量的ESG信息披露能够增强相关部门对产业发展现状的了解，降低产业的合规风险，并帮助相关企业通过积极、正向的沟通，争取可能的ESG政策支持和发展机遇，与政府共同促进产业的健康发展。

小案例

3M公司的高瞻远瞩

“节能降耗”其实是ESG概念中属于环境维度的重要部分，以3M公司为例，该公司很早就意识到积极应对环境风险可以成为竞争优势的来源。该公司自1975年引入“预防污染支付”（3Ps）计划以来，已经节省了22亿美元，通过重新配制产品、改进制造工艺、重新设计设备以及回收和再利用生产中的废物，推动了对污染的提前预防。

3. 促进市场健康发展

实行信息披露，可以了解企业的可持续发展状况及其发展趋势，从而有利于政府和监管单位对企业的管理，引导市场健康、稳定地发展。一方面，信息时效性强。在实际操作过程中，ESG 信息能够快速地更新和发布，从而有效地提升信息传播的时效性，极大地扩大了信息使用者的范围，使得 ESG 信息的使用者能够掌握最新的信息，从而制定自己的战略决策。另一方面，推动产业链发展。ESG 信息披露的强制化和标准化正在逐步加强，可支持产业宏观发展战略的制定，并帮助相关企业分析其长期优势和不足，推动产业链围绕共同的目标创新和发展。

小案例

美锦能源极力促进产业链健康发展

美锦能源目前已完成“煤－焦－气－化－氢”产业链布局，大力推进氢能产业“五个一”发展战略，致力于从传统能源企业向清洁能源企业转型，以诚信经营为底线，不断提升公司的治理能力和风险控制能力，将 ESG 理念融入公司的业务运作和决策过程，并积极开展公益活动、进行公益捐赠，逐步成为资源节约型、环境友好型企业。美锦能源近期发布的 2022 年 ESG 报告从 ESG 管治、低碳发展、科技创新、团队建设等四大方面，全面阐述了企业 2022 年在可持续发展方面付出的努力与取得的成果，秉持 ESG 管治理念，推动产业高质量可持续发展。

3.4　ESG 披露类别

ESG 信息披露可以根据不同的标准划分为三个类别组合，即强制披露和自愿披露、年度披露与临时披露以及独立披露与整合披露。

3.4.1 强制披露与自愿披露

1. 强制披露

强制披露是指政府、监管机构或交易所强制要求企业披露特定的ESG信息。这些要求通常通过法律、法规、准则或证券交易所的规定来确立。强制披露涵盖特定的ESG指标、数据和信息，企业必须按照规定的格式和时间表进行披露。强制披露的目的是增加市场透明度，提高企业的ESG责任意识，使投资者和利益相关者了解企业的ESG绩效和风险情况。

强制披露有以下作用：第一，提高社会公信力。强制披露可以使企业积极遵守法律法规和监管要求，提高企业在社会的公信力。第二，促进企业长期可持续发展。强制披露也可以帮助投资者更好地了解公司的ESG状况，增加投资者对企业的信任度，吸引更多投资，为公司的长期稳定发展提供足够的支持。第三，提高企业的风险管理水平。强制披露可以加强监管机构对企业的监督和审查，帮助企业识别和防范风险，提高风险防范能力，降低经营风险。

目前，强制企业披露ESG信息的区域有：欧盟、美国、澳大利亚与中国。其中，欧盟对污染严重的企业要求强制披露；美国要求所有上市公司必须披露环境问题对公司财务状况的影响；澳大利亚的政策通常都强制披露ESG信息；在我国，强制要求披露环境信息的企业包括重点排污单位、实施强制性清洁生产审核的企业、因生态环境违法行为被追究过刑事责任或者受到过重大行政处罚的上市公司、发债企业等。

2. 自愿披露

自愿披露是指企业自愿公开额外的、不在强制披露要求范围内的ESG信息。这些信息通常是企业主动披露的，并非法律或监管机构的强制规定。自愿披露涵盖更广泛的ESG主题，包括企业的ESG战略、目标、倡议、绩效、成就和未来计划等。自愿披露的目的是回应投资者和利益相关者对ESG问题的关注，展示企业在ESG方面的积极主动性和透明度，打造企业的社会形象。对于企业自愿披露的信息，评价主体应结合企业相关信息（如企业年报、半年报及其他形式的信息披露）查阅、核对和分析。针对疑点采取相应询问、现场勘查等实际性分析程序进行确认。不应使用无法证实的数据信息。若企业的自愿披露与来源于监管部门、权威媒体等的公开信息数据出现矛盾或不一致的情况，评价主体应对相关信息核实后取用符合事实的信息。

自愿披露有以下特点：第一，信息质量高。自愿披露较强制披露的内容多，是强制披露信息的补充，包含企业描述现在运营状况与有关未来预测的信息、定量的财务分析数据信息与定性的战略性信息。第二，披露自主性强。自愿披露的内容和频次完全取决于企业本身。第三，可增加与外部沟通的机会。企业可以通过自愿披露增加企业内部与外部信息采用者的沟通机会，还可以帮助投资者做出有利其自身的投资决策，为企业带来长期的支持。

目前，允许企业自愿披露 ESG 信息的区域有欧盟、美国、加拿大、澳大利亚、印度、巴西、马来西亚、日本、中国等。我国鼓励上市公司积极履行社会责任，自愿披露履行情况；鼓励科创公司在披露 ESG 一般信息的基础上，根据所在行业、业务特点和治理结构进一步披露 ESG 方面的个性化信息。

3.4.2　年度披露与临时披露

1. 年度披露

年度披露是企业每年在固定时间对外提供的 ESG 报告，是反映企业单位年度环境情况、社会情况、治理情况的书面报告。年度披露包含特定的 ESG 指标、数据、信息、ESG 战略、目标、倡议、绩效、成就和未来计划等，企业必须按照规定的格式和时间表进行披露。年度披露是周期性工作，有编审环节多、内容丰富且繁杂、工作量大和协调工作复杂等特点，且监管法规严格多变，必须严格遵守。年度报告编制旨在让社会公众了解公司的长期可持续发展状况。

年度报告有以下作用：第一，可减轻企业的经营负担。年度报告的程序简单，在极大程度上降低了企业的时间和劳动力成本，并且年度报告披露制度不要求企业提交审计报告，从而有效地减轻了企业的负担。第二，可降低交易成本。年度报告信息向社会公示，外部人员可方便地获取企业信息，减少了信息不对称的问题。第三，可促进建立社会诚信体系。向公众披露企业年度报告是企业积累自身诚信的过程，可通过信用限制等制度，切实建立企业诚信档案，促进企业诚信和社会诚信建设，激发市场活力，形成互利共赢的整体治理模式。

自 2015 年以来，联合国可持续发展行动网络（SDSN）每年定期发布年度《可持续发展目标指数和指示板报告》，以展示各个国家在落实可持续发展目标方面的成效。与此同时，各个国家都按照联合国的指示发布年度报告。在我国，要求上市公司必须按年度或季度披露特定信息，或者在发生了特定事件并由此触发了报告要求时披露这些信息，如重要的高管离职、影响企业经营的自然灾害等；要求上市公司披露因环境问题受到行政处罚的情况，鼓励披露碳减排措施与成效；要求重污染行业上市公司定期披露环境信息，发布年度环境报告。

2. 临时披露

临时披露是指上市公司在发生重大事件时对有关情况的报告。ESG 临时报告中披露的突发环境事件相关信息包括企业内部应急管理制度制定和落实情况、报告期内发生的突发或者重大环境事故、环保违规事件（包括相关行政处罚或涉诉情况）的原因、影响、应对措施和解决方案等。临时披露是根据实际情况和标准调整的披露，具有频次和内容的不确定性。临时报告的编制旨在防止少数人利用内幕交易牟取暴利。

临时报告有以下作用：第一，可增加企业的可持续发展活力。在企业内部，经营者根据可持续发展现状分析环境、社会、治理三个层面的指标来寻找新问题并加以改进；在企业外部，利益相关者发现企业的指标符合他们对企业的预期与判断，会增加他们对企业的忠诚度。第二，有助于企业决策。企业的临时报告呈现的指标与数据可以使管理层据此在当下做出明智的决策，以确保企业的可持续发展，推动企业的 ESG 绩效。第三，可提高企业的协作效率。企业内部的团队和执行领导共享临时报告并发表他们的见解，可避免形成数据孤岛，加强团队协作能力。

在我国，对临时披露的要求为：上市公司发生突发环境事件的，应在事件发生后 1 天内发布临时环境报告；上市公司环境信息披露包括定期披露和临时披露；重污染行业上市公司发生突发环境事件或受到重大环保处罚的，应发布临时环境报告。

3.4.3 独立披露与整合披露

1. 独立披露

独立披露是指企业财务信息和 ESG 信息分开披露，并且两者之间缺乏联系。目前大多数企业采用独立披露模式，在披露年度财务报告后再单独披露可持续发展报告。企业单独披露财务信息报告和 ESG 信息报告工作量大且重复性高，难以满足信息使用者对高质量信息的需求。并且，将可持续发展相关信息与财务信息整合披露已然成为公司报告领域一个积极而重要的趋势。

当然，独立披露也有以下优点：第一，信息集中度高。独立披露的财务与环境信息分别集中在各自的报告中，有利于信息使用者的阅读和使用。第二，信息较为全面。独立披露的报告信息内容全面且细致，突出企业的财务与非财务信息的重要性。第三，客观反映企业运营现状。独立报告以独立的立场，客观评析企业的日常经营和 ESG 状况，增加了企业财务与非财务信息的透明度。

在我国，大部分银行业金融机构以独立报告的形式进行披露。上市公司发布的独立报告中逐渐重视企业应对气候变化做出的相关活动。其中，A 股上市公司中的国有企业大多采用独立报告的形式，且国有企业和民营企业披露独立报告的比例在逐年增加。

2. 整合披露

整合披露则是对企业财务、环境、社会责任、公司治理等信息的综合披露。“整合报告”（Integrated Reporting）的概念最初由国际会计界提出，可降低内部控制评价工作的成本，提高内部控制评价的效率。全球报告倡议组织的《可持续发展报告指南》也提到整合披露对企业未来的价值创造具有重要意义（张巧良，孙蕊娟，2015）。企业传统的披露方式已经越来越无法满足多角度参考的内外部信息使用者对高质量信息披露的需求，为商业和社会创造价值的信息整合披露将成为未来十年可持续信息披露的重要趋势（谢晓燕，赵海莎，2021）。

整合披露有以下特点：第一，节约成本。整合披露财务与ESG信息可节约报告的时间、人力、物力和财力成本。第二，内容有广度。整合报告囊括年度报告、各项制度、公司使命愿景和治理方式的各项内容。第三，可以辅助利益相关者做决策。整合报告是一份企业自愿编制、未经审计的报告，有利于投资者分析企业，进行财务资本的配置。

目前，欧盟、美国、加拿大、日本、新加坡与中国都鼓励企业采用整合报告。整合报告多见于食品和饮料、财务、服务业、采掘与矿物加工、基础设施、资源转换、技术与通信、保健、消费品、运输与可再生资源和替代能源等领域。

3.5 主流ESG披露标准

当前，主流的ESG披露标准包括GRI、ISO 26000、ISSB及中国ESG研究院ESG披露标准。本节将从披露标准背景、披露标准内容体系等方面逐一介绍，并对国内外披露标准进行总结。

3.5.1 GRI标准

1. GRI标准介绍

GRI（Global Reporting Initiative）即全球报告倡议组织，创立于1997年，由联合国环境规划署（United Nations Environment Programme，UNEP）和环境责任经济联盟（Coalition for Environmentally Responsible Economics，CE-RES）共同成立。其目标为促进投资界、企业界、监管机构等各方协商与沟通，构建一个全球广泛认可的报告框架，从而对公司在环境、社会和经济方面的表现进行评估、监控和披露。

GRI所采用的ESG披露框架和标准，即GRI标准，是由全球可持续标准委员会（Global Sustainability Standards Board）开发的。该 GRI 标准是最早和当前使用最广泛的 ESG 披露标准。GRI 从成立至今，历经了 G1、G2、G3、G3.1、G4 到 GRI 标准版本的更新迭代。目前最新的 GRI 标准版本即 2021 年发布的 GRI Sustainability Reporting Standards，是 GRI 报告框架在多元利益相关方长达 21 年的参与磨合中不断发展和进化的结果。

2. GRI 标准内容体系

在主要内容体系方面，GRI 标准框架体系分为通用标准（Universal Standards）和议题专项标准（Topic-specific Standards）两部分内容，如图 3–2 所示。

通用标准包含基础、一般披露和管理方法三部分内容。具体来说，GRI101 基础标准作为整个报告的基础，是使用 GRI 标准的起点，它阐明了界定报告内容和质量的原则以及机构使用 GRI 标准进行可持续报告编制的具体要求。GRI101 适用于拟编制可持续发展报告，或拟编制经济、社会、环境专项报告的企业。GRI102 一般披露标准则要求披露机构的背景信息，包含组织概况、战略、道德和诚信、管治、利益相关方参与以及报告实践六大方面的内容。GRI102 阐述企业各方面情况，可供各个国家、各种类型的企业使用。GRI103 管理方法标准主要介绍关于机构实质性议题管理方法的一般披露项。它对具体主题及相关信息进行解释，并介绍不同具体主题的管理方法，以及对方法的评价和调整。通过对每个实质性议题运用 GRI103，组织便可对该议题为何具有实质性、影响范围（议题边界）以及组织如何管理其影响提供叙述性说明。GRI103 可供各个国家、各种类型的企业使用。

议题专项标准分为 GRI200 经济议题、GRI300 环境议题和 GRI400 社会议题三大板块内容，企业可依据需求，选择相应的标准进行披露。经济议题系列（GRI200）包括经济绩效、市场表现、间接经济影响、采购实践、反腐败、不当竞争行为和税务，阐述了不同利益相关方之间的资本流动，以及组织在整个社会中的主要经济影响，从而反映企业对整个经济体系的可持续发展做出的贡献。环境议题系列（GRI300）包括陆地、空气、水和生态系统，其披露的主要指标包括物料、能源、水资源与污水、生物多样性、排放、污水和废弃物、环境合规和供应商环境评估，关系到组织对生物和非生物自然系统的影响，从而反映其对环境体系的可持续发展做出的贡献。社会议题系列（GRI400）包括雇佣、劳资关系、职业健康与安全、培训与教育、多元化与平等机会、反歧视、结社自由与集体谈判、童工、强迫或强制劳动、安保实践、原住民权利、人权评估、当地社区、供应商社会评估、公共政策、客户健康与安全、营销与标识、客户隐私和社会经济合规，主要阐述了组织对其运营所在地的社会体系的影响，从而反映企业对社会体制的可持续发展做出的贡献。

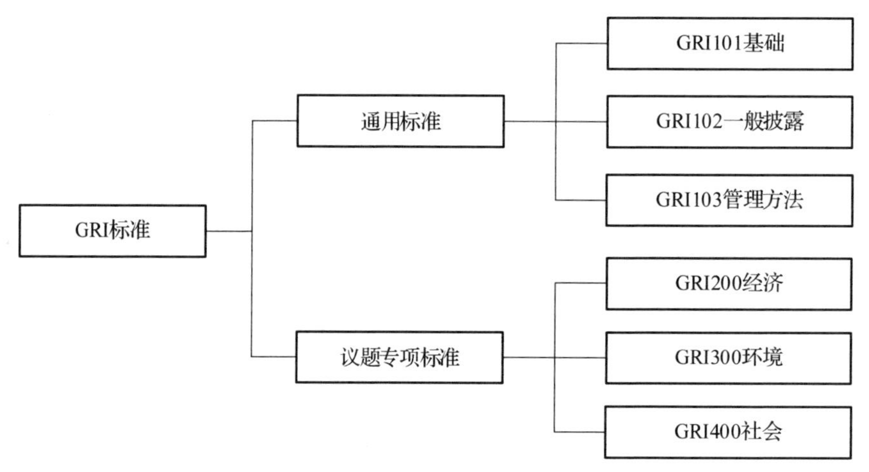

图 3-2　GRI 标准框架结构

资料来源：根据 GRI 官网整理。

小案例

宝马中国首份可持续发展报告发布

2023 年，宝马集团首次针对大中华区发布可持续发展报告，发布内容根据全球报告倡议组织（GRI）的标准编制而成。在报告中，宝马集团明确了以降低全价值链、全生命周期的碳排放作为集团在中国可持续发展的基本策略，以构建循环经济作为现阶段的中心举措，倡导“无永续，不豪华”的前瞻价值理念。

3.5.2　ISO 26000 标准

1. ISO 26000 标准介绍

ISO 26000 是由 ISO（International Organization for Standardization）社会责任工作组（ISO/TMB/WGSR）负责制定的编号为 26000 的社会责任指南标准。该组织由巴西技术标准协会（ABNT）和瑞典标准协会（SIS）共同担任 ISO/TMB/WGSR 的集体领导，下设六个工作组（Task Group，TG）。其中，TG4、TG5 和 TG6 主要负责起草 ISO 26000，TG1、TG2 和 TG3 工作组负责辅助和配合 ISO 26000 的制定工作。

ISO 26000 “旨在帮助所有组织（无论其起点是什么）将社会责任整合到运作方式中”。制定 ISO 26000 的目的在于促进全球对社会责任的共同理解，向全世界愿意应用 ISO 26000 的所有组织（不仅限于企业）提供一个有助于践行社会责任的框架性指南，并帮助组织为实现可持续发展做出贡献。ISO 26000 作为一种国际社会责任语言，用社会责任（SR）代替企业社会责任（CSR），统一了概念。一方面增强了企业对社会责任的认知，帮助其改善与员工、客户等利益相关者的关系；另一方面为企业完善社会责任行为、实现社会绩效和促进社会可持续发展提供了指引。但是，企业需要付费认定自己是否符合这一标准，这对中小型企业来说成本较高。

2. ISO 26000 标准内容体系

ISO 26000 标准列出了七个社会责任核心议题，分别是组织治理、人权、劳工实践、环境、公平运营实践、消费者问题、社会参与和发展，如图 3-3 所示。七大项下设有 36 个议题和 217 个细化指标，旨在深化企业对社会责任的理解，鼓励公司在遵守法律的同时对自身提出更高要求，并对现有社会责任相关倡议进行补充。

（1）组织治理。组织治理的性质在一定程度上有别于其他社会责任核心主题。有效的组织治理能使组织对其他核心主题和议题采取行动。

（2）人权。人权部分包括公民和政治权利、社会经济和文化权利、弱势群体权利以及工作中的基本权利，承认和尊重人权对于法治及社会公正和公平是必不可少的。

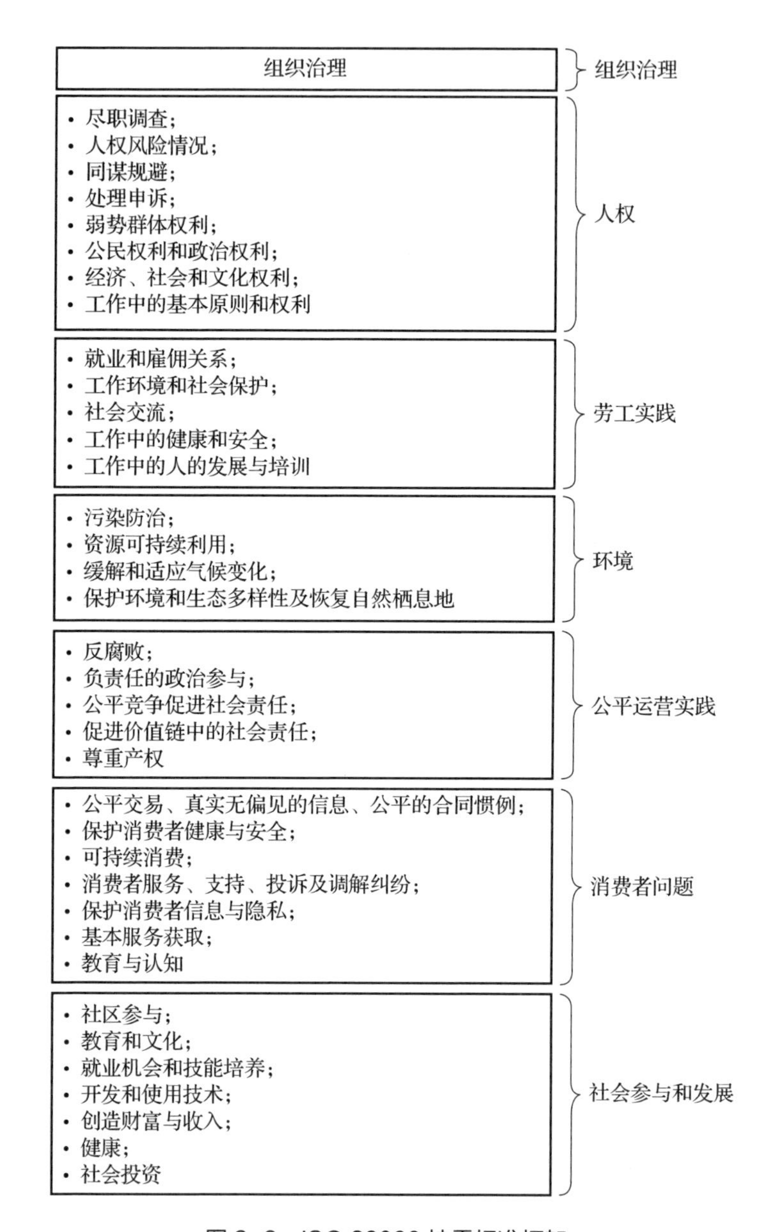

图 3-3 ISO 26000 披露标准框架

资料来源：根据 ISO 官网整理。

（3）劳工实践。劳工实践包括就业和劳动关系、工作条件和社会保障、社会对话、职业安全卫生以及人力资源开发等，强调创造就业并支付工资和其他劳动补偿。

（4）环境。环境包括承担环境责任、采取预防性方法、采用有利环境的技术和实践、循环经济、防止污染、可持续消费、应对气候变化、保护和恢复自然环境等，旨在加强环境教育和能力建设，促进可持续的社会发展和生活方式发展。

（5）公平运营实践。公平运营包括反腐败和行贿、负责任的政治参与、公平竞争、在供应链中促进社会责任以及尊重财产权等，强调组织在整个影响范围内发挥领导力并推动更广泛地履行社会责任，实现积极结果。

（6）消费者问题。消费者问题包括公平营销、信息和合同实践、保障消费者健康和安全、提供有益于环境和社会的产品和服务、消费者服务、支持和争议处理、消费者信息和隐私保护、接受基本产品和服务、可持续消费、教育和意识等，强调组织向消费者及其他顾客提供产品和服务，并对他们承担责任。

（7）社会参与和发展。社会参与和发展指的是组织应与当地社区建立关系并促成其不断发展。组织应以令人尊敬的方式参与社区生活并与其维持往来，显示并增强自身的民主价值观和公民价值观。

小案例

隆基绿能获 SGS 签发 ISO 26000 社会责任管理绩效评估声明

2023 年，隆基绿能成为中国光伏行业内首家通过国际认可的社会责任指南标准评估，并获得 SGS 通标标准技术服务有限公司签发的 ISO 26000 绩效评估声明的企业。隆基绿能获得 ISO 26000 绩效评估，标志着其作为一家负责任的全球性绿色能源科技企业，已经建立了较为完善的社会责任管理体系，并将社会责任、可持续发展与业务价值链结合，在推进全球化经营的过程中，正在用实际行动诠释着有责任、有担当的光伏行业领先企业的风范。

3.5.3 ISSB 标准

1. ISSB 标准介绍

ISSB，即国际可持续准则理事会（International Sustainability Standards Board），是独立的国际标准制定机构，由国际财务报告准则基金会（IFRS）发起组建。在 ISSB 成立之前，IFRS 基金会的核心机构为国际会计准则理事会（International Accounting Standards Board，IASB）。IASB 正式成立于 2001 年，在建设初期，IASB 是一个独立的民间组织。为获得国际证监会组织（IOSCO）及其他市场监管机构，特别是美国证券交易委员会（SEC）的认可，IASB 不断完善组织治理架构，并引入了监督及外部参与机制，最终形成了目前 IFRS 基金会的组织形式。2021 年 11 月 3 日，在 26 届联合国气候大会上，IFRS 官宣了国际可持续准则理事会的正式成立，旨在制定一个全面的高质量可持续发展披露标准的全球基准，以满足全球投资者关于气候和其他可持续发展事项的信息需求。

国际财务报告准则基金会于 2023 年 6 月 26 日正式发布了首批国际财务报告可持续披露准则，由两份文件组成，分别为《国际财务报告可持续披露准则第 1 号——可持续相关财务信息披露一般要求》（IFRS S1）和《国际财务报告可持续披露准则第 2 号——气候相关披露》（IFRS S2），于 2024 年 1 月 1 日正式生效，国内市场习惯称之为 ISSB 标准。IFRS S1 在 ISSB 未来的 ESG 准则序列中的作用，在于开创性地界定了 ESG 信息披露的整体框架。IFRS S2 则规定了气候相关事项的重要信息的披露要求。ISSB 标准的正式公布，促进了 ESG 制度与财务制度的整合，是全球可持续披露准则建设中的里程碑事件，对全球机构投资者和上市公司影响深远，意义非凡。

2. ISSB 标准内容体系

ISSB 标准主要包括《国际财务报告可持续披露准则第 1 号——可持续相关财务信息披露一般要求》（IFRS S1）和《国际财务报告可持续披露准则第 2 号——气候相关披露》（IFRS S2）两项准则。

IFRS S1（一般要求）确定了可持续相关财务信息的综合基准，使得通用目的财务报告使用者得以理解庞大的 ESG 披露体系，其内容主要分为目标，范围，概念基础，核心内容，通用要求，以及判断、不确定性和差错六大模块。

（1）目标。IFRS S1 的目标是要求主体披露其关于可持续相关重大风险和机遇的信息，该信息应有助于通用财务报告主要使用者做出是否向主体提供资源的决策。

（2）范围。范围是指主体应根据 IFRS 可持续披露标准，在编制和报告与可持续性相关的财务披露时应用本标准。

（3）概念基础。概念基础主要涉及公允反映、重要性、报告主体、关联信息四个方面。公允反映是指一套完整的可持续发展相关财务披露应公平呈现所有可合理预期会影响实体前景的可持续发展相关风险和机会。重要性是指主体应披露与可持续发展相关的、可合理预期会影响实体前景的风险和机遇的重要信息。报告主体是指主体的可持续性相关财务披露应与相关财务报表针对同一报告主体。关联信息强调主体提供信息的方式应使通用财务报告的用户能够理解信息相关项目之间以及企业所披露的信息之间的关联。

（4）核心内容。核心内容方面，ISSB 借鉴了气候相关财务披露小组（TCFD）框架，包括治理、战略、风险管理、指标和目标四个方面，并把它扩展到所有的可持续风险领域，要求披露与可持续性有关的风险和机会的重要信息，以满足投资者的信息需求。在治理方面，可持续相关财务信息披露的目标是使通用目的财务报告使用者了解主体监督和管理可持续相关风险和机遇时所用的治理流程、控制措施和程序。在战略方面，可持续相关财务信息披露的目标是使通用目的财务报告使用者了解主体为应对可持续相关重大风险和机遇制定的战略。在风险管理方面，可持续相关财务信息披露的目标是使通用目的财务报告使用者了解识别、评估和管理可持续相关风险和机遇的流程，这些披露应能够让使用者评估这些流程是否被整合到主体的整体风险管理流程中，并评估主体的整体风险状况和风险管理流程。在指标和目标方面，可持续相关财务信息披露的目标是使通用目的财务报告使用者了解主体在应对可持续发展相关风险和机遇方面的表现，包括主体设定的任何与可持续发展相关的目标或法律法规要求达成的目标的进展。

（5）通用要求。通用要求具体包括指引来源、披露位置、报告时间、可比信息以及合规声明五部分。指引来源要求在识别可合理预期会影响主体前景的可持续发展相关风险和机遇时，应首先参考ISDS标准（IFRS可持续披露标准），当该准则缺乏相关规定或者主体有其他需要时，应参考其他准则的规定。披露位置作为通用财务报告的一部分，指主体必须提供IFRS可持续披露标准所要求的披露信息，但对其在财报中的披露位置未做要求，具体取决于适用于主体的法规或其他要求。报告时间要求可持续信息披露应与财务报表同时发布，且与财务报表报告的期间相同。可比信息是指针对当期披露的可持续相关各项指标，主体应当提供上一会计期间的可比信息，且可比信息应反映最新的估计结果。合规声明强调如果主体的可持续性相关财务披露符合IFRS可持续披露准则的所有要求，则应明确且无保留地声明其符合要求。

（6）判断、不确定性和差错。判断、不确定性和差错主要包括判断、计量不确定性以及差错三部分内容。判断是指除涉及金额估算的判断外，企业应披露相关信息，使通用财务报告的使用者能够理解企业在编制与可持续性相关的财务披露的过程中所做的判断，以及会对这些披露信息产生最重要影响的判断。计量不确定性是指主体应披露信息，使通用财务报告的使用者能够了解影响其可持续性相关财务披露中所报金额的最重要的不确定因素。差错是指除非不切实际，否则企业应通过重报所披露前期的比较金额来纠正重大前期错误。

IFRS S2（气候相关披露）是对IFRS S1中的一般要求在“气候变化”议题上的全面运用。其内容主要分为目标、范围、核心内容三大模块。

（1）目标。IFRS S2的目标是要求主体披露其气候相关风险和机遇的信息，该信息有助于通用财务报告的主要使用者做出是否向主体提供资源的决策。

（2）范围。范围是指IFRS S2标准适用于主体面临的气候相关物理风险、转型风险和机遇。

（3）核心内容。核心内容方面，IFRS S2同样按四大支柱（治理、战略、风险管理、指标和目标）开展具体的披露。在治理方面，气候相关财务信息披露的目标是使通用目的财务报告使用者了解主体监督和管理气候相关风险和机遇时所用的治理流程、控制措施和程序。IFRS S2 的治理披露要求被设计为与 IFRS S1 的要求高度一致。在战略方面，气候相关财务信息披露的目标是使通用目的财务报告使用者了解主体应对气候相关重大风险和机遇时所制定的战略。在风险管理方面，气候相关财务信息披露的目标是使通用目的财务报告使用者了解识别、评估和管理气候相关风险和机遇的流程，包括这些流程是否及如何被纳入主体的整体风险管理流程并为其提供信息。在指标和目标方面，气候相关财务信息披露的目标是使通用目的财务报告使用者了解主体在应对与气候相关的风险和机遇方面的表现，包括主体设定的任何与气候相关的目标以及法律或法规要求其达成的目标的进展。

3.5.4　中国 ESG 研究院 ESG 披露标准

1. 中国 ESG 研究院 ESG 披露标准介绍

为使中国 ESG 披露标准既能遵从国际规范又符合中国情境，中国 ESG 研究院以可持续发展理论、利益相关者理论、委托代理理论、合法性理论为指导，以界定标准内容和标准质量所依据的报告原则为依据，同时结合中国情境，分析相关政策基础，将“两山”理念、新发展理念、“双碳”目标和高质量发展作为政策指导，以国内外与 ESG 相关的披露标准、报告和国家地区的政策发展为研究数据，通过定性定量结合的研究方法，最终提出了符合我国国情、顺应时代潮流、具有中国特色的中国 ESG 信息披露标准体系。

在由各种行业体系构成的整个国民经济体系中，既存在所有行业所共有的共性 ESG 因素，又由于各行业的特殊属性而存在的一系列行业个性因素。基于这一基本国情，中国 ESG 研究院在借鉴 GRI 的通用标准逻辑和 SASB 的特定行业标准逻辑的基础上，遵循“共性标准结合行业个性特色”的逻辑构筑了中国 ESG 信息披露标准体系，形成了“通用标准 + 行业特色模块”的中国 ESG 信息披露齿轮模型，如图 3–4 所示。

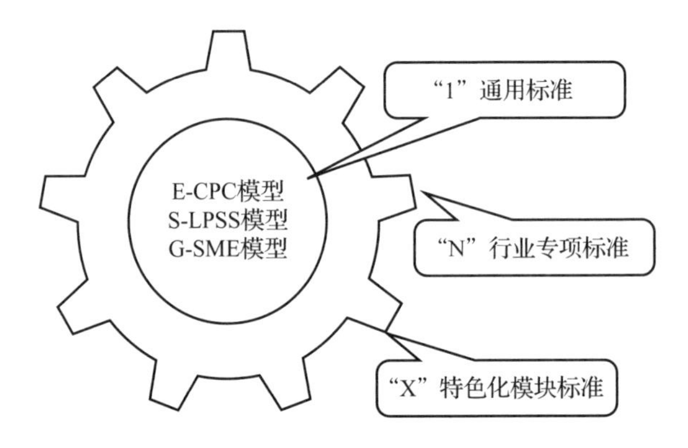

图 3-4 中国 ESG 信息披露标准体系

资料来源：中国 ESG 研究院。

齿轮模型以模块化思维为基本逻辑，通用标准作为适用于所有行业 ESG 信息披露的基本框架，充当着"齿轮"的圆弧齿廓，发挥着中心平台的作用，行业专项标准是基于行业形成的模块，特色化模块标准是基于企业所属类型或主题形成的模块，二者充当着"齿轮"的齿，以模块化方式嵌入于圆弧齿廓这一中心平台，最终形成了与各行业严密啮合、链动国民经济体系高质量发展的运转机制。

目前，中国 ESG 研究院已研发了"1"（ESG 披露通用标准）和"N"（9 个 ESG 披露行业专项标准，涉及货币金融服务行业、房地产行业、医药制造行业、水上运输行业、软件和信息技术服务行业、教育行业、废弃资源综合利用行业、金属制品行业和零售行业）。

下一步中国 ESG 研究院将积极开展相关调研，深化研究，进一步优化提升，牵头制定企业 ESG 标准"1+N+X"体系，其中"1"代表通用标准，分为环境、社会和治理三个维度，是中国企业进行 ESG 信息披露的通用标准；"N"代表行业专项标准，是根据企业所在行业或专业领域特点制定的专项标准；"X"代表特色化模块标准，是根据企业所属的类型或主题等特点制定的特色标准。

2. 中国 ESG 研究院 ESG 披露标准内容体系

（1）通用标准。中国 ESG 研究院结合我国 ESG 信息披露实践，分别从环境、社会、治理三大维度，从资源消耗、污染防治、气候变化、生物多样性、员工权益、产品责任、供应链管理、社区响应、治理结构、治理机制和治理效能共 11 个方面构建中国企业 ESG 披露通用标准。在归纳 ESG 通用标准基础上，采用德尔菲法对归纳结果的有效性进行评定，并在此基础上进行反复斟酌与考量，得出中国 ESG 通用披露标准。该标准适用于涉及各项国民经济活动的企业，可指导企业根据关键 ESG 议题进行治理实践和信息披露，是推动企业可持续发展和经济高质量发展的基础设施。

（2）行业专项标准。在中国 ESG 研究院提出的“中国企业 ESG 披露通用标准”的基础上，结合行业自身特点，立足环境、社会、治理三大维度，结合相关的理论基础、政策制度和市场实践因素等提出 9 个行业实质性议题的总体要求和标准体系，形成了 9 个 ESG 行业专项标准，涉及货币金融服务行业、房地产行业、医药制造行业、水上运输行业、软件和信息技术服务行业、教育行业、废弃资源综合利用行业、金属制品行业和零售行业共 9 个典型行业。

（3）特色化模块标准。中国 ESG 研究院依托自己开发的“1+N+X”框架，结合国家经济发展现实情况和企业改革趋势，选择面向人类可持续发展的紧急任务和重要议题，研究制定特色化模块标准体系。目前，中国 ESG 研究院拟制定的特色化模块标准包括中小企业模块、生物多样性模块、气候变化模块等。

小案例

废弃资源综合利用行业特定披露标准的制定

中国 ESG 研究院在“中国企业 ESG 披露通用标准”的基础上，通过理论、制度、市场三方面的综合分析，同时对标 SASB、GRI 等国际标准议题，结合货币金融服务行业的自身特点，在低碳资源化利用、无害化处理、新能源领域研发、绿色供应链、数字化回收与监测、低碳社区建设、安全事故与环境应急管理、厂区周边环境污染风险管理、安全生产与厂区环境监管、员工安全生产保障体系等 10 个方面给出了废气资源综合利用业 ESG 实质性议题的具体内容和测度方法。该行业标准的提出为废弃资源综合利用行业及企业提供了 ESG 信息披露指南，为投资者提供了全面评估相关行业及企业的依据。

3.5.5 国内外标准总结

国际上的 ESG 披露标准发展较为成熟，一些 ESG 标准组织开始实现整合合并。目前主要包括 GRI、IIRC、ISSB、ISO 26000、CDP 和 CDSB 标准等。这些标准几乎都涵盖了环境、社会和治理方面的相关议题，目标明确且披露原则十分清晰，能够为企业和投资者提供准确全面的信息。这些 ESG 披露标准都是为推进可持续发展这一目标制定的，但它们也在一些方面存在差异，各 ESG 标准组织主要关注的领域既有相似性又存在互补性，它们并非相互排斥、相互竞争，因此，制定在全球范围内统一执行的 ESG 国际标准的重要性也日渐凸显。现阶段国际 ESG 标准组织纷纷寻求标准整合的契机，旨在建立有广泛影响力的统一的 ESG 标准。国外披露标准的整合如表 3-1 所示。

表 3-1 国外披露标准整合表

标准名称	主要发起单位	目标	核心议题
GRI 标准	全球报告倡议组织（GRI）	编制一套可信、可靠的全球共享的可持续发展报告框架，供任何规模、行业及地区的组织使用	经济、环境和社会三大特定议题类别
ISO 标准	国际标准化组织（ISO）	制定国际标准，协调世界范围内的标准化工作，与其他国际性组织合作研究有关标准化问题	ISO 标准几乎涵盖了所有可持续发展目标
ISSB 标准	国际可持续准则理事会（ISSB）	制定一个全面、高质量的可持续发展披露标准的全球基准，以满足全球投资者对气候和其他可持续发展事项的信息需求	可持续相关财务信息披露与气候相关披露两个方面

（续）

标准名称	主要发起单位	目标	核心议题
IIRC 标准	国际综合报告委员会（IIRC）	创建可持续性会计框架，重新考虑衡量绩效的标准，通过展示长期和广泛的决策后果来满足长期投资者的信息需求，并向财务资源提供者解释机构如何持续创造价值	包括财务资本、制造资本、人力资本、社会和关系资本、智力资本和自然资本 6 大核心因素
CDSB 标准	气候披露标准委员会（CDSB）	旨在帮助企业将可持续发展信息转化为长期价值，并向投资者提供清晰、简洁和一致的信息，将组织的可持续发展绩效与其整体战略、绩效和前景联系起来	以气候信息披露为主，关注环境和气候变化的信息披露
TCFD 标准	气候变化相关财务信息披露工作组（TCFD）	TCFD 在披露建议的框架中，要求金融机构及企业针对气候变化，从治理、战略、风险管理、指标与目标四个方面进行管理和披露，致力于为金融机构和非金融机构制定一套自愿的披露建议	以气候信息披露为主，关注环境和气候变化的信息披露

资料来源：作者整理。

国内 ESG 标准体系的发展尚不成熟，目前各部门、组织正在大力推进 ESG 在我国的发展。由于中国在 ESG 方面起步较晚，目前与发达国家相比仍有一定差距，尚未形成国内统一的 ESG 披露标准体系，导致存在 ESG 披露理论体系缺乏、披露标准缺乏整合、参与披露的主体范围较小、披露内容和格式不一致等问题。

但多年来我国在环境、社会、治理方面也从未停止前进的脚步，各部门各机构都在为构建 ESG 披露标准不懈努力。在我国不断探索努力下，国内披露的标准与指南主要有：GB 16297—1996《大气污染物综合排放标准》、GB 8978—1996《污水综合排放标准》、GB/T 36000—2015《社会责任指南》、GB/T 39604—2020《社会责任管理体系　要求及使用指南》，以及《上市公司治理准则》《企业管治守则》和证监会、上交所、深交所等 ESG 披露要求。国内主要 ESG 披露标准整合如表 3–2 所示。

表 3–2　国内主要 ESG 披露标准

标准名称	实施时间	主要发起单位	核心议题
大气污染物综合排放标准（GB 16297—1996）	1997 年	中华人民共和国生态环境部	规定了 33 种大气污染物的排放限值，其指标体系为最高允许排放浓度、最高允许排放速率和无组织排放监控浓度限值
污水综合排放标准（GB 8978—1996）	1998 年	中华人民共和国生态环境部	按照污水排放去向，分年限规定了 69 种水污染物最高允许排放浓度及部分行业最高允许排放量
社会责任指南（GB/T 36000—2015）	2016 年	中国标准化研究院	为组织理解社会责任并管理和实施相关活动提供指南，旨在帮助组织在遵守法律法规和基本道德规范的基础上实现更高的组织社会价值，最大限度地服务于可持续发展
社会责任管理体系要求及使用指南（GB/T 39604—2020）	2020 年	中国标准化研究院	规定了社会责任管理体系要求，并给出了其使用指南，以使组织能够通过防止和控制不良影响、促进有益影响以及主动改进其社会责任绩效来更好地履行其社会责任，从而成为对社会更负责任的组织

资料来源：作者整理。

3.6　披露流程

企业 ESG 披露工作主要分三部分进行，分别是披露前期准备、披露报告编制及披露报告发布与改进。本节将结合 ESG 披露实务，具体介绍 ESG 披露流程。

3.6.1 披露前期准备

企业 ESG 披露前期准备包括 5 个步骤，分别是明确管治架构及职责，了解披露要求并选择 ESG 报告编制标准，明确 ESG 报告范围，报告内容重要性评估以及跟踪条例规制并设立关键 ESG 指标。具体工作流程如图 3–5 所示。

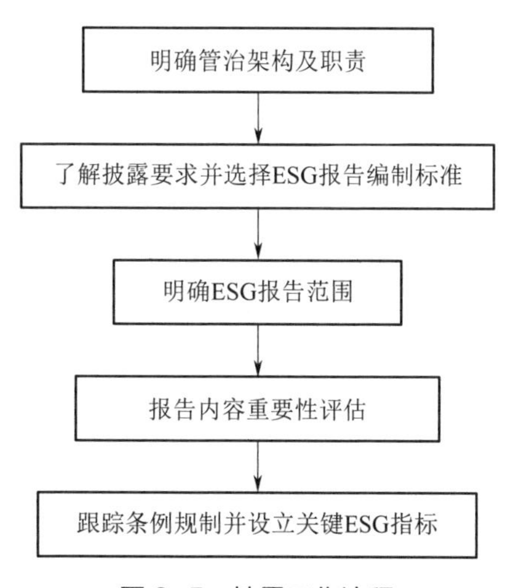

图 3–5 披露工作流程

资料来源：作者整理。

1. 明确管治架构及职责

企业 ESG 管治架构是企业 ESG 工作的基础，架构要涵盖公司各层级，负责监督企业各项业务落实 ESG 理念，制定目标、指标和汇报程序，加强与内外利益相关方沟通，并定期对 ESG 工作进行监督审查。

企业 ESG 管治架构一般由董事会、ESG 管理机构、ESG 工作小组三级治理部门共同构成。

董事会是 ESG 管治架构的最高决策机构，负责整体政策制度的制定及重大事项的决策。董事会全程参与公司 ESG 管理，建立企业 ESG 工作框架和工作内容，制定 ESG 管理方针、战略及规划，授权经营管理层组织开展 ESG 相关工作，对 ESG 工作实施情况予以监督，并审议企业 ESG 报告。

ESG 管理机构负责统筹实施董事会关于 ESG 方面的重大工作部署，研究拟定并协调落实 ESG 工作的发展规划和管理制度，对各相关部门及下属企业的 ESG 工作落实情况进行管理。同时，要组织编制 ESG 年度工作计划、ESG 报告等相关文件，定期向董事会汇报 ESG 工作进展和年度 ESG 报告。

ESG 工作小组是 ESG 相关事宜的执行主体，包含各业务部门 ESG 事项相关负责人，负责 ESG 议题的管理、项目落地及信息披露工作，需结合部门职能与业务特征制定 ESG 议题管理目标及举措，定期监控议题进展，参与编制 ESG 报告，定期向 ESG 管理机构进行工作汇报。

小案例

中国重汽 ESG 治理架构建设

2021 年，中国重汽完善了公司 ESG 治理架构，建立起以“治理层 – 管理层 – 执行层”为梯度的三级 ESG 治理架构，为中国重汽 ESG 工作的顺利开展和落实提供组织保障。治理层，即董事会，是 ESG 事宜的最高负责及决策机构，对公司的 ESG 策略及汇报承担全部责任。ESG 管理工作组根据董事会及审核委员会制定的方针和策略协调开展 ESG 相关工作，识别 ESG 相关风险与机遇，定期向董事会及审核委员会汇报 ESG 事宜与进展，并提供本集团年度 ESG 工作表现及年度 ESG 报告。ESG 管理组下设 ESG 工作组，负责公司具体 ESG 事宜的落实与推进，定期向管理层汇报 ESG 工作进展。

2. 了解披露要求并选择 ESG 报告编制标准

企业应严格按照上市地相关法律法规的要求，依照《上市公司信息披露管理办法》、企业设定的相关信息披露制度等要求，全面梳理自身政策及关键绩效指标是否有疏漏，确保企业能够及时、准确、完整地披露相关信息。同时，ESG 信息披露应了解最新的国家战略方向，针对主管机关政策与要求的变动，积极采取相应且适当的措施，避免政策遵循风险或违反法律法规，影响企业形象及业务发展。

企业应积极开展 ESG 实践，推进完善公司 ESG 政策、顶层设计和标准制定，根据自身实际，对标国内外标准进行 ESG 信息披露，以满足不同利益相关方的需求。例如，可以选择参考全球报告倡议组织（GRI）的《可持续发展报告标准》、国际标准化组织（ISO）的《社会责任指南》（ISO 26000：2010）、可持续发展会计准则委员会（SASB）的《可持续发展会计准则》以及国际可持续准则理事会（ISSB）的TCFD框架等标准。

3. 明确ESG报告范围

企业应按自身业务及情况设定报告范围。具体来看，企业应根据自身业务范围，借鉴ESG报告确定汇报范围的准则，具体可用年报范围、财务门槛、风险水平等不同方法来决定ESG报告。在一些特定情况下，企业可以根据不同层面的条文规定来设立不同的汇报范围。

4. 报告内容重要性评估

创建高质量ESG报告的主要环节是对报告内容进行重要性评估。GRI等国际标准/指南涵盖了许多ESG议题，但并非所有这些都与所有公司相关。ESG议题的重要性主要由行业属性、公司特性及利益相关方期望决定。因此，在ESG披露过程中，需要进行重要性评估，以了解报告的内容。如果环境、社会和治理问题对公司的业务、投资者和其他利益相关者有重大影响，公司必须披露信息。

5. 跟踪条例规制并设立关键ESG指标

参照有关政府、股份交易所或有关部门发布的报告，设立企业披露的ESG指标。公司应建立关键ESG指标，以协助减少负面影响，评估环境、社会及治理政策的成效，且确保目标清晰和可达成。缺乏必要资源收集和数据处理能力的企业需及时向专业机构寻求帮助，确保能够及时有效地完成工作。

小案例

麦当劳的ESG指标体系构建

麦当劳在优化ESG指标时，首先从确定与其业务最相关的ESG问题开始。具体来看，其在采购、森林砍伐、气候相关行动、包装、员工多元化和包容性以及社区中青少年的机会等事务中的表现都是重要的 ESG 问题。麦当劳针对这些议题不断相应地改进 ESG 指标。

3.6.2 披露报告编制

根据报告框架和收集的数据，企业可以开始撰写 ESG 报告。企业 ESG 报告的编制流程包括 5 个步骤，分别是组建报告工作小组、制订工作计划、确定报告主要内容、收集和整合信息，以及报告撰写。具体工作流程如图 3-6 所示。

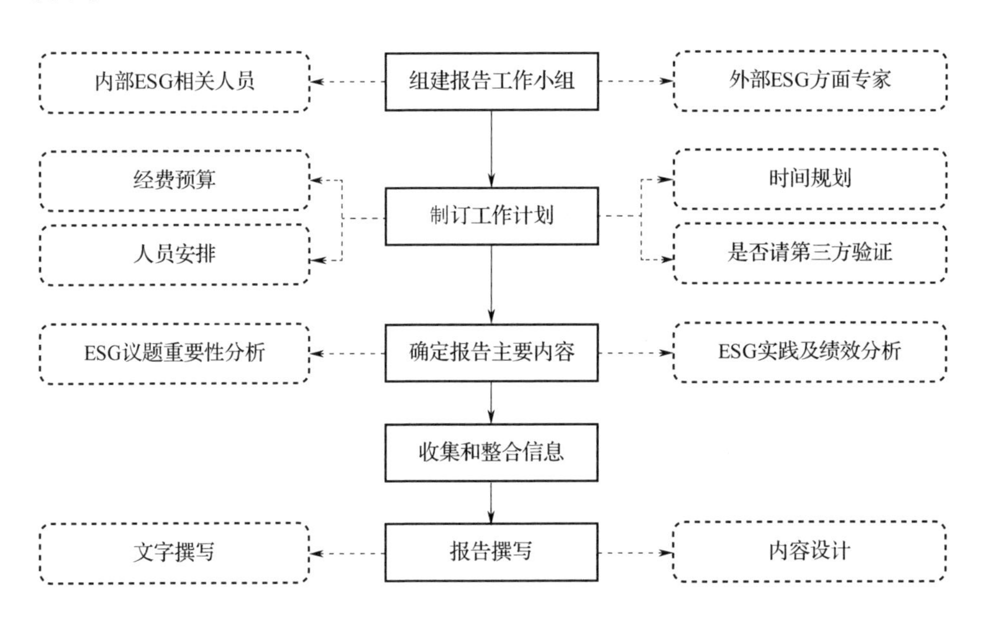

图 3-6　ESG 报告编制工作流程

资料来源：作者整理。

1. 组建报告工作小组

企业应组建 ESG 报告工作小组，全面负责 ESG 报告的编制和发布工作。报告编制小组负责人应由企业高管中负责 ESG 工作的人员担任，同时要明确各个议题的负责人。与 ESG 议题相关的职能部门（企业环境管理部门、产品质量部门、安全生产部门、设备保障部门等）以及报告涉及的子公司可派代表加入工作小组。企业董事会、监事会和经营管理层应尽可能向编制小组提供人力和经费等资源支持，并对报告编制过程进行监管和督促。企业还可以聘请第三方专业机构编制报告，第三方专业机构可委派代表加入工作小组。

2. 制订工作计划

ESG 报告工作小组应制订工作计划，包括报告编写的经费预算、报告编制和发布的时间计划、报告编制的人员安排和分工、是否请第三方机构对报告进行验证等内容。

3. 确定报告主要内容

（1）ESG 议题重要性分析。如表 3–3 所示，企业可参考以下 ESG 议题，考虑自身发展阶段、行业情况等特点以及利益相关方的关注要点识别对企业价值创造有实质性影响的重大议题；还可通过对监管机构、公众和消费者、投资者、供应商，以及企业董事、高管、员工等利益相关方的调研确定其关注的重点议题，依据矩阵或权重来综合评估议题的重要性，对当期 ESG 实践的专有议题或特殊议题进行重点展示。

表 3–3　企业 ESG 指标汇总

一级指标	二级指标	三级指标
环境	资源消耗	水资源、物料、能源、其他自然资源
	污染防治	废水、废气、固体废物、其他污染物
	气候变化	温室气体排放、减排管理
社会	员工权益	员工招聘与就业、员工保障、员工健康与安全、员工发展
	产品责任	生产规范、产品安全与质量、客户服务与权益
社会	供应链管理	供应商管理、供应链环节管理
	社会响应	社区关系管理、公民责任

（续）

一级指标	二级指标	三级指标
治理	治理结构	股东（大）会、董事会、监事会、高级管理层、其他最高治理机构
	治理机制	合规管理、风险管理、监督管理、信息披露、高管激励、商业伦理
	治理效能	战略与文化、创新发展、可持续发展

资料来源：作者整理。

（2）ESG 实践及绩效分析。根据 ESG 议题重要性分析的结果确定企业需要重点披露的 ESG 实践及绩效，分若干个议题进行披露。如果有合适的对标企业（如国际先进企业、行业龙头企业等），企业可以与之进行对比。还可以与国际组织提出的 ESG 相关目标（如联合国 17 个可持续发展目标）进行比较分析，对自身 ESG 实践效果进行评估。

4. 收集和整合信息

根据确定的报告内容对定量信息和定性信息进行收集。企业宜明确负责各项信息收集及报送的部门和人员，可对议题相关的职能部门以及相关子公司代表等人员进行培训，帮助其理解信息需求。定量信息应注意在企业内和行业内的可比性，并确保 ESG 相关的效益可被评估及验证。采用严谨的顺查与逆查程序，以便追溯数据和信息的可靠来源并验证其有效性与准确性。

5. 报告撰写

以收集的信息为基础，根据确定的报告主要内容撰写报告草案。为了增强报告的可读性和感染力，报告可以包括文字、图片、表格等多种元素。报告的风格在一定时期内尽可能保持统一，以树立企业独特的品牌形象，加深读者对企业的印象。

3.6.3 披露报告发布与改进

1. 报告审核

企业应建立健全内部 ESG 报告质量控制制度。董事会对报告草案进行审核，可聘请外部专家和利益相关方参与研讨，确保报告信息满足真实性、重要性、科学性、完整性和一致性原则。企业可聘请第三方机构对报告进行验证，出具第三方验证报告，并在 ESG 报告的附录中对验证报告进行说明。

2. 报告发布与传播

企业可在多种平台上发布 ESG 报告，还可在业绩说明会、实地调研、路演等投资者关系活动中进行宣传。企业可通过问卷、访谈等方式收集利益相关方的反馈意见，还可采用数字化、信息化工具对报告发布与传播的效果进行监测。

3. 持续改进

ESG 报告不应该是一次性的活动，企业应该持续改进报告的质量和内容。根据反馈和评估结果，不断提升 ESG 报告的水平，展示企业在可持续发展方面的持续进步和努力。

3.7 披露报告内容

ESG 披露报告应包括封面、报告说明和目录、企业简介、企业 ESG 承诺、企业 ESG 理念与治理、企业 ESG 实践与绩效、附录等内容。

3.7.1 封面

报告封面应包括企业名称、报告出具日期、报告年度等信息。根据企业意愿，还可包括企业标识、企业愿景、报告编号等内容。

3.7.2 报告说明和目录

为增强利益相关方对 ESG 报告的整体了解，企业应对报告编制和审批情况进行说明。报告说明可包括但不限于以下信息：企业对外公布的ESG报告年度或时间范围、编制日期、报告编号、报告期数、报告出具单位、编制报告依据的标准、报告覆盖范围（是否覆盖子公司等）、数据来源和说明、报告原则、报告的发布形式和获取方式、保证数据真实性的承诺及免责声明等。报告目录应涵盖企业ESG报告的主要内容。

3.7.3 企业简介

企业简介旨在帮助利益相关方了解企业概况，方便利益相关方更好地解读企业ESG报告。企业应披露以下信息：

企业名称、统一社会信用代码、法定代表人、注册地址、业务所在地、企业性质、行业类别等，重点排污单位需要特别标注。

报告期内企业的主营业务、总体经营情况、基本财务信息等，上市企业应对报告期内业绩信息等进行披露，非上市企业可选择性披露。

3.7.4 企业ESG承诺

企业可通过法人代表、董事会或高管声明的方式做出ESG承诺，包括将ESG融入企业的战略和决策活动、遵守法律法规和行业标准、为企业的ESG活动提供所需的资源保障等，也可对企业的ESG目标和实践进行保证性陈述。

3.7.5 企业ESG理念与治理

1. 企业ESG理念

企业可在ESG报告中介绍ESG理念，阐述发展战略、经营理念与ESG结合的情况，包括ESG发展规划的基本逻辑、行动纲领、总体方向和思路等。

2. 企业ESG治理情况

企业可在ESG报告中披露ESG治理情况，如阐述董事会及经营管理层在ESG方面的职责，对重要ESG相关事宜的管理方针、策略、目标以及进度等，也可披露各层级在ESG管理及披露（报告准备）工作中的主要职能、工作联动方式、报告会议频次等。如企业设置专门负责 ESG 的组织机构（企业 ESG 委员会、首席 ESG 行政官、ESG 办公室等），可对 ESG 机构的组成及职能进行介绍。

3. 企业 ESG 相关经营环境分析

企业应充分了解影响生产与经营的内外部环境，分析与 ESG 相关的最新内外部条件，识别 ESG 发展的机遇和风险，为利益相关方了解企业的 ESG 活动提供基础资料。

4. 企业与利益相关方的沟通

企业可在 ESG 报告中披露与利益相关方的沟通以及促进其参与企业 ESG 活动的方式、方法、途径和频率。如利益相关方与企业从事的 ESG 活动有重要关系，可重点披露。

3.7.6　企业 ESG 实践与绩效

1. 企业 ESG 实践概览

企业应对报告期内的 ESG 实践情况进行概述。概述时，突出从事 ESG 活动所获得的经验与企业的 ESG 实践特色等。

2. 企业 ESG 重要议题的确定

如表 3-3 所示，企业在根据 ESG 议题披露 ESG 绩效信息之前，应以表格中的 ESG 指标为指导，从实际情况出发，对 ESG 议题的重要性进行分析。在报告中，应体现 ESG 重要议题的筛选过程、判定准则和重要性分析结果。企业应依据议题重要程度，对报告期内的 ESG 实践情况与绩效信息进行披露。

3. 企业 ESG 实践与绩效的披露

ESG 报告的议题分为环境、社会和治理三个方面。环境方面主要包括资源消耗、污染防治和气候变化三个部分。社会方面包括员工权益、产品特征、供应链管理和社会响应四个部分。治理方面包括治理结构、治理机制、治理效能三个部分。

在报告中，企业应披露报告期内履行完毕的，以及截至报告期末尚未履行完毕的 ESG 实践相关信息。为便于比较，ESG 报告还可包括企业以往报告时段的相应绩效信息等。

3.7.7 附录

企业 ESG 报告中披露的部分详细信息可在附录中呈现，例如关键绩效表、第三方验证报告、利益相关方沟通报告、报告指标索引、读者反馈等内容。

3.8 ESG 披露发展的国内外实践

随着可持续发展理念的深化，ESG 披露在国内外得到了不同程度的发展。本节分别介绍 ESG 披露在欧盟、美国、日本以及中国的发展现状，并进行对比分析。

3.8.1 ESG 披露的国内外发展

当前，欧盟、美国、日本等一些发达国家和地区的 ESG 披露发展已较为成熟。梳理其信息披露实践对于我国 ESG 披露的发展具有重要的参考意义和借鉴价值。

1. 欧盟的 ESG 信息披露发展

在欧盟出台的法律政策中，对外披露的要求贯穿资本市场参与者的经营活动始终，对上市公司、资产管理者、资产所有者都有相关条例和法规规定，此外对其他金融市场参与者和具体类型的金融产品也做了相关规定，具体政策梳理如表 3-4 所示。欧盟早期立法文件重点关注了“披露”行为。2014 年以来，欧盟陆续修订多项政策法规，对上市公司、资产所有者、资产管理机构在非财务信息的披露与评估方面做出日渐明确和强制的要求，逐步完善了披露政策的操作细节，扩大了资本市场参与主体范围。尤其在 2015 年后欧盟颁布的法律文件中，对商业行为与可持续发展目标的一致性赋予了更高关注。具体而言，2014 年颁布的《非财务报告指令》是上市公司对外披露 ESG 业绩的依据，使机构投资者有据可循，为在投资过程中考量 ESG 要素提供了资料；2016 年《职业退休服务机构的活动及监管》要求资产所有者的退休服务机构、监管机构和投资者对其客户披露 ESG 要素信息，对资产所有者将 ESG 纳入投资决策做出了规定，提升了双边受托责任的透明度；2017 年《股东权指令》使投资双方更加重视 ESG 业绩表现，同时资产管理者披露股东参与 ESG 议题的具体信息，让受托责任更加透明与规范。随着时间的推移，欧盟政策及法规中增加了对投资各环节纳入 ESG 的要求，完善了对 ESG 投资的全过程覆盖。

2. 美国的 ESG 信息披露发展

美国拥有全球最大的金融市场，其 ESG 投资市场形成了较为完整的产业链和价值链。同时美国拥有较为开放的金融体系，其市场自发的驱动力对 ESG 发展起到了决定性作用。美国 ESG 早期政策法规重点关注单因素，具体政策梳理如表 3-5 所示。2002 年《公众公司会计改革和投资者保护法案》是美国政府对公司治理、会计职业监管、证券市场监管等方面提出的更加严格、规范的法律管控体系。2010 年，美国证券交易委员会发布了《委员会关于气候变化相关信息披露的指导意见》，对环境及气候变化议题提出了新的要求。相关财务支出的量化披露、投资对象对环境的影响成为美国 ESG 政策法规中关注的重点，开启了美国上市公司对气候变化等环境信息披露的新时代。2015 年，在联合国提出 17 项可持续发展目标后，美国也相应地在政策法规中做出了回应，首次颁发了基于完整 ESG 的规定——《解释公告 IB2015-01》，就 ESG 决策向社会公众表明支持立场，鼓励投资决策中的 ESG 整合。由此，美国 ESG 发展进入快车道。2018 年，《第 964 号参议院法案》强制要求披露与气候相关的财务风险。近年来，美国政府颁布一系列政策文件逐步完善和清晰化 ESG 指标度量。

表 3-4　欧盟 ESG 信息披露政策梳理

日期	领域	政策文件	主要实施行业、企业	主要内容
2014	E/S/G	《非财务报告指令》	包括商贸流通行业在内的各行业大型企业、集团企业、中小企业	规定上市公司披露以 ESG 事项为核心的非财务信息，且对环境议题的具体要求与可持续发展目标中多项目标有较高重合度；对非财务信息的披露范围和内容做出具体要求；指明重要性：将长期盈利与社会公正和环境保护相结合，对朝向可持续的全球经济转型至关重要
2016	E/S/G	《职业退休服务机构的活动及监管》	资产所有者的退休服务机构、监管机构和投资者	要求在对 IORP 活动的风险进行评估时应考虑到正在出现的或新的与气候变化、资源和环境有关的风险
2017	E/S/G	《股东权指令》	信贷机构、投资公司、资产管理公司、保险公司、养老基金	要求资产管理者作为股东身份参与被投资公司 ESG 事项；明确将 ESG 议题纳入具体条例中，并实现了 ESG 三项议题的全覆盖，将 ESG 问题纳入所有权政策和实践中
2019	E/S/G	《ESMA 整合建议的最终报告》《金融服务业可持续性相关披露条例》	银行业、证券、保险、金融信托和管理、金融租赁、财务公司、资产管理机构、信用评级机构	要求具有环境和社会特征的金融产品在信息披露中说明其在多大程度上与可持续发展议题相一致，以及如何满足其可持续性特征；明确资管机构评估上市公司非财务绩效的过程，包括数据来源、筛选标准和衡量指标等
2020	E/S/G	《可持续金融分类方案》《促进可持续投资的框架》	建筑行业、金融业、制造业、交通运输业、电力、热力、燃气、供应业、冶金矿产、石油化工	呼吁欧盟法律应建立对 ESG 认知的共识以促进 ESG 议题监管的趋同；提出总体设计与具体实施的分类方案，主要通过对 6 项环境目标相关的经济活动设定技术筛选标准，向可持续发展目标中的“气候行动”“水下生物”“陆地生物”目标靠拢

资料来源：作者整理。

表 3-5　美国 ESG 信息披露政策梳理

日期	领域	政策文件	政策发布部门	主要内容
2002	S/G	《公众公司会计改革和投资者保护法案》	众议院金融服务委员会；参议院银行委员会	建立独立的公众公司会计监管委员会，对上市公司审计进行监管；借助负责合伙人轮换制度以及咨询与审计服务不兼容等原则提高审计的独立性；限定公司高管人员的行为，改善公司治理结构等，以增进公司的报告责任；加强财务报告的披露
2010	E/S/G	《加州供应链透明度法案》	—	要求在加利福尼亚州经营的年度全球总收入超过 1 亿美元的零售商和制造商在网站上披露其为消除供应链中奴役和人口贩卖所做的努力。该法规并未强制要求公司为降低供应链的社会风险采取的新措施，但是无论公司是否采取措施均需向消费者披露相关信息
2010	E/S/G	《委员会关于气候变化相关信息披露的指导意见》	美国证券交易委员会	要求公司就环境议题从财务角度进行量化披露，公开遵守环境法的费用、与环保有关的重大资本支出等
2015	E/S/G	《第 185 号参议院法案》	参议院	董事会应建设性地与动力煤公司接洽，以确定公司是否正在转变业务模式，以适应清洁能源生产
2015	S/G	《解释公告 IB2015-01》	美国劳工部员工福利安全管理局	要求受托者和资产管理者在投资政策声明中披露 ESG 信息，强调了 ESG 考量的受托者责任
2016	S/G	《雇主信息报告》	美国平等就业机会委员会	要求拥有 100 名以上员工的公司收集并提供包括种族、民族、性别和工作类别的工资数据，向联邦政府提供公司的实际雇佣情况

（续）

日期	领域	政策文件	政策发布部门	主要内容
2017	S/G	《机构投资者管理框架》	投资者管理集团	鼓励机构投资者披露如何评估与所投资公司相关的公司治理因素，以及如何管理代理投票和参与活动中可能出现的潜在利益冲突
2018	S/G	《实操辅助公告No.2018–01》	美国劳工部	针对受托者和资产管理者，强调ESG考量的受托者责任，要求其在投资政策声明中披露ESG信息
2018	E/S/G	《第964号参议院法案》	参议院	进一步提升对退休基金中气候变化风险的管控以及相关信息披露的强制性，同时将与气候相关的金融风险上升为“重大风险”级别；强制要求披露与气候相关的财务风险、应对措施及董事会的相关参与活动，以及与《巴黎协定》、加州气候政策目标的一致性等信息
2019	S/G	《ESG报告指南2.0》	纳斯达克证券交易所	将约束主体从此前的北欧和波罗的海公司扩展到所有在纳斯达克上市的公司和证券发行人，并主要从利益相关者、重要性考量、ESG指标度量等方面提供ESG报告编制的详细指引。该指南参照了GRI、TCFD等国际报告框架，尤其响应了SDGs中性别平等、负责任的消费与生产、气候变化、促进目标实现的伙伴关系等内容
2020	S/G	《2019 ESG信息披露简化法案》	美国金融服务委员会	强制要求符合条件的证券发行者在向股东和监管机构提供的书面材料中明确阐述界定清晰的ESG指标，以及ESG指标和长期业务战略的联系

资料来源：作者整理。

3. 日本的 ESG 信息披露发展

日本的 ESG 实践主要基于《日本尽职管理守则》和《日本公司治理守则》，从尽职管理和公司治理两方面为日本企业提出应遵循的 ESG 原则，具体政策梳理如表 3-6 所示。2014 年，日本金融厅首次颁布《日本尽职管理守则》，主要针对投资于日本上市公司股票的机构投资者和机构投资者委托的代理顾问提出七大原则，该守则采取的“不遵守就解释”披露要求使机构投资者在管理质量和信息披露方面均有了显著改善。2015 年，《日本公司治理守则》面向上市公司，从公司治理角度规定公司应遵循的 ESG 原则。2018 年修订的《日本公司治理守则》扩大了守则指导方针的适用范围，进一步强调了 ESG 要素的重要性，细化了与 ESG 相关的条例规定。同时鼓励更多公司自愿披露 ESG 信息、明确非财务信息应包括 ESG 要素、更加注重董事会在建立可持续发展的企业文化中的引领作用。2020 年，重新修订《日本尽职管理守则》，加重了机构投资者和上市公司促进可持续增长的责任。提升和扩展对可持续金融的理解，明确了资产管理者履行责任的内容、责任管理的层级、适用资产的范围。同年，日本交易所集团和东京证券交易所发布了首个日本上市公司的 ESG 披露指引文件——《ESG 披露实用手册》，明确了上市公司的 ESG 信息披露的步骤。

4. 中国的 ESG 信息披露发展

2011 年，中国在欧美国家 ESG 理念的影响下，走上了对 ESG 信息披露的探索之路，着手于相关指引的制定并首次公开征询意见，具体政策梳理如表 3-7 所示。港交所为倡导上市公司进行 ESG 信息披露，2015 年便发布了《环境、社会及管治报告指引》。自此之后，我国出台一系列举措致力于完善 ESG 信息披露的要求，与国际接轨。我国证券监管部门从 2003 年开始要求污染严重的上市公司进行环境信息披露，此后，各监管部门、交易所均制定相应的信息披露指引。在初期阶段，中国的 ESG 政策主要集中在环境保护、污染、绿色金融等方面的信息披露。随后，政策逐渐扩展到管理实践和公司的社会影响力的层面。目前，相关披露法规已逐渐从国标走向地标，2020 年 6 月，深圳出台了上市公司强制性信息披露地方法规。在披露标准上，84% 上市公司

表 3-6　日本 ESG 信息披露政策梳理

日期	领域	政策文件	政策发布部门	主要内容
2014	S/G	《日本尽职管理守则》	日本金融厅	明确要求投资者监测被投资公司的 ESG 风险和业绩，促使机构投资者在全面了解被投资公司的前提下更好地履行尽职管理责任；针对投资于日本上市公司股票的机构投资者和机构投资者委托的代理顾问提出七大原则，要求其积极行使股东权利，与被投资公司开展对话
2015	S/G	《日本公司治理守则》	日本金融厅	要求公司更加关注利益相关者，要就 ESG 问题与相关方进行合作，并采取适当措施解决 ESG 问题；强化了董事会职责，将可持续发展议题和 ESG 要素考量纳入董事会责任范畴，规定董事会应主动处理这些事项并为此积极采取行动
2017	E/S/G	《协作价值创造指南》	日本经济贸易和工业部	强制要求上市公司在战略中披露对 ESG 因素的考量、向投资者解释在价值创造中整合 ESG 因素的细节、重视与利益相关方的关系；要求投资者关注公司 ESG 绩效与投资决策的实质性关系，强调受托者责任中的 ESG 考量、评估与 ESG 及可持续相关的风险因素
2018	E/S/G	《日本公司治理守则》修订	日本金融厅	鼓励更多公司自愿披露 ESG 信息，明确非财务信息应包括 ESG 要素，更加注重董事会在建立可持续发展的企业文化中的引领作用
2020	S/G	《日本尽职管理守则》修订	日本金融厅	重新定义了“尽职管理”，明确要求机构投资者在制定投资策略时考量与中长期投资回报相关的可持续因素及 ESG 因素；重视投资者与被投资公司在 ESG 因素和可持续议题上的对话，强调投资管理策略与提升被投资公司长期价值的一致性；将守则的适用范围从股票扩大到符合资产管理者“尽职管理”职责的所有资产类别
2020	S/G	《ESG 披露实用手册》	日本交易所集团、东京证券交易所	明确指出上市公司的 ESG 信息披露分为四个步骤：ESG 议题和 ESG 投资、将 ESG 议题与战略相联系、监督和实施，以及信息披露和参与

资料来源：作者整理。

的 ESG 报告仍处于起步阶段，仅参考了港交所的 ESG 指引，15% 的公司同时参考了 GRI 披露框架，在所有恒指上市公司中，同时参考 GRI 披露框架的企业占比 72%，比例远超其他版块。大多数上市公司仅披露港交所的 ESG 指引中要求的部分，较少公司采用国际标准进行自愿披露。

港交所发布的 ESG 指引统一了上市公司的信息披露框架，有利于资本市场获得更加真实、客观、有效、可比较的企业 ESG 信息，有利于投资机构更好地评价企业 ESG 行为，推动企业、投资者、监管部门之间的良性互动，进而最终实现企业价值增长方式的转变及其长期可持续发展。但由于并未强制要求第三方鉴证，因此仅有 5% 的上市公司聘请第三方机构对 ESG 报告进行鉴证，这一比例远低于欧美国家，因此尽管采用了强制披露的宏观政策，但是也无法保证披露信息的质量。另外，部分公司以例行公事的态度对待 ESG 管理，没有明确的 ESG 管理策略和架构。

表 3-7　中国 ESG 信息披露主要政策

日期	领域	政策文件	政策发布部门	主要内容
2003	E	《关于企业环境信息公开的公告》	原环保总局	要求重点污染企业披露 5 类环境信息：披露主要污染物、特征污染物的名称，污染物排放方式、排放口数量和分布情况，污染物排放总量及环评建设方案等
2005	E	《国务院关于落实科学发展观加强环境保护的决定》	国务院	要求企业应当公开环境信息
2006	S	《深圳证券交易所上市公司社会责任指引》	深交所	鼓励上市公司披露社会责任报告
2007	E	《环境信息公开办法（试行）》	国家环境保护总局	明确强制公开环境信息的标准
2008	E	《上海证券交易所上市公司环境信息披露指引》	上交所	倡导上市公司在追求自身经济效益、保护股东利益的同时，重视对利益相关者、环境保护、社会等方面的非商业贡献，并对上市公司环境信息披露提出了具体要求

（续）

日期	领域	政策文件	政策发布部门	主要内容
2010	E	《上市公司环境信息披露指南（征求意见稿）》	环保部	首次将突发环境事件纳入上市公司环境信息披露范围
2014	E	《环境保护法》修订	全国人大常委	规定公司披露污染数据以提高透明度
2015	E/S/G	《环境、社会及管治报告指引》	港交所	将环境、社会主要范畴下的 11 个层面的一般披露责任以及环境范畴下的所有关键绩效指标提升至“不遵守就解释”
2015	E/S	《上市公司规范运作指引》	深交所	上市公司除了应当积极履行社会责任、定期评估公司履责情况、自愿披露社会责任报告外，还应在公司出现重大环境污染问题时及时披露环境污染产生的原因、环境污染的影响情况、对公司业绩的影响、公司拟采取的整改措施等相关信息
2017	E/S	《公开发行证券的公司信息披露内容与格式准则第 2 号——年度报告的内容与格式》	中国证监会	鼓励公司自愿披露有利于保护生态、防治污染、履行社会责任的相关信息
2017	E	《排污许可管理办法（试行）》	环保部	明确排污者责任，强调守法激励、违法惩戒，规定了企业承诺、自行监测、台账记录、执行报告、信息公开共五项制度
2017	E/S	《绿色债券评估认证行为指引》	中国证监会	对绿色债券评估认证机构的资质、业务承接、评估认证内容、评估认证意见等方面进行了规范
2017	E	《公开发行证券的公司信息披露内容与格式准则》第 2 号、第 3 号	中国证监会	完善了分层次的上市公司环境信息披露制度，除了对环保部门公布的重点排污单位的上市公司或者其重要子公司提出了强制性的环境信息披露的要求以外，将对其他上市公司的要求提升到了遵守或者解释的半强制性程度

（续）

日期	领域	政策文件	政策发布部门	主要内容
2018	G	《上市公司治理准则》	中国证监会	确立了 ESG 信息披露基本框架
2018	E	《中华人民共和国环境保护税法》	环保部	法案将“保护和改善环境，减少污染物排放，推进生态文明建设”写入立法宗旨，明确“直接向环境排放应税污染物的企业事业单位和其他生产经营者”为纳税人，确定大气污染物、水污染物、固体废物和噪声为应税污染物
2018	E/S/G	《上海证券交易所上市公司环境、社会和公司治理信息披露指引》	上交所	除了对环境、社会和公司治理的管理政策、措施效果和关键绩效指标提出明确指导以外，还对上市企业执行监管机构相关制度、准则的合规性提出了更加严格细致的披露要求，并对违规处罚、内外部利益相关者反对等负面信息披露内容进行了规范
2019	E/S	《上海证券交易所科创板股票上市规则》	上交所	要求上市公司在年度报告中披露履行社会责任的情况，并视情况编制和披露社会责任报告、可持续发展报告、环境责任报告等文件
2020	E/S/G	《深圳证券交易所上市公司信息披露工作考核办法（2020年修订）》	深交所	首次提及 ESG 披露，将上市公司信息披露工作考核结果记入诚信档案，通报中国证监会相关监管部门和上市公司所在地证监局

资料来源：作者整理。

5. 小结

总结以上各个组织和国家的发展特点，从政策切入点、法律体系、信息披露、ESG 的作用、主要关注点、实践形式共六个方面进行比较，具体结果如表 3-8 所示。

表 3-8　各个组织与国家之间 ESG 发展比较分析

	欧盟	美国	日本	中国
政策切入点	以公司治理（G）为切入点	以公司治理（G）为切入点	整合式切入	以环境责任（E）为切入点
法律体系	法律体系完善，注重与国际 ESG 发展框架保持一致	法律体系完善，注重与国际 ESG 发展框架保持一致	逐步扩大政策法规适用范围，搭建了《尽职管理守则》和《公司治理守则》双 ESG 发展基石	逐步扩大政策法规适用范围，注重本土化和国际发展相结合
信息披露	较为重视信息披露，强调对 ESG 相关的非财务信息的披露与评估	较为重视信息披露，强调与 ESG 有关的财务信息的披露与评估	ESG 以自愿披露信息、自愿参与和遵守为主	正在加强对信息披露的重视，强制要求重污染行业企业披露，其他企业自愿披露
ESG 作用	注重非财务风险评估	强调董事会的责任，重视环境要素中对气候变化的考量	注重董事会的可持续发展责任	起步晚，法律体系不健全，有一定的脱节和滞后性
主要关注点	从 E\S\G 三个维度出发，注重过程管理与实践优化	从 E\S\G 三个维度出发，注重基金机构、证券市场的发展	从整合维度出发，开始注重 ESG 各个维度的政策法规引导和市场实践双轨并行	侧重经济增长、环境保护的法律制度建设
实践形式	注重欧盟组织、各国政府与企业等多方共识和行动	注重金融机构、企业、个人等利益相关者的共同行动	政府部门和官方组织（投资机构、银行等）携手推动 ESG 建设	注重政府部门、上市公司等多方共识与利益结合

资料来源：作者整理。

目前我国 ESG 发展在理念和实践上具备一定的基础条件，也初见成效，归结为三方面。第一，从机构重视角度来看，我国上市企业目前已将解决 ESG 问题作为企业可持续发展的重要任务，具体表现为众多企业为解决 ESG 问题投入大量资源，而且有越来越多的金融机构和高校致力于为企业提供 ESG 披露框架以及报告 ESG 业绩的指导方针。此外，众多的评级机构也积极为企业提供 ESG 业绩数据。第二，从政府支持力度来看，未来在保证利润的同时实现可持续发展成为企业必须面对的问题，政府为落实企业可持续发展与确保国家经济高质量发展也出台了许多相关政策，助力我国 ESG 信息披露的发展。第三，从理论契合角度来看，可持续发展理论、利益相关者理论、委托代理理论作为 ESG 理念的重要理论支撑，与我国现有的高质量发展理论、两山理论、乡村振兴与人民幸福论所倡导的内涵高度契合。国内政策理论与 ESG 信息披露理论互为支撑，互相借鉴，相互融合，协同促进我国企业、行业、市场经济的可持续发展，最终实现建设社会主义现代化国家的最终目标。

3.8.2　ESG 披露发展的中国实践

国内 ESG 标准体系发展尚不成熟，目前各部门组织正在大力推进 ESG 在我国的发展。由于中国在 ESG 方面起步较晚，目前与发达国家相比仍有一定差距，尚未形成国内统一的 ESG 披露标准体系，导致存在 ESG 披露理论体系不够系统、披露标准缺乏整合、参与披露主体的范围较小、披露内容和格式不一致等问题。

但多年来我国在环境、社会、治理方面也从未停止前进的脚步，各部门各机构都在为构建 ESG 披露标准不懈努力。在我国不断探索努力下，国内披露的标准与指南主要有：GB 16297—1996（大气污染物综合排放标准）、GB 8978—1996（污水综合排放标准）、《企业环境信息依法披露管理办法》、GB/T 36000—2015《社会责任指南》、GB/T 39604—2020《社会责任管理体系要求及使用指南》、《上市公司治理准则》、《企业管治守则》、证监会、上交所、深交所等 ESG 披露要求。其中，港交所在其发布的《环境、社会及管治报告指引》中提出："发行人须每年刊发其环境、社会及管治报告。报告可以登载于发行人的年报中又或自成一份独立报告。"深交所在制定的《深圳证券交易所上市公司社会责任指引》中表明："公司应按照本指引要求，积极履行社会责任，定期评估公司社会责任的履行情况，自愿披露公司社会责任报告。"并且，港交所表明 ESG 报告需要与年报同步，且披露的 ESG 报告需要经过公司的审计委员会、公司外部的证监会、交易所或其他有关部门审计与验证。总体而言，我国目前亟须出台一个统一标准的 ESG 披露框架，实现我国多年来在 E、S、G 领域探索成果的整合，并为企业和投资者等利益相关方提供更有价值的信息，深入推进落实可持续发展的理念。

3.8.3 ESG 披露发展的全球实践

国际上的 ESG 披露标准发展较为成熟，一些 ESG 标准组织开始实现整合合并。目前主要包括 GRI、IIRC、SASB、ISSB、ISO 26000、CDP 和 CDSB 标准等。这些标准几乎都涵盖了环境、社会和治理方面的相关议题，目标明确且披露原则十分清晰，能够为企业和投资者等利益相关方提供准确全面的信息。这些 ESG 披露标准都是为推进可持续发展这一目标服务的，但它们在目标、核心议题、结构框架和披露原则等方面均存在差异，各 ESG 标准组织主要关注的领域既有相似性又存在互补性，因而它们并非相互排斥、相互竞争，也使得制定全球范围内统一执行的 ESG 国际标准的重要性日渐凸显。现阶段国际 ESG 标准组织纷纷寻求标准整合契机，旨在建立有广泛影响力的统一的 ESG 标准。

1997 年成立的 GRI 标准目标为指导组织公开披露其对经济、环境和人最重大的影响，包括对人权的影响，以及管理这些影响。组织可因此提高自身影响的透明度，并加强责任承担。2010 年成立的 ISO 标准目标为开发适用于包括政府在内的所有社会组织的国际标准化组织指南标准。2011 年成立的 SASB 标准目标为通过与当前的金融监管体系合作，制定与传播企业可持续性会计准则。2015 年成立的 FSB 标准目标为可引用的气候相关财务信息披露架构，帮助投资人、贷款机构和保险公司了解公司重大风险。其中，GRI 标准是全球使用最为广泛的披露框架，在欧洲企业中应用尤其普遍。美国企业较多采用 SASB 标准进行一般性披露，并辅以 TCFD 标准进行气候相关问题披露。这些标准在目标与核心议题方面各具特点。披露标准对比如表 3-9 所示。

表 3-9　披露标准对比表

标准	ISO	GRI	IIRC	SASB	CDSB	TCFD	ISSB
成立时间	2010年	1997年	2010年	2011年	2010年	2015年	2021年
发起组织	国际标准化组织（ISO）	全球报告倡议组织（GRI）	国际综合报告委员会（IIRC）	可持续发展会计准则委员会（SASB）	气候披露标准委员会（CDSB）	气候相关财务信息披露工作组（TCFD）	国际财务报告准则基金会（IFRSF）
目标	制定国际标准，协调世界范围内的标准化工作，与其他国际性组织合作研究有关标准化的问题	编制一套可信、可靠的全球共享的可持续发展报告框架，供任何规模、行业及地区的组织使用	创建可持续性会计框架，重新考虑衡量绩效的标准，通过展示长期和广泛的决策后果来满足长期投资者的信息需求，并向财务资源提供者解释机构如何持续创造价值	通过与当前的金融监管体系合作，制定与传播企业可持续性会计准则	旨在帮助企业将可持续发展信息转化为长期价值，并向投资者提供清晰、简洁和一致的信息，将组织的可持续发展绩效与其整体战略、绩效和前景联系起来	TCFD在披露建议的框架中，要求金融机构及企业针对气候变化从治理、策略、风险管理、指标与目标四个方面进行管理和披露，致力于为金融机构和非金融机构制定一套自愿的披露建议	制定一个全面、高质量可持续发展披露标准的全球基准，以满足全球投资者关于气候和其他可持续发展事项的信息需求
核心议题	ISO标准几乎涵盖了所有可持续发展目标	经济、环境和社会三大特定议题类别	包括财务资本、制造资本、人力资本、社会和关系资本、智力资本和自然资本6大核心因素	环境、社会资本、人力资本、商业模式与创新、领导力与治理	以气候信息披露为主，关注环境和气候变化的信息披露	以气候信息披露为主，关注环境和气候变化的信息披露	可持续相关财务信息披露与气候相关披露两个方面

资料来源：作者整理。

3.8.4 国内外 ESG 披露现状异同比较

1. 国内外披露的区别

（1）国外 ESG 信息披露适用范围较广，披露责任相对较大，且具备较为完善的准则要求和指标体系。相对而言，国内 ESG 信息披露缺乏统一的官方指标要求，信息披露的覆盖范围也不够广泛。比如，在环境层面，国外 ESG 的信息披露列出了水资源、能源利用结构和减排节能等细节化的环保信息披露，而国内 ESG 信息披露的重点仍集中在行政管理层面的初步规范化和宏观层面的环保问题。

（2）国内外资本市场 ESG 信息关键指标的总体要求较为接近，同时也存在细节上的差异。具体而言，在社会层面，国外 ESG 信息披露更加聚焦于企业中小群体员工的性别身份和其他人权等方面，国内 ESG 信息披露则更多强调对企业员工及其他相关者采取的经济性激励措施及权益保护；在治理层面，国外 ESG 信息披露的共同点是对腐败的制度约束，包括信息披露及外部保障等，与之不同，国内 ESG 信息披露的侧重点是相关者权益保护机制、企业竞争力和可持续发展等。此外，国内指标同时添加了符合中国特色的参考因素（脱贫攻坚、乡村振兴、环保处罚等），未来将以此为基础发展 ESG 指标评价体系，需要国内的政策制定者、监管部门、第三方机构、上市公司等一同参与、共同努力来实现目标。

2. 国内披露的优劣对比

（1）国内披露的优势。第一，有助于我国标准的制定。国际标准的规制不一定适合本国企业，我国制定的标准从本国国情、各行业、各企业类型等因素进行通盘考虑来制定。且我国的标准制定的优点在于政府强制推进，各机构的 ESG 评级一致性较高，使得横向比较容易，因此 ESG 体系在中国的发展也领先于欧美同期。第二，有利于市场的健康发展。国内的披露标准是有关监管部门确立的，具有可信度与适用性，披露的信息能系统反映企业的各项可持续发展指标，企业可以根据披露的信息进行对比分析并发现不足之处加以改进。并且 ESG 信息披露在国内的普及主要依靠政治引导，而非社会机制引导。这种自上而下的评级导致了非营利组织的缺失，在缺乏监管的情况下，企业或第三方机构也就没有了进行信息披露的动力。第三，企业可能会拥有标准制定的话语权。在制定标准的过程中，企业能发出自己的声音，了解标准的主要内容，提前告知客户产品或行业趋势，利用市场机会抢占先机。

（2）国内披露的劣势。第一，标准体系不完善。我国标准体系中的很多标准存在重复、重叠、不连贯等问题，还存在一些领域缺乏标准的情况。第二，标准制定程序不规范。标准制定过程中存在一些程序不规范和流程混乱的情况，导致标准出现重复、矛盾等问题。第三，对国际标准制定的参与度低。我国在国际标准的制定中参与度低，导致我国标准的国际认可度较低，在一定程度上会影响企业的国际竞争力。

3. 国外披露的优劣对比

（1）国外披露的优势。第一，披露标准全面。国际 ESG 披露标准起步早且有 GRI、SASB 与 ISO 26000 等权威的披露标准，较国内的披露标准全面，可以引领国内披露标准的发展。第二，有助于提升企业形象。企业按照国际标准披露信息，可以有效避免恶性竞争，在公众中建立良好的形象，进而成为行业的领导品牌。第三，有助于维护利益相关者的权益。企业采用国际标准也是对企业和社会不健康行为的约束，可降低相关行为的发生概率，维护社会与企业的利益相关者的权益。

（2）国外披露的劣势。第一，对我国而言国外披露标准不一定适用。各国、各行业以及各企业类型的发展与特点不同，国外的披露标准不一定适用于我国的国情。第二，有可能对我国标准制定有所窒碍。国外的标准起步早于我国，且我国标准制定尚未成熟，企业选择国际标准进行披露，会致使我国在标准制定时偏向于采纳国际标准。第三，有可能造成机会主义行为。企业会使用利于其自身发展的准则进行披露，这样会掩盖一些对可持续发展不利的行为。

第 4 章　企业 ESG 评价评级管理

开篇案例

联想集团以 ESG 服务解决方案助推行业高质量发展

2023 年 6 月 27 日，全球数字经济领导企业联想集团（HKSE：992）（ADR：LNVGY）正式发布《2022/23 财年环境、社会和公司治理（ESG）报告》。报告显示，联想集团以“新 IT”技术架构为支撑，围绕科学减碳、多元包容、公司治理三大重点领域，在全球范围内树立了企业 ESG 新标杆；同时，联想集团还积极输出 ESG 服务解决方案，赋能各行各业的企业加速 ESG 转型，以高质量发展助力中国式现代化目标的实现。

作为中国内地唯一一家获得明晟 MSCI AAA 评级的科技企业，联想集团在双碳目标、生物多样性保护、乡村振兴、教育公益、文化遗产保护、女性领导力、高质量就业、数据隐私、质量安全、供应链稳链强链等领域均有领先实践，并将具体指标进展在历年报告中进行详尽披露。联想集团 ESG 报告关注议题充分融合中国特色，兼具全球视野，既与联合国可持续发展目标（SDGs）有效衔接，同时与中国式现代化发展目标高度契合。

环境维度，联想集团承诺将在 2050 年实现净零排放，成为中国首家通过科学碳目标倡议（SBTi）净零目标验证的高科技制造企业。报告期间，联想集团将可持续发展贯穿产品设计环节，闭环再生塑料已应用到 298 种产品中，较前一年增加 50 种；持续对自身工厂进行绿色水平评估，联想集团武汉产业基地获颁 ICT 行业首张“零碳工厂”证书；积极参与行业权威标准的研制与建设，参与起草和制定ICT行业首个零碳工厂团体标准《零碳工厂评价通用规范》，推动中国零碳制造标准化工作。

社会维度，联想集团一方面致力于打造多元平等的工作场所，积极参与联合国可持续发展目标——性别平等计划，第四次入选彭博社性别平等指数，女性员工占比37%，女性技术员工占比近30%；30岁以上员工占比85%，保持行业领先水平。另一方面，联想集团持续致力于回馈社会，慈善事业全球共计影响1650万人，"青梅计划""梦想未来""联想Le农"等乡村振兴公益项目纷纷落地。

公司治理维度，联想集团始终高度重视道德与合规，并在全球运营中严格地加以履行。2022年，联想中国平台社会价值委员会与负责任人工智能委员会成立，进一步完善公司治理体系建设。同时，联想集团专注通过科技创新推进数字化、智能化转型，再度上榜全球最具创新力的50家公司。

随着中国式现代化的深入推进，企业作为我国经济社会发展的中坚力量，将在推动发展、改善民生、促进创新等方面发挥更大的作用。以ESG为引领，联想集团将继续携手更多合作伙伴探索高质量发展，共同助力中国式现代化的实现。

问题：

联想集团为什么要进行ESG评价？ESG评价对企业高质量发展有什么作用？

4.1 ESG评价的概念及主体

企业ESG评价逐渐成为企业践行可持续发展理念的主流评价体系，受到投资者、政府、社区等不同外部利益相关者的关注。本节将从ESG评价的概念与ESG评价主体两个方面，对ESG评价进行初步介绍。

4.1.1 ESG评价的概念

ESG评价是衡量企业ESG绩效的标准，是投资机构进行投资评价和选择的准则，是专业智库平台开展ESG理论分析与实证检验的依据，是政府出台相关政策的尺度和准绳。

ESG评价是ESG建设的关键环节，是对企业有关环境、社会和治理表现和相关风险管理的评估，用于衡量公司对行业内长期、重大的环境、社会和治理风险的应变能力。其中，环境维度关注企业运行活动的外部因素，包括空气、水、土地、植物、动物、人，以及它们之间的相互关系；社会维度包括企业通过透明和合乎道德的行为，为其决策和活动对社会的影响而担当的责任；治理维度涉及在企业经营中实行的管理和控制系统，包括批准战略方向、监视和评价高层领导绩效、财务审计、风险管理、信息披露活动。

4.1.2 ESG评价主体

ESG评价主体包括第三方评价主体、第二方评价主体以及企业自评评价主体。其中，第三方评价主体为具备评价能力、独立于评价对象，且具有良好市场信誉的专业评价机构，例如MSCI、中国ESG研究院；第二方评价主体为对子公司或供应链各环节企业进行ESG评价的企业；企业自评评价主体指企业自身。

1. 评价主体的要求

（1）应独立于评价对象（企业自评例外）。

（2）应具有独立法人资格，且具有良好的市场信誉，近三年未受到监管处罚。

（3）应具备较强的信息采集与处理能力。

（4）应有与开展评价工作相适应的专职评价人员。

（5）应根据具体项目，设立相应的评价小组，开展评价工作。

（6）评价小组应至少包括3名具有社会管理、资源环境以及法律专业知识的成员，并确定组长一名。

（7）应设立内部监督委员会，负责监督评价过程和结果认定。

（8）应具有保障评价活动的质量控制文件，并对评价过程记录存档。

（9）应明确评价人员的职责、权限。

2. 评价人员的要求

（1）遵纪守法、诚实正直、坚持原则、实事求是、严谨公正。

（2）评价小组组长应精通 ESG，具有丰富的相关工作岗位经验，掌握 ESG、可持续发展、绿色金融等相关领域的专业知识。

（3）应具备相关专业国家机构统一认定的任职资格，且应充分了解 ESG 评价工作，熟悉国家有关方针、政策及相关的法律法规，胜任评价工作。

（4）应具备识别企业在 ESG 方面可能存在的主要问题的能力。

（5）应熟悉被评价企业所属的行业特点。

（6）应恪守职业道德，保守被评价企业的技术和商业秘密。

（7）第三方评价人员应独立于评价对象。

4.2　ESG 评价的相关理论

ESG 评价是对企业有关环境、社会和治理表现和相关风险管理的评估，其内涵与评价过程蕴含着深刻的管理学理论。本节从声誉理论、信号传递理论、有效市场理论及资源基础理论四个方面，全面阐述 ESG 评价的相关理论。

4.2.1　声誉理论

声誉理论最早由 Kreps 和 Wilson 于 1982 年提出，是指企业与其余利益相关者之间存在的一种隐性的非正式合约，这种非正式合约关系不需要任何实质性、书面上的证明材料，企业仍旧会践行相应承诺。随着相应承诺不断被践行，企业的利益相关者会据此对企业的形象做出判断，最终形成企业声誉（Kreps and Wilson，1982）。从企业自身角度，可以认为企业声誉在企业与其利益相关者的不断互动中逐渐形成，是企业向外界展示的一种整体形象，体现为企业在其所有活动中采取的行为以及这些行为所实现的结果（Weigelt and Camerer，1988）。从企业的利益相关者角度，企业声誉可理解为利益相关者对企业的评价，这种评价综合了利益相关者的自身经验、被评价企业的行为以及企业竞争对手的相关信息（Saxton，1998；Gotsi and Wilson，2001；Davies 等，2004）。

企业层面的声誉理论分为三个层次：声誉交易理论、声誉信息理论和声誉第三方治理机制理论（余津津，2003；皮天雷，2009）。声誉交易理论将声誉看成具有可交易性的无形资产（Tadelis，1999），合约失信承担的损失与收益之差即为声誉价值。声誉信息理论基于信号理论，指出利益相关者传播、交换声誉信息形成的声誉信息流、信息系统和信息网络，在缓解信息扭曲、提高交易透明度、提高市场效率、减少交易成本方面具有积极作用。声誉第三方治理机制理论认为，外部第三方机制通过法律约束等强制性惩治手段保障声誉内在机制的稳健运行。

声誉理论提升了企业参与 ESG 评价的意愿。第三方 ESG 评价机构出具 ESG 评价，通过评价分层区分企业 ESG 绩效表现，并向利益相关者传递 ESG 履行情况信息和信号。在相同的第三方评价下，ESG 评价层次越高，即可认为企业 ESG 表现越好。因此，一定条件下 ESG 评价越优，越能助推企业声誉提升，建立竞争优势，进一步改善企业投融资成本、交易效率、财务业绩等，最终实现价值最大化。企业为了达成目标，就会倾向于从无到有地实施开展 ESG 战略、增强 ESG 绩效表现等。ESG 评价是依赖市场调节的软约束机制，并非具有强制性的硬约束措施，可发挥声誉第三方治理机制的效用。

4.2.2 信号传递理论

信号传递理论最早由美国经济学家 Spence（1973）提出，该理论源自对买卖双方信息不对称情境下市场互动的研究，是信息经济学的重要组成部分，如今也广泛应用于管理学领域。当企业面临信息不对称时，各资源方为控制风险，不愿意向公司提供资源，这阻碍了公司的良好发展，而利用信号传递来缓解信息不对称成为了解此次问题的一条有效途径（Ross，1977）。

信号传递理论的最根本特征在于信号发送者是内部人，如高层主管或经理，他们掌握着有关于个人、产品或组织结构的重要信息，而这些信息是外部人不可获得的。更广泛地说，内部人掌握着对外部人来说在决策上有关键作用的正面或负面信息（Connelly 等，2010），如组织的产品或服务种类的信息，或者从销售代理外获得的早期研究与开发结果或近期初步的销售结果报告。信号发送者在管理研究中通常代表了个人、产品或公司。

如今，全社会对能够反映公司致力于环境保护、主动履行社会责任并具有较为良好的公司治理结构等非财务信息给予高度关注，不再像以往仅仅关注各公司披露的财务信息，因此 ESG 评分较为良好的上市公司会积极公布利益相关者所关注的公司信息，从而更加透明化地展示自身发展状况，更好地体现公司责任感和发展能力，从而和其他企业拉开差距。利益相关者也借助这些信息对公司发展能力、当前发展状态进行有效识别和综合判断，从而做出相应的更为准确的选择。因此，评级较高的上市公司会在资本市场上更受投资者青睐，上市公司主动践行 ESG 理念并积极披露相关信息，就能够为其发展和公司价值的提升做出较大贡献，服务于我国经济的高质量发展。

4.2.3 有效市场理论

1970 年，美国芝加哥大学金融学教授尤金·法玛（Eugene Fama）提出有效市场假说（Efficient Markets Hypothesis，EMH）。该理论认为，在法律健全、功能良好、透明度高、竞争充分的股票市场，一切有价值的信息已经及时、准确、充分地反映在股价走势当中，其中包括企业当前和未来的价值，除非存在市场操纵，否则投资者不可能通过分析以往股价获得高于市场平均水平的超额利润。

有效的市场可分为三种形式：强式有效市场、弱式有效市场以及半强式有效市场（Fama，1970）。弱式有效市场中，股票的市场价格合理且充分地反映了成交价、成交量等历史交易信息。在弱式有效市场中无法通过技术分析预测股价走势，但基本面分析依旧有效。半强式有效市场中，股价已经充分反映了所有的公开信息，包括交易信息及财务报表等。在半强式有效市场上依旧存在信息不对称的现象，公司存在未公开的与企业经营相关的信息，投资者不能获得公司的全部信息。在半强式有效市场中，技术分析和基本面分析均不起作用，但是仍有投资者可以通过内幕消息获得超额收益。强式有效市场中，所有的公开信息和内幕消息已经全部反映到了股票的价格中，不再存在信息不对称的现象，在该市场中所有投资者都将无法获取超额收益。

当前股票市场属于半强式有效市场，股价反映了市面上的公开信息，而公司的 ESG 评分属于内幕消息，其与公司经营策略以及未来发展战略息息相关，投资者难以通过常规渠道了解企业的 ESG 信息。因此，ESG 评分的公开将缩小公司与投资者之间的信息不对称性，短期内能够在公司的股价中得到体现。

4.2.4 资源基础理论

Wernerfelt（1984）首次在《企业资源基础论》中明确提出了资源基础的概念，而后 Grant（1991）又将资源基础观进一步提升为资源基础理论，并将无形资源纳入企业资源，这标志着资源基础理论的诞生。资源基础理论的核心要义是组织基于自身资源和能力与其他组织竞争（Barney，1991；Wernerfelt，1984）。该理论假定组织选择和积累资源的决策是理性的，之所以产生不同的绩效结果，是因为受到了有限的信息、偏见以及因果模糊性的影响（Oliver，1997），因果模糊性（Causal Ambiguity）意味着资源对于不同水平绩效的作用后果很难被清晰地预测。

组织持续性竞争优势的建立源于组织控制着有价值、稀缺、不可替代和难以复制的资源和能力（Barney，1991）。当组织以异质性资源为基础制定了能够提高组织有效性的战略时，这些资源便体现出了价值。资源具有以下两个特点：第一，资源是稀缺的，大多数组织都想拥有，但是很难获取；第二，资源是不可替代的、难以模仿的，替代或模仿需要付出巨大的成本。总之，组织必须有能力吸收和利用其资源，以获得持续性的竞争优势（Barmey and Clark，2007；Conner，1991）。

资源基础理论为企业进行 ESG 评价提供了理论支撑。ESG 包含环境、社会责任与公司治理三方面的因素，承担环境责任能够提升企业的创新动力、技术水平，以获得技术方面的竞争资源。同时，通过提升企业在环境保护方面的合规性，维护良好的政企关系，可为企业的发展赢得更多机会；承担社会责任可以提高利益相关者对企业的认同感，从而使企业内部以及企业与外部利益相关者之间的关系得到发展和维护，并能获得和组合各种资源；而良好的公司治理能力能够提升企业组织架构的合理性，提升企业的战略决策能力，实现资源的有效运用，最终实现公司价值的提升。

4.3 ESG 评价的基本原则和作用

ESG 评价的原则为实施 ESG 评价提供了基本准则，ESG 评价的作用则进一步阐述了评价的最终目的与优势。本节将着重阐述 ESG 评价的基本原则与 ESG 评价的作用。

4.3.1 ESG 评价的基本原则

1. 可操作性

评价方案的选用应符合特定应用场景的需求，ESG 指标对应关系有显著区别的应用场景宜选用不同的评价方法。

2. 客观性

评价过程应公正、公平、规范。对于同类型评价对象在同一应用场景和同一时期的 ESG 评价应使用同一评价方法和指标体系。评价人员应秉持诚实正直的职业道德和操守，在 ESG 评价中以事实为依据，以资料和数据为准绳，并且使用统一的度量标准。评价指标应尽量采用定量的统计方法，对于难以定量评价的指标，可采取定性描述评价。

3. 独立性

评价方法、过程及其变更修订和评价结果应透明公开，并加以解释。第三方机构评价结果不受被评价企业影响，具有较强的独立性，可确保评价结果客观公正。企业自评及第三方评价的评价人员应独立于被评价的职能，并且在任何情况下都应不带偏见，没有利益上的冲突。

4. 一致性

企业应确保数据统计方法、时间维度、基于本标准的评价过程、评价主体和评价人员能力水平具有一致性，使信息能为利益相关方用作有意义的比较。

4.3.2 ESG 评价的作用

1. 有利于企业在 ESG 表现弱项上持续改进

ESG 评价标准有利于“以评促改”，推动企业持续改进 ESG 实践。第一，转变发展方式，以创新驱动高质量发展。突破我国重污染行业企业高耗能、高污染困局的关键在于推进技术创新，实现可持续的绿色发展，而 ESG 评价标准可引导企业可持续发展的走向。第二，ESG 评价指标将社会责任纳入评价体系中，可要求企业积极承担社会责任，利于企业树立负责任的良好形象。第三，ESG 评价指标中的公司治理标准有利于规范企业行为，健全治理机制，防范治理风险，促进企业的健康、可持续发展。总体上，ESG 评价是企业在市场经济中发挥正向主体作用的指引，是企业经济价值观和社会价值观相统一的体现，对强化上市公司的社会责任意识，激励其承担社会责任，提高综合竞争力具有重要意义。

小案例

埃克森美孚的转变

1989 年，埃克森的一艘石油运输油轮在美国阿拉斯加州附近海域发生了触礁事故，26 万桶原油流入海水中，污染海域面积达 3367 平方千米，破坏了965千米长的海岸线，造成大量海洋生物死亡。这起事故成为了当时北美最大的漏油事件，也导致埃克森公司被美国政府列入“公关名人堂”的黑名单。2015年，埃克森美孚（1999年，埃克森和美孚合并）更是被爆出隐瞒气候风险的丑闻，这对处于“低油价”糟糕期的埃克森美孚无疑是雪上加霜。分析表明，造成这次事件的根本原因同样是公司治理问题，正是管理层的错误决策导致了事件发生。为了应对此次丑闻事件，扭转股票表现长期低迷的局面，埃克森美孚决定在ESG方面发力，试图依靠在环境、社会和公司治理方面的出色表现来重新赢得投资者的青睐，以此来帮助公司渡过“寒冬”。

在ESG评价机构Sustainalytics给出的2020年最新评分中，埃克森美孚的环境风险、社会风险和治理风险得分分别为15.7分、8.9分和7.7分。这表明埃克森美孚已经较好地解决了公司治理问题，并且改善了1989年的事故和2015年的丑闻带来的不良社会影响。

2. 有利于投资机构更好地进行ESG投资

投资机构作为重要的外部治理机制，影响着企业的行为和治理绩效，可有效推动上市公司的合理、良性运转。投资机构根据企业在环境、社会和治理各方面的表现对企业进行投资，开发相关的绿色产品。通过ESG投资，投资机构可对企业施加影响，促使企业在ESG各个方面做出努力。而投资机构进行ESG投资，需要ESG评价结果为其投资决策提供支持。为投资者搭建一个ESG投资评价标准框架，不仅可以为投资者的决策提供客观数据支持，还可以引导投资者将ESG信息纳入投资决策，以缓解决策短视的问题，有利于长期价值投资决策。因此，完善的ESG评价体系可引导投资机构更好地对企业的ESG实践进行评价并进行ESG投资。

3. 有利于学术研究机构围绕ESG展开理论分析与实证检验

ESG指标评价体系是支撑ESG投资的基础，影响着ESG信息披露的质量。高质量的ESG评价指标体系不仅可为市场和投资者提供有效参考，还可以为高校、研究机构和专业智库平台提供客观数据。研究机构可以利用这些数据对企业 ESG 表现与绩效、价值、战略行为等变量之间的关系开展实证分析，从而对中国情景下的 ESG 理论进行归纳、检验。

4. 有利于政府出台相关政策

ESG 评价是上市公司可持续发展活动的“晴雨表”，可以为政府出台相关政策提供支持。一方面，通过 ESG 评价体系，有利于政府相关部门深入了解行业动态，促进其为上市公司制定规范、统一和完善的 ESG 披露标准，以规范企业行为；同时，ESG 披露标准和要求的出台可以增强数据的可比性和可信度，有助于市场对企业未来的绩效和可持续发展能力做出客观且有效的判断。另一方面，企业的长期价值增长目标和 ESG 实践活动可以通过数据化的指标具体呈现，从而为政府相关部门提供切实有效的客观数据，有利于政府监管部门出台奖惩措施，健全惩罚机制，从而充分发挥规范者的作用。

4.4 国外 ESG 评价机构及其指标体系

ESG 评价兴起于 20 世纪 80 年代，截至 2020 年初，全球 ESG 资产的管理规模达 35.30 万亿美元，欧洲的 ESG 投资规模占其资产管理总规模的 45%，美国的 ESG 投资占比为 33%，全球 ESG 评价机构数量已超过 600 家。其中，比较有代表性的主流 ESG 评价体系包括：KLD、MSCI、Sustainalytics、汤森路透、富时罗素、标普道琼斯。

4.4.1 KLD ESG 评价体系

1. KLD ESG 评价体系介绍

KLD ESG 评价体系是由 KLD 研究与分析有限公司（KLD Research & Analytics Inc.）于 2006 年构建的 ESG 框架，旨在对上市公司的环境、社会、治理和涉及争议性产业的表现进行调查研究，在此基础上建立一种关于企业对利益相关者承担责任与否的衡量标准。

KLD ESG 评价数据主要来源于公司披露信息以及对上市公司的调查研究，

其筛选模型涉及的行业包括核能核电、酒精饮品业、烟草业、避孕用品业等。

2. KLD ESG 评价指标体系与评价等级

如表 4–1 所示，KLD ESG 评价体系最大的特点是保留了社会责任投资的筛选策略，其筛选模型是对特定行业或有争议事项的企业直接进行剔除，而不是在对所有企业进行社会责任评分后进行淘汰。根据公司在这些指标上的表现情况，KLD 设定了 9 个最终等级梯度，如图 4–1 所示。

表 4–1 KLD ESG 评价指标（2006—2020）

一级指标	二级指标	三级指标
环境	气候变化	清洁能源、气候变化等
	产品和服务	利他性与服务、致使臭氧层破坏的化学试剂、高危废弃物、农作物化学试剂等
	经营与管理	污染防治、循环利用、管理机制、监管问题、相关排放
社会	社区	慈善捐赠、创新性捐赠、非本土捐赠、教育支持、住房改善支持、支援者项目、投资纠纷、消极经济影响、纳税争端
	多样性	董事会、首席执行官、残疾人就业、同性恋政策、推动与女性和少数裔的合作、工作福利、纠纷、代表缺失等
	劳工关系	健康与安全、退休福利、工会关系、分红、员工参与、劳动力流失等
	人权	劳工权益、与当地人关系、尊重所在地主权、领土权、文化、人权及知识产权等
	产品	对低收入人群的福利、广泛认可、研发创新、反垄断、市场 / 协议纠纷、安全等
治理	报告	政治责任、透明度、结构性、津贴、财务、企业文化等
	结构性	津贴、所有权、财务等
争议性产业（CBI）评价标准	酒精类饮料	注册方、生产商、酒精类饮料生产必备性产品制造商、销售商，由酒精类饮料公司控股、持有涉及酒精类饮料公司的股份
	避孕类产品	注册方，由避孕类产品公司控股，持有涉及避孕类产品公司的股份

（续）

一级指标	二级指标	三级指标
争议性产业（CBI）评价标准	核能核电	核电站所有方、核电站建设和设计公司、核燃料及重要部件提供方、核电服务提供方，由军工企业控股
	烟草业	注册方、生产商、销售商，由烟草业公司控股，持有烟草业公司股份

注：争议性产业（CBI）评价仅列出与国内相关的代表性产业。

资料来源：KLD、社会价值投资联盟（CASVI）。

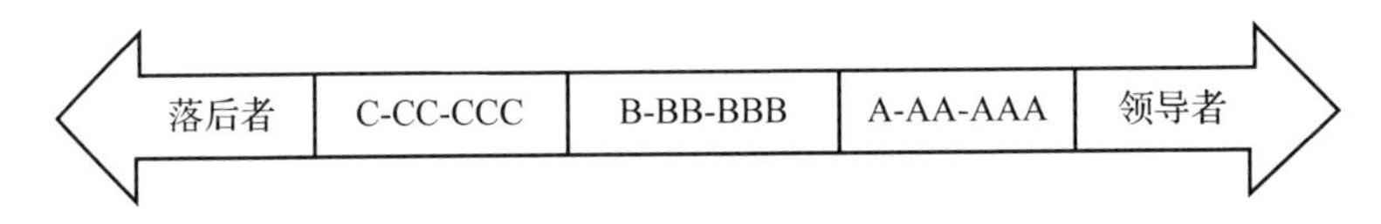

图 4-1　KLD 评级等级梯度

资料来源：KLD、社会价值投资联盟（CASVI）。

4.4.2　MSCI ESG 评价体系

1. MSCI ESG 评价体系介绍

2010 年 5 月，总部位于纽约的美国指数编制公司摩根士丹利资本国际公司（Morgan Stanley Capital International，MSCI）收购了 Risk Metrics 并在此基础上成立了 MSCI ESG Research，MSCI 构建的 ESG 评价体系是衡量一家公司对 SRI 和 ESG 投资标准的长期承诺的综合指标，以期为公司和投资者的决策提供更优的见解，其评价侧重于与公司财务相关的 ESG 风险。

MSCI ESG 评价体系的评价对象为所有被纳入 MSCI 指数的上市公司，其数据来源于公司文件、财务报表和新闻稿，此外，几乎一半的数据来自第三方媒体、学术界、非政府组织、监管机构、政府数据库和其他利益相关方。

2. MSCI ESG 评价指标体系与评价等级

MSCI ESG 评价体系关注每个公司在环境、社会和治理方面 10 项主题下的 37 项关键评价指标表现。包括环境方面的气候变化、自然资源、污染及浪费、环境机遇共四项主题，社会方面的人力资源、产品可信度、股东否决权、社会机遇共四项主题，以及治理方面的公司治理、公司行为共两项主题，如表 4–2 所示。

表 4–2　MSCI ESG 评价指标

一级指标	二级指标	三级指标
环境	气候变化	碳排放、金融环境因素、产品碳足迹、气候变化脆弱性
	自然资源	水资源稀缺、生物多样性及土地使用、原材料采购
	污染及浪费	有毒物质排放及废弃物、电子废弃物、包装材料及废弃物
	环境机遇	清洁技术的机遇、绿色建筑的机遇、可再生能源的机遇
社会	人力资源	人力资源管理、人力资本开发、健康与安全、供应链劳工标准
	产品可信度	产品安全与质量、化学品安全、金融产品安全、隐私与数据安全、负责任投资、健康与人口风险
	股东否决权	争议处理
	社会机遇	社会沟通的途径、获得医疗服务的途径、融资途径、营养与健康的机遇
治理	公司治理	董事会、薪酬福利、控制权、会计与审计
	公司行为	商业道德、反竞争举措、税务透明度、腐败与不稳定、金融体系不稳定性

资料来源：MSCI、社会价值投资联盟（CASVI）。

MSCI ESG 评级在完成基本指标打分后，按照全球行业划分准则（GICS）将被评分者纳入 11 大类、24 个行业组别、69 个行业及 158 个子行业，并按照不同行业中各议题的风险为各项核心议题分配 5%~30% 的权重。最终，相较于公司与同行业在标准上的表现，企业的评分等级从高到低分为 AAA、AA、A、BBB、BB、B、CCC 七个等级，如图 4–2 所示。

0.000~1.428	1.429~2.856	2.857~4.285	4.286~5.713	5.714~7.142	7.143~8.570	8.571~10.00
CCC	B	BB	BBB	A	AA	AAA
落后于行业水平		行业平均水平			行业领先水平	
LAGGARD		AVERAGE			LEADER	

图 4-2　MSCI ESG 指标等级划分

资料来源：MSCI、社会价值投资联盟（CASVI）。

小案例

特斯拉公司的困境

以电动汽车生产商特斯拉公司（Tesla，Inc.）为例，其在 MSCI 评价的 39 家汽车行业公司中的整体评级为“A”，处于“平均”的较高水平。根据特斯拉的评级，特斯拉在公司治理和环境风险方面表现出色，保持了相对较小的碳排放，并利用和投资了绿色技术。该公司在产品质量和安全方面的得分为平均水平，过去该公司曾因电池爆炸、碰撞测试中较低的评级以及涉及汽车自动驾驶功能的事故而登上新闻头条，不过该公司首席执行官埃隆·马斯克（Elon Musk）已公开宣布致力于保障驾驶员和行人的安全。

4.4.3　Sustainalytics ESG 评价体系

1. Sustainalytics ESG 评价体系介绍

Sustainalytics 于 2008 年由 DSR（位于荷兰）、Scores（位于德国）和 AIS（位于西班牙）三家公司合并而成，是一家为全球资产管理公司和投资公司提供环境、社会和治理（ESG）相关的研究和评价服务的独立提供商。该公司提供针对 ESG、碳风险和国家风险的各种评价和研究服务。

Sustainalytics ESG 主要对投资者提供单个公司的 ESG，其评价对象覆盖 42 个行业的 4500 多家公司，已连续 25 年发布 ESG 相关报告，为全球数百家知名投资机构提供投资参考。Sustainalytics ESG 评价数据主要来源于公司事件跟踪记录、结构化的外部数据以及公司报告和第三方研究。

2. Sustainalytics ESG 评价指标体系与评价等级

Sustainalytics 将 ESG 指标分解为三个不同的维度：准备、披露和绩效，共包含 21 个问题及 70 个指标，如表 4–3 所示。但关键指标的数量及其权重在不同的同行群体（可比较的子行业）中有所不同，这取决于指标的重要性。根据公司业绩，每个指标的得分从 0 分到 100 分，然后根据各指标的权重计算 ESG 总分和维度得分。

表 4–3　Sustainalytics ESG 指标

维度	说明
准备	评估管理体系和政策，以帮助管理 ESG 风险
披露	公司报告是否符合国际最佳实践标准，在 ESG 问题上是否透明
绩效（定量和定性）	基于定量指标的 ESG 绩效，以及基于对公司可能涉及的争议事件的审查的评估

资料来源：Sustainalytics 官网。

Sustainalytics 的评价体系从 ESG 风险角度出发，根据企业 ESG 表现进行风险评估。按照企业 ESG 风险得分划分为五个风险等级。其中，0~9.99 分为可忽略的风险水平，10~19.99 分为低风险水平，20~29.99 分为中风险水平，30~39.99 分为高风险水平，40 分以上为严峻风险水平，如图 4–3 所示。

Negl	Low	Med	High	Severe
可忽略的风险	低风险	中风险	高风险	严峻风险
0~9.99	10~19.99	20~29.99	30~39.99	40+

图 4–3　Sustainalytics ESG 的评估分数与风险等级

资料来源：Sustainalytics 官网。

4.4.4 汤森路透 ESG 评价体系

1. 汤森路透 ESG 评价体系介绍

汤森路透（Thomson Reuters）自 2018 年 7 月起作为 Refinitiv 运营发布 ESG 年度得分，数据库涵盖全球 6000 多家上市公司，包括 400 多个 ESG 相关指标，其评价体系可以帮助使用者将 ESG 因素整合到投资组合分析、股票研究、筛选或定量分析中，并在投资组合中识别相关风险。

汤森路透 ESG 评价数据来源为企业公开信息，包括公司年报、企业社会责任报告、网站披露、媒体报道等。

2. 汤森路透 ESG 评价指标体系与评价等级

汤森路透 ESG 评价指标分成 3 个大类和 10 个主题，衡量公司的绩效、承诺和有效性，其三级指标共包含 178 个指标，其中环境类合计 61 项，社会类合计 63 项，治理类合计 54 项，如表 4–4 所示。

表 4–4　汤森路透体系 ESG 评价指标体系

一级指标	二级指标	三级指标
环境	资源利用	公司在减少材料、能源或水资源使用方面的能力等
	低碳减排	公司在生产运营过程中降低环境排放物等
	创新性	公司降低环境成本和负担的能力
社会	雇佣员工	员工对工作的满意度、能否保持多样性与机会平等、能否为员工创造有效的发展机会等
	人权问题	公司在尊重基本人权公约方面的有效性等
	社区关系	公司是否致力于维护良好的社区关系等
	产品责任	公司生产优质产品及提供服务方面的能力等
治理	管理能力	公司是否较好地实践了公司治理原则等
	股东 / 所有权	公司在平等对待股东和反对收购股权方面的有效性等
	CSR 策略	公司能否将经济、社会、环境三项指标要求整合到其日常决策过程中等

资料来源：汤森路透官网。

汤森路透 ESG 评价体系采用分位数排名打分法来对上市公司的 10 项 ESG 评价大类及争议项事件进行打分。即按照同一行业内该项指标得分比这家公司差的公司数量加上得分与之相同的公司数量的 1/2 之和，除以同一行业内该项指标具有有效得分的公司总数量，计算结果即该公司在该项指标上的分位数得分。当 ESG 争议项评分大于 50 分时，ESG 综合评分将直接等于 ESG 评分；当 ESG 争议项评分小于 50 分且大于 ESG 评分时，ESG 综合评分仍等于 ESG 评分；只有当 ESG 争议项评分小于 50 分且小于 ESG 评分时，ESG 综合评分才等于两项的等权平均值。这样可以确保 ESG 争议项评分被计算在内，且得到更为充分的考量与体现。汤森路透 ESG 评价根据每家公司各项指标的最终 ESG 分位数得分判定其 ESG 评级结果，如表 4–5 所示。

表 4–5　汤森路透 ESG 评级结果

ESG分位数得分区间	ESG评级判定
0<=score<=0.083333	D–
0.083333<score<=0.166666	D
0.166666<score<=0.250000	D+
0.250000<score<=0.333333	C–
0.333333<score<=0.416666	C
0.416666<score<=0.500000	C+
0.500000<score<=0.583333	B–
0.583333<score<=0.666666	B
0.666666<score<=0.750000	B+
0.750000<score<=0.833333	A–
0.833333<score<=0.916666	A
0.916666~1	A+

资料来源：汤森路透官网。

4.4.5 富时罗素 ESG 评价体系

1. 富时罗素 ESG 评价体系介绍

富时罗素（FTSE Russell）成立于 2001 年，在可持续发展投资产品开发领域有超过 20 年的经验。2020 年 5 月，富时罗素与万得（Wind）达成合作，在 Wind 金融终端中首次展示富时罗素 ESG 评价数据。与此同时，富时罗素整合不同国际标准指标后建立了名为“暴露”的 ESG 评价框架，评价对象的风险暴露与基于规则的方法相互参照，可根据产业与地理现状判断指标对不同企业类型的适用性，被广泛用于指数编制、ETF 产品等领域。

富时罗素 ESG 评价体系的数据来源于公司公开提供的信息，主要来自企业提供的文件（包括公司季报和企业社会责任报告等），富时罗素与每家企业单独联系，以检查是否已找到所有相关的公开信息。富时罗素 ESG 评价为全球 47 个发达市场和新兴市场约 4100 只证券提供 ESG 研究及评价服务，评价范围覆盖全球数千家公司，其中中国 A 股覆盖 800 家，上市公司证券覆盖 1800 只。

2. 富时罗素 ESG 评价指标体系与评价等级

富时罗素 ESG 评级框架由环境、社会、公司治理三大核心内容，相应的 14 项主题评价及 300 多项独立的考察指标构成。14 个主题评价中，每个主题包含 10 到 35 个指标，每家企业平均应用 125 个指标。不同行业的企业，指标的权重会有所不同，这样可以更好地突出不同行业的企业所面临的不同风险点。富时罗素 ESG 评价指标如表 4–6 所示。

表 4–6　富时罗素 ESG 评价指标

一级指标	二级指标	三级指标
环境	生物多样性	每个主题下包含 10~35 个指标，总共超过 300 个指标，每个企业平均可适用 125 个指标
	气候变化	
	污染和资源	
	供应链	
	水资源使用	

（续）

一级指标	二级指标	三级指标
社会	客户责任心	每个主题下包含 10~35 个指标，总共超过 300 个指标，每个企业平均可适用 125 个指标
	健康与安全	
	人权与团队建设	
	劳动标准	
	供应链	
公司治理	反腐败	
	企业管理	
	风险管理	
	纳税透明度	

资料来源：富时罗素官网。

富时罗素 ESG 评级包括一个整体评级，及其下细分的 E、S、G 三项支柱，14 个主题暴露相关度和评分。这些支柱和主题的评估则基于适用于分析每家公司具体情况的 300 多个独立评估指标，每个指标有 0~5 分共 6 个等级。最终，每家符合条件的公司会获得一个分值在 0~5 分之间的 ESG 整体评级，其中 5 分为最高评分。数字化的评级能够支持更细粒度地在公司之间进行比较，并更易于将 ESG 评级量化应用于投资策略中。

4.4.6　标普道琼斯 ESG 评价体系

1. 标普道琼斯 ESG 评价体系介绍

标普道琼斯指数（S & P Dow Jones Index）起源于 1999 年，其创先纳入 ESG 因子，发布道琼斯可持续发展指数（DJSI）。2019 年，凭借累积 20 多年可持续投资经验，标普道琼斯与合作伙伴 Robeco SAM 通过旗下 SAM 品牌，开发出全新的标普道琼斯 ESG 评价体系并生成 ESG 数据集，可以有效衡量对公司具有重大财务意义的 ESG 因素。

评价对象样本来自标普道琼斯，信息通常来自标普道琼斯的年度调查表、文档等。标普道琼斯ESG评价框架中的数据与资料除从公开披露资料收集外，还包括各公司直接参与的SAM年度可持续发展评估（CSA）。与公开报告相比，CSA能够更细致地捕获更广泛的可持续发展主题，对公司的ESG表现进行稳健及全面的评估。

2. 标普道琼斯ESG评价指标体系与评价等级

标普道琼斯ESG指标体系如表4-7所示，根据特定国家和地区指数的ESG概况，标普道琼斯ESG为投资者提供相应的投资参考。该指数由SAM基于年度SAM企业可持续发展评估（CSA）的结果计算得出。

表4-7　标普道琼斯ESG评价指标

一级指标	二级指标	三级指标
环境	温室气体	三级指标数据暂无
	浪费	
	水	
	土地利用	
社会	劳动力和多样性	
	安全管理	
	客户参与度	
	社区	
治理	结构与监督	
	准则和价值	
	报告透明度	
	网络风险与系统	

资料来源：标普道琼斯指数有限责任公司。

除环境、社会及治理三个相关领域的评分外，标普道琼斯ESG数据亦提供总评分，另可查阅每家公司最多27个特定行业标准。公司的总评分是归一化指标的加权总和，汇总在不同层级（标准层级、维度层级和ESG层级）上进行，每家公司对应其行业分配的每个标准都将获得一个评分，并获得三个维度的级别评分（环境评分、社会评分和治理评分）和一个 ESG 总分。以上所有各项均基于 80~120 项问题评分以及所评估公司的额外 600~1000 个精细数据点，如图 4-4 所示。

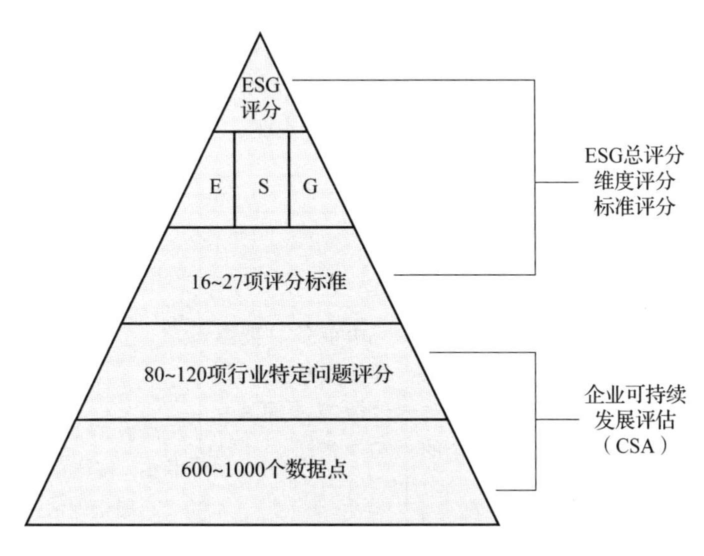

图 4-4　标普道琼斯 ESG 评分

资料来源：标普道琼斯指数有限责任公司。

如表 4-8 所示，根据上述国外主要机构构建的 ESG 评价体系，表格列示了国外主要 ESG 评价体系的基本情况。

表 4-8　国外主要 ESG 评价体系汇总

评价体系名称	评价主体	主要内容	评价体系特点
KLD ESG 评价体系	全球 3000 多家公司	由环境、社会、治理和争议行业四个维度构成	1. 赋值方式简易：通过简单的 0、1 打分方式，评价企业对利益相关者承担责任与否 2. 计算每个一级指标得分，企业的优势与劣势一目了然

（续）

评价体系名称	评价主体	主要内容	评价体系特点
MSCI ESG 评价体系	超过 14000 家股票和固定收益发行人，与超过 600000 只股票和固定收益证券相关	关注每个公司在环境、社会和治理方面 10 项主题下的 37 项关键评价指标表现	1. 按照 0~10 分，根据企业在每个关键指标的表现打分 2. 权重根据指标对于行业的影响程度和影响时间进行确定 3. 单独给出公司在公司治理（G）维度的分位数排名
Sustainalytics ESG 评价体系	ESG 评分涉及全球超过 4500 家公司；受争议问题评估系统覆盖超过 10000 家有争议的问题公司	由准备、披露和绩效构成，共包含 21 个问题及 70 个指标	1. 主要依靠近 200 人的专家团队进行打分，被评分公司有申诉权 2. 建立受争议问题评估系统，实时识别和监控标的公司涉及的 ESG 相关问题和事件，按严重程度分为 5 档 3. 展望评估，用来评估情况是变糟或好转
汤森路透 ESG 评价体系	全球 6000 多家上市公司	评价打分标准分成 3 个大类和 10 个主题，衡量公司在这之上的绩效、承诺和有效性，其三级指标共包含 178 个指标	1.ESG 评分分为两步，第一步是 178 项关键指标打分后按照一定权重加总，第二步是根据 23 项 ESG 争议性话题为企业进一步评分，并对第一步的 ESG 得分进行调整 2. 评价采用分位数排名打分法
富时罗素 ESG 评价体系	全球数千家公司，中国 A 股公司覆盖 800 家，上市公司覆盖 1800 家	由环境、社会、公司治理三大核心内容以及相应的 14 项的主题评价和 300 多项独立的考察指标构成	通过富时罗素绿色收入低碳经济（LCE）数据模型对公司从绿色产品中产生的收入进行界定与评测，并作为对公司 ESG 中 E（环境）维度的打分依据之一

（续）

评价体系名称	评价主体	主要内容	评价体系特点
标普道琼斯 ESG 评价体系	收到反馈的可持续发展评估报告的公司	环境、社会和治理三维度评分基于 80~120 项问题以及所评估公司的额外 600~1000 个精细数据点	1. 指标权重因行业不同，每年根据主题对行业的重要性进行评估 2. 数据来源为调查数据，而非公开信息，每年 3 月根据规模、地区和国家向公司发出 CSA 调研请求

资料来源：作者整理。

4.5 国内 ESG 评价机构及其指标体系

中国的 ESG 评价机构及评价体系从 2015 年才开始出现，总体起步较晚。相比较国际上的著名 ESG 评价机构而言，国内的评价机构构成更加多样化，从传统的指标 / 数据评价机构、金融科技公司、资产管理公司、资产所有者、学术 / 非营利机构到咨询公司，各有所长，发展迅速。其中，比较著名的评级机构包括：商道融绿、社会价值投资联盟、嘉实基金、中央财经大学绿色金融国际研究院、中国证券投资基金业协会以及中国 ESG 研究院。

4.5.1 商道融绿 ESG 评价体系

1. 商道融绿 ESG 评价体系介绍

2015 年，商道融绿基于对 ESG 因素的长期研究经验推出了自主研发的 ESG 评级体系，并建立了中国最早的上市公司 ESG 数据库。商道融绿 ESG 评价结果和具体 ESG 数据可广泛应用于投资决策、风险管理、政策制定、可持续金融产品的创新和研发，其评级结果可以帮助金融机构和投资者更好地了解标的企业的可持续发展水平，包括企业的 ESG 管理绩效和面临的 ESG 风险，并帮助投资机构将 ESG 因素整合至投资管理的各个流程。

商道融绿 ESG 信息来源为公开信息，分为环境、社会和公司治理三大方面，每一方面都覆盖正面信息和负面信息：公司的正面 ESG 信息主要来自企业自主披露，包括企业网站、年报、可持续发展报告、社会责任报告、环境报告、公告、媒体采访等；企业的负面 ESG 信息主要来自企业自主披露、媒体报道、监管部门公告、社会组织调查等。

2. 商道融绿 ESG 评价指标体系与评价等级

商道融绿 ESG 信息评估体系共包含三级指标体系。一级指标为环境、社会和公司治理三个维度；二级指标为环境、社会和公司治理下的 13 项分类议题；三级指标涵盖具体 ESG 指标，共有 127 项。评估体系分为通用指标和行业指标。通用指标适用于所有上市公司，行业指标是指各行业特有的指标，只适用于本行业分类内的公司。具体指标如表 4-9 所示。

表 4-9　商道融绿 ESG 评价指标

一级指标	二级指标		三级指标
E 环境	E1 环境管理	通用指标	环境管理目标
			环境管理组织和人力配置
			环境管理体系认证
			员工环境保护培训
			环境问题内外部沟通
			节能和可再生能源政策
			节水目标
			温室气体排放管理体系
			绿色采购政策
			……
		行业指标	绿色产品（服务）与收入
			环境绩效记录与监控
			生物多样性保护
			可持续农（渔）业等
			……

（续）

一级指标	二级指标		三级指标
E 环境	E2 环境披露	通用指标	能源消耗量与节能量
			能源强度（单位产值能耗）
			总耗水量及节水量
			温室气体排放量及减排量
			……
		行业指标	废水排放量及减排量
			废气排放量及减排量
			危险废弃物排放量及减排量
			废弃物综合利用率 产品平均二氧化碳排放量等
			……
	E3 环境负面影响	通用指标	水污染负面事件
			大气污染负面事件
			固废污染负面事件
			其他环境合规负面事件
			……
S 社会	S1 员工	通用指标	集体谈判
			反强迫劳动
			禁止雇佣童工
			同工同酬
			女性员工比例
			员工离职率
			非正式员工比例
			员工培训
			……

（续）

一级指标	二级指标		三级指标
S 社会	S1 员工	行业指标	职业健康与安全
			因公死亡人数
			事故损失工时等
			……
	S2 供应链责任	通用指标	负责任的供应链管理
			供应链监督体系
			……
	S3 客户	行业指标	客户信息保密等
	S4 社区	通用指标	人权
			……
		行业指标	社区沟通
			……
	S5 产品	行业指标	公平贸易产品
			……
	S6 公司慈善	通用指标	企业基金协会
			捐赠
			员工公益活动
			……
	S7 社会负面事件	通用指标	员工负面事件
			供应链负面事件
			客户负面事件
			社区负面事件
			产品负面事件
G 公司治理	G1 商业道德	通用指标	反腐败与贿赂政策 举报制度
			可持续发展承诺

（续）

一级指标	二级指标		三级指标
G 公司治理	G1 商业道德	通用指标	纳税
			……
		行业指标	反洗钱
			普惠金融
			责任投资
			动物福利
			……
	G2 公司治理	通用指标	ESG 信息披露
			董事工资
			董事会多样性
			董事长和 CEO 分权
			董事会独立性
			独立薪酬委员会
			独立审计委员会
			CEO 和员工工资比例
			董事和高管薪酬
			审计独立性
			……
	G3 公司治理负面事件	通用指标	商业道德负面事件
			其他治理负面事件

资料来源：商道融绿官网。

商道融绿的 ESG 评价结果是根据全体评估样本上市公司的 ESG 综合得分排序，参考国际最优实践及中国上市公司 ESG 绩效的整体水平，根据聚类分析得到商道融绿的 ESG 级别体系，共分为 10 级，由低到高为：D、C−、C、C+、B−、B、B+、A−、A、A+，如表 4–10 所示。

表 4-10 商道融绿 ESG 评级结果

<table>
<tr><th>评级结果</th><th>释义</th></tr>
<tr><td>A+</td><td rowspan="2">企业具有优秀的 ESG 综合管理水平，过去三年几乎没出现 ESG 负面事件或仅出现个别轻微负面事件，表现稳健</td></tr>
<tr><td>A</td></tr>
<tr><td>A−</td><td rowspan="2">企业 ESG 综合管理水平良好，过去三年出现过少数影响轻微的 ESG 负面事件，整体 ESG 风险较低</td></tr>
<tr><td>B+</td></tr>
<tr><td>B</td><td rowspan="3">企业 ESG 综合管理水平一般，过去三年出现过一些影响中等或少数较严重的负面事件，但尚未构成系统性风险</td></tr>
<tr><td>B−</td></tr>
<tr><td>C+</td></tr>
<tr><td>C</td><td rowspan="2">企业 ESG 综合管理水平薄弱，过去三年出现过较多或较严重的 ESG 负面事件，ESG 风险较高</td></tr>
<tr><td>C−</td></tr>
<tr><td>D</td><td>企业近期出现了重大的 ESG 负面事件，对企业有重大的负面影响，已暴露出很高的 ESG 风险</td></tr>
</table>

资料来源：商道融绿官网。

4.5.2 社会价值投资联盟 ESG 评价体系

1. 社会价值投资联盟 ESG 评价体系介绍

社会价值投资联盟（China Alliance of Social Value Investment，CASVI）于 2016 年在深圳成立，是中国首家专注于促进可持续发展金融的国际化新公益平台。2018 年，CASVI 与 Wind 联合编制并发布了全球首个社会价值主题指数——义利 99 指数，该指数评估的逻辑在于“义利并举”，将企业的社会价值分为“义”和“利”两个取向，与环境效益、社会效益、治理结构、经济效益的国际共识相结合，通过目标（驱动力）、方式（创新力）和效益（转化力）三个维度对企业的社会价值进行评估。这使得 CASVI 的评估模型在 ESG 评价的基础上增加了经济效益，这是其评价模型的独特之处。

CASVI 可持续发展价值评估的信息来源于公开披露的信息，主要来自上市公司年度报告、社会责任报告、可持续发展报告、ESG 报告、企业官网、临时公告、监管部门的监管信息、第三方数据提供商等。

2. 社会价值投资联盟 ESG 评价指标体系与评价等级

CASVI 可持续发展价值评估模型实行“先筛后评”的机制，由“筛选子模型”和“评分子模型”两部分构成。“筛选子模型”是可持续发展价值的负向剔除评估工具，包括 6 个方面、17 个指标，对评估对象进行“是与非”的判断，若评估对象符合任何一个指标，即被判定为资质不符，无法进入下一步，量化评分环节如表 4–11 所示。“评分子模型”对上市公司可持续发展价值进行量化评分，包括通用版、金融专用版和地产专用版。“评分子模型”通用版包括 3 个一级指标（目标 | 驱动力、方式 | 创新力、效益 | 转化力）、9 个二级指标、27 个三级指标和 55 个四级指标。专用版和通用版的“目标 | 驱动力”和“方式 | 创新力”下全部指标以及“效益 | 转化力”下部分指标（社会贡献）完全相同，只在“效益 | 转化力”指标下的“经济贡献”和“环境贡献”存在差异，如表 4–12 所示。

表 4–11　上市公司社会价值评估模型——筛选子模型

领域	指标	定义
产业问题	限制类	《产业结构调整指导目录（2011 年本）》及其修正版中限制类生产线或生产工艺
	淘汰类	《产业结构调整指导目录（2011 年本）》及其修正版中淘汰类生产线或生产工艺
	持有股份	持有具有前述特征的上市公司股权超过 20%
行业问题	烟草业	主营烟草或由烟草业上市公司持股超过 50%
	博彩业	主营博彩或由博彩业上市公司持股超过 50%
	持有股份	持有具有前述特征的上市公司股权超过 20%
财务问题	审计报告	审计机构出具非标准无保留意见审计报告
	违法行为	税务违法，并被税务机构处罚
	行政处罚	受到处罚：停止出口退税权、没收违法所得、收缴发票或者停止发售发票、提请吊销营业执照、通知出境管理机关阻止出境

（续）

领域	指标	定义
财务问题	财务诚信	被列入财务失信被执行人名单
	外部监督	被专业财务机构或研究机构公开质疑有重大财务问题，无合理解释与回应
重大负面事件	外部监督	在持续经营、财务、社会、环境方面发生重大负面事件，造成严重社会影响或不积极应对、不及时公开披露处理结果
	伤亡事故	发生重大及特别重大事故且不积极应对、不及时公开披露处理结果。重大事故为造成 10 人以上 30 人以下死亡，或者 50 人以上 100 人以下重伤，或者 5000 万元以上 1 亿元以下直接经济损失的事故；特别重大事故为造成 30 人以上死亡，或者 100 人以上重伤，或者 1 亿元以上直接经济损失的事故
违法违规	违法	上市公司涉及单位犯罪刑事案件，董事、高管涉及上市公司本身的刑事案件尚未了结
	违规	违规并受到公开谴责或公开处罚的（省部级及以上行政机构及上海、深圳证券交易所）
	受到证券监管部门惩罚	受到处罚：1. 责令停产停业；2. 暂扣或者吊销许可证、暂扣或者吊销执照
特殊处理上市公司	ST 与 *ST	特别处理的上市公司
	连续停牌	在交易数据考察时段内连续停牌 3 个月或者多次停牌累计 6 个月

资料来源：社会价值投资联盟。

表 4-12　上市公司社会价值评估模型——评分子模型

一级指标	二级指标	三级指标	四级指标
目标 | 驱动力	价值驱动	核心理念	使命愿景宗旨
		商业伦理	价值观经营理念
	战略驱动	战略目标	可持续发展战略目标

（续）

一级指标	二级指标	三级指标	四级指标
目标 | 驱动力	战略驱动	战略规划	中长期战略发展规划
	业务驱动	业务定位	主营业务定位
		服务受众	受众结构
方式 | 创新力	技术创新	研发能力	研发投入
			每亿元营业总收入有效专利数
		产品服务	产品 / 服务突破性创新
			产品 / 服务契合社会价值的创新
	模式创新	商业模式	盈利模式
			运营模式
		业态影响	行业标准制定
			产业转型升级
	管理创新	参与机制	利益相关方识别与参与
			投资者关系管理
		披露机制	财务信息披露
			非财务信息披露
		激励机制	企业创新奖励激励
			员工股票期权激励计划
		风控机制	内控管理体系
			应急管理体系
效益 | 转化力	经济贡献	盈利能力	净资产收益率
			营业利润率
		运营效率	总资产周转率
			流动比率
		偿债能力	流动比率
			资产负债率
			净资产

（续）

一级指标	二级指标	三级指标	四级指标
效益 | 转化力	经济贡献	成长能力	近3年营业收入复合增长率
			近3年净资产复合增长率
		财务贡献	纳税总额
			股息率
			总市值
	社会贡献	客户价值	质量管理体系
			客户满意度
		员工权益	公平雇佣政策
			员工权益保护与职业发展
			职业健康保障
		安全运营	安全管理体系
			安全事故
		合作伙伴	公平运营
			供应链管理
		公益贡献	公益投入
			社区能力建设
	环境贡献	环境管理	环境管理体系
			环保投支出占营业收入比率
			环保违法违规事件及处罚
			绿色采购政策和措施
		绿色发展	综合能耗管理
			水资源管理
			物料消耗管理
			绿色办公
		污染防控	三废（废水、废气、固废）减排
			应对气候变化措施及效果

资料来源：社会价值投资联盟。

CASVI 将可持续发展价值评价分为 10 个大等级，分别为 AAA、AA、A、BBB、BB、B、CCC、CC、C 和 D，如表 4-13 所示。其中 AA 至 B 级用“+”和“-”号进行微调，因此有共计 20 个子等级，而 D 级表示使用筛选子模型筛出的公司。CASVI 评价体系的不足之处在于没有按行业分配不同权重，只是对企业做出负面清单筛选，这样的做法对于重工业等环境不友好行业的评分不够客观和公平。

表 4-13　CASVI 可持续发展价值评价等级

基础等级	增强等级	等级含义
AAA	AAA	社会价值评估最高等级，表示创造经济 — 社会 — 环境综合价值的能力最强，合一度高且无可持续发展风险，不受不良形势或周期性因素影响
AA	AA+	社会价值评估高等级，表示创造经济 — 社会 — 环境综合价值的能力很强
	AA	合一度较高且可持续发展风险最低
	AA-	较少受不良形势或周期性因素影响
A	A+	社会价值评估较高等级，表示创造经济 — 社会 — 环境综合价值的能力较强
	A	合一度可接受，可持续发展风险偏低
	A-	可能受不良形势或周期性因素影响
BBB	BBB+	社会价值评估中等等级，表示创造经济 — 社会 — 环境综合价值的能力一般
	BBB	有合一度差异、有可持续发展风险
	BBB-	容易受不良形势或周期性因素影响
BB	BB+	社会价值评估中下等级，表示有一定创造经济 — 社会 — 环境综合价值的潜力
	BB	有较大合一度差异、存在可持续发展风险
	BB-	受到不良形势或周期性因素影响
B	B+	社会价值评估较低等级，表示创造经济 — 社会 — 环境综合价值的能力不强

（续）

基础等级	增强等级	等级含义
B	B	有合一度问题、存在较大可持续发展风险
	B-	受到不良形势或周期性因素影响
CCC	CCC	社会价值评估较低等级，表示创造经济—社会—环境综合价值的能力很差，有合一度问题、存在较大可持续发展风险，受到严重不良形势或周期性因素影响较大
CC	CC	社会价值评估低等级，表示创造经济—社会—环境综合价值的能力太差，有严重合一度问题、存在较大可持续发展风险
C	C	社会价值评估极低等级，几乎没有创造经济—社会—环境综合价值的能力，没有合一度、几乎无法可持续发展
D	D	不符合筛选子模型资质要求

资料来源：社会价值投资联盟、华泰证券研究所。

4.5.3 嘉实基金ESG评价体系

1. 嘉实基金ESG评价体系介绍

嘉实基金是国内较早投入ESG研究和践行ESG投资的公募基金，于2018年加入联合国负责任投资原则组织（UNPRI）。2020年7月初，由嘉实基金自主研发、与国际通用ESG框架和标准接轨，并反映中国资本市场发展现状和市场条件的ESG因子框架和打分体系正式在Wind上线。嘉实基金ESG评价体系注重框架本土化，纳入了多维度具有本土特色的ESG指标，基于最小化主观性评判的评价原则，对规则和结构化数据进行量化打分，侧重于保证评估的客观性和一致性。

嘉实基金ESG评价体系借助AI等先进技术，创造性地采用了目前较先进的NLP（自然语言处理系统）等人工智能技术，来捕捉动态、非结构化数据（如从各级政府和监管信息发布平台、新闻媒体、公益组织、行业协会等网站取得的信息），解决了ESG类信息披露不透明、时间不确定、信息非结构化等问题，使得整体研发过程十分严谨。

2. 嘉实基金 ESG 评价指标体系与评价等级

嘉实基金 ESG 评价体系依托其领先的投研经验和 ESG 能力，自上而下地选取了 3 个一级指标（主题）、8 个二级指标（议题）、23 个三级指标（事项），以及超过 110 个底层指标（80% 以上的底层指标为量化或 0/1 指标），综合评估中国上市公司面临的 ESG 风险暴露和机遇，以实现 ESG 与 A 股投资逻辑和实践经验的深度结合，以便更好地捕捉 A 股市场的 ESG 投资信号，如表 4–14 所示。

表 4–14　嘉实基金 ESG 评价指标体系

主题	议题	事项	指标（共100多个指标，此处为样例）
环境	环境风险暴露	地理环境风险暴露	多大比例的营业收入来源于环境执法力度和资源使用约束较强的省市和区域
		业务环境风险暴露	多大比例的营业收入来源于高污染高耗能业务部门或细分行业
	环境风险管理	气候变化	温室气体排放强度，3 年趋势；能源来源中可再生来源占比
		污染和废弃物排放	ISO 14001 认证；二氧化氮、氮氧化物、VOC 和颗粒物排放量和强度，3 年趋势
		资源节约和保护	水消耗强度，3 年趋势；能源消耗强度，3 年趋势
		环境违规事件	过去 3 年内发生环境违规事件次数和严重级别
	环境机遇	绿色产品和服务	多大比例的营业收入来源于绿色产品和服务
社会	人力资本	员工管理和员工福利	员工平均总薪酬（RMB）；五险一金覆盖率；集体劳动合同
		员工健康和安全	工伤率、死亡率；OHSAS 80001 认证
		人才培养和发展	员工培训时长 / 人（小时）；员工培训支出 / 人（RMB）

（续）

主题	议题	事项	指标（共100多个指标，此处为样例）
社会	人力资本	员工相关争议事件	过去 3 年发生劳动关系和员工相关争议事件次数和严重级别
	产品和服务质量	产品安全和质量	ISO 9001 认证；产品质量保证体系
		商业创新	研发支出占比；发明专利数
		客户隐私和数据安全	ISO 27001 认证；隐私保护政策
		产品相关争议事件	过去 3 年内发生的产品和客户相关争议事件次数和严重级别
	社区建设	社区建设和贡献	扶贫和捐赠支出；多大比例的营业收入来源于保障性产品和服务
		供应链责任	供应商集中度；供应链管理制度和供应商审计
公司治理	公司治理结构	股权结构和股东权益	股权集中度；股权质押比例；减持
		董事会结构和监督	董事会及委员会独立性；董事任职资质
		审计政策和披露	审计意见；财报合规性；外部审计机构资质
		高管薪酬和激励	高管股权激励；高管薪酬与公司业绩的一致性
	治理行为	商业道德和反腐败	反腐败政策；员工培训和保证
		治理相关争议事件	过去 3 年内发生的治理相关的争议事件次数和严重级别

资料来源：嘉实基金官网。

嘉实基金 ESG 评价体系的样本覆盖率广、时效性高。虽然该体系没有设置相应的 ESG 等级，但其基于获取的公司数据用 0~100 分的分值来反映公司 ESG 绩效在同行业中的位置，并且可以保持月度数据更新以及时反映上市公司 ESG 绩效的变化和趋势。各个行业长期评分水平较为接近，大部分行业的平均分值在50分左右，除了非银金融行业平均得分略高于60分，其余行业长期平均水平均在40~60分之间。可以认为，基于嘉实基金ESG评价体系的评分的整体水平在行业间差异不大。

4.5.4 中央财经大学绿色金融国际研究院ESG评价体系

1. 中央财经大学绿色金融国际研究院ESG评价体系介绍

中央财经大学绿色金融国际研究院在2019年发布了由学术机构团队采用独立方法学研发的国内最大的线上ESG数据库——中财绿金院ESG数据库。该ESG数据库拥有国内领先的ESG数据，并拥有全球唯一的中国债券发行主体ESG评级，主要涵盖ESG数据、ESG评级、ESG评级报告、公募基金ESG评级、ESG指数和ESG研报六大功能，覆盖超过10000家中国公司的ESG数据，包括全A股上市公司和非上市债券发行主体，融合监管机构最新发布的绿色资产识别标准，ESG数据库评价主体类型更多元。

该研究院ESG评价的数据来源于上市公司公开信息（其中负面信息来源主要是国家和各地方环保局对企业的环保处罚公告以及监管单位的金融处罚公告）。

2. 中央财经大学绿色金融国际研究院ESG评价指标体系与评价等级

中财绿金院ESG指标体系自上而下共包含三个部分：定性指标、定量指标、负面行为与风险。具体来看，包括3个一级指标：环境、社会和公司治理，27项二级指标以及超过160项三级指标，如表4–15所示。此外，研究团队将所有上市公司的行业分为3类一级行业：制造业、服务业、金融业。制造业细分为16个二级行业，服务业细分为12个二级行业，金融业细分为3个二级行业。研究团队在每个行业的ESG评分表中根据行业特征设置了特色指标，关键指标会随行业特性进行调整。中财绿金院评价体系关键指标如表4–15所示。

表4-15 中财绿金院评价体系关键指标

一级指标	二级指标	定性/定量
E环境	节能减排措施	定性
	污染处理措施	定性
	绿色环保宣传	定性
	主要环境量化数据	定性
	环境成本核算	定性
	绿色设计	定性
	绿色技术	定性
	绿色供应	定性
	绿色生产	定性
	绿色办公	定性
	绿色收入	定量
S社会	扶贫及其他慈善	定性
	社区	定性
	员工	定性
	消费者	定性
	供应商	定性
	社会责任风险	定量
	社会责任量化信息	定量
G公司治理	组织结构	定性
	投资者关系	定性
	信息透明度	定性
	技术创新	定性
	风险管理	定性
	商业道德	定性
	财报品质	定量
	盈余质量	定量
	高管薪酬	定量

资料来源：中财绿金院。

中财绿金院的 ESG 评价结果分 A+、A、A–、B+、B、B–、C+、C、C–、D+、D、D– 共十二档。该评估体系既考虑了国际投资者关注的重要指标，又具有典型的本土化特征，弥补了国际 ESG 评估体系并不完全适应中国市场需求的不足，但该评价体系所含的定性考核指标较多，严重依赖评价者对被评对象的熟悉程度和主观态度。

4.5.5　中国证券投资基金业协会 ESG 评价体系

1. 中国证券投资基金业协会 ESG 评价体系介绍

2017 年 3 月，中国证券投资基金业协会委托国务院发展研究中心金融研究所开展《上市公司 ESG 评价体系》课题研究，并以此为基础推动从上市公司 ESG 评价到 ESG 投资战略再到 ESGA 投资工具的完整实践。该协会 ESG 评价体系充分考察国内外现有研究成果和指标框架，初步建立了符合中国国情和市场特质的核心指标，旨在提升投资中的道德要求，改善投资者长期回报，促进资本市场和实体经济协调健康发展，进而维护股东权益，为我国 ESG 评价体系提供借鉴和参考。

中国证券投资基金业协会 ESG 评价体系基于国内外比较研究，通过实证研究的方法，利用上市公司主动披露的年报以及企业社会责任报告、政府部门公告、相关研究结果和新闻报道，针对全样本上市公司进行指标测试。

2. 中国证券投资基金业协会 ESG 评价指标体系与评价等级

中国证券投资基金业协会的 ESG 评价体系包含对 ESG 正负两个方面信息的关注。正面指标和负面指标结合，以正面指标为主，负面指标作为调整指标，通过负面指标降档的方式增加区分度。该评价指标体系对三大类指标（环境、社会、治理）设置了 15 个二级指标以及 54 个三级指标，如表 4–16 所示。

表 4-16　中国证券投资基金业协会的 ESG 评价指标

一级指标	二级指标	三级指标
环境指标	整体环境风险暴露程度	行业环境风险暴露
		企业环境风险暴露
	环境信息披露水平和质量	可及性
		可用性
		可靠性
	企业环境风险管理绩效－负面情况	污染物排放
		能耗指标
		碳排放强度
	企业环境风险管理绩效－正面情况	节能增效情况
		绿色业务发展状况
		绿色研发和投资情况
社会指标	股东	股东回报
		中小股东回报
	员工	员工待遇
		员工发展
		员工安全
		雇佣关系
	客户和消费者	产品和服务质量
		隐私保护
	上下游关系、债权人和同业	债务和合同违约
		企业信用关系
		公平竞争
		供应商
	宏观经济和金融市场	经济和金融风险
		经济发展和转型
		金融行业特定指标
	政府和公众	税收
		就业

（续）

一级指标	二级指标	三级指标
社会指标	政府和公众	公益支出和扶贫
		公共安全
		企业信用
		法律和合规
		金融行业特定指标
治理指标	董事会治理	董事会结构
		非执行董事占比
		独立董事占比
		独立董事作用
		董事会作用
	公司治理结果	现金分红率（包含自由现金分红率）
		资本回报率 ROIC
		利息保障倍数
	公司治理异常	大股东变现（增持减持的合并数）
		高管变现（增持减持的合并数）
		高管离职率
		非经常性损益比例
		关联交易
		控制权变更
	公司治理监督	监事会作用
		违规情况
		年报审计意见
	公司治理透明度	信息披露机制
		强制披露
		自愿披露
		信息披露质量

资料来源：中国证券投资基金业协会。

根据关键指标和辅助指标计算得到上市公司三个维度的评价结果。所有上市公司可分为 A、B、C、D 四档（类）：A 为优秀类，B 为正常类，C 为关注类，D 为不合格类。

4.6 中国 ESG 研究院 ESG 评价体系

首都经济贸易大学与第一创业证券股份有限公司、盈富泰克创业投资有限公司等机构于 2020 年 7 月联合发起成立中国 ESG 研究院。研究院的愿景是致力于成为 ESG 领域内有影响力的高端研究型智库，建设服务于“政府决策咨询、国家标准制定、科研学术创新、人才教育培养”的政产研学平台。研究院的使命是推动 ESG 生态系统建设，促进中国经济高质量发展。本节将着重介绍中国 ESG 研究院 ESG 评价体系。

4.6.1 中国 ESG 研究院 ESG 评价体系介绍

中国 ESG 研究院在充分学习研究、实地调研的基础上，遵循四条原则，构建中国 ESG 研究院 ESG 评价指标体系。中国 ESG 研究院的评价原则如图 4-5 所示。中国 ESG 研究院 ESG 评价体系的数据来源主要为社会公开信息。企业端的公开信息有以下几种来源：社会责任报告、可持续发展报告、年度财务报告、年度审计报告、公司章程、官网信息等；非企业端的公开信息有

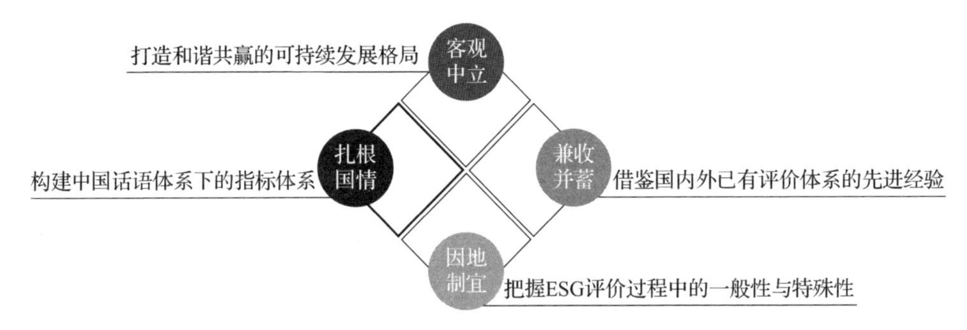

图 4-5 中国 ESG 研究院评价原则

资料来源：中国 ESG 研究院。

以下几种来源：监管机构披露、权威资料记载、权威媒体报道、正规社会组织调研等。

4.6.2 中国 ESG 研究院 ESG 评价指标体系与评价等级

中国 ESG 研究院构建的 ESG 评价指标体系共有 3 个一级指标，分别为“环境指标”“社会指标”和“治理指标”，在这 3 个一级指标之下又细分为 11 个二级指标，进一步地，在二级指标之下再次细化，总共落实到 44 个三级指标，形成了一个独立完整的 ESG 评价体系结构，以便于为评价对象提供全面的、可量化的分析。

1. 环境评价指标体系

环境评价指标体系是指对被评估主体的生产经营活动对环境造成的影响进行评估。中国 ESG 研究院 ESG 评价指标体系在环境维度的指标设计借鉴了已有研究中成熟的“环境管理流程”思路，提出“资源消耗”“污染防治”“气候变化”“生物多样性”4 个二级评价指标，使资源的消耗、废物的排放与企业的防治行为构成企业对环境的“影响力闭环”，如图 4-6 所示。

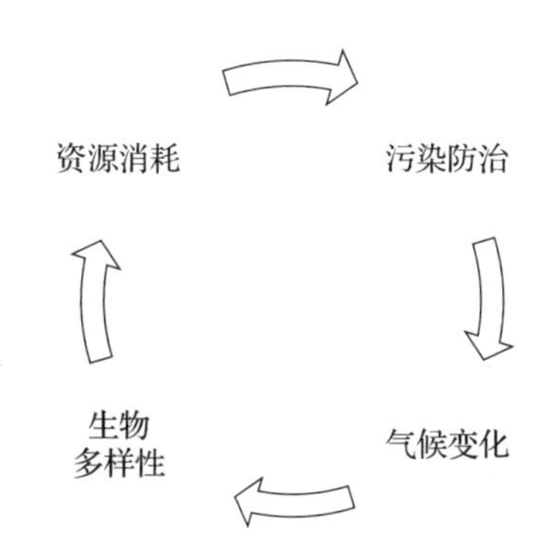

图 4-6 环境（E）指标体系二级指标层级关系

资料来源：中国 ESG 研究院。

在上述层级关系的指引下，中国 ESG 研究院进一步确定了 4 个二级指标下属的 16 个三级指标，具体描述如表 4-17 所示。

表 4-17　环境（E）指标体系一览表

一级指标	二级指标	三级指标
环境指标（E）	资源消耗	水资源、物料、能源、其他自然资源
	污染防治	废水、废气、固体废物、其他污染物
	气候变化	温室气体排放、减排管理
	生物多样性	野生维管束植物丰富度、野生动物丰富度、生态系统类型多样性、物种特有性、受威胁物种的丰富度、外来物种入侵度

资料来源：中国 ESG 研究院。

2. 社会评价指标体系

社会评价指标体系是指对被评估主体的生产经营活动对社会造成的影响进行评估。中国 ESG 研究院在已有研究的基础上，重点关注企业的利益相关者，并以此为中心思想构建了自己的社会评价指标体系。利益相关者对企业投资的同时也承担了一定的风险，它们的活动能够影响企业目标的实现，同时也受企业实现其目标的过程影响（倪骁然，2020）。

本评价指标体系中社会维度下二级评价指标的提出也是基于对企业活动关联紧密性的考虑，结合差序格局中描述亲疏远近的人际格局理论，将涉及企业社会责任的利益相关者从内到外划分为员工、客户（产品）、供应链以及社区，如图 4-7 所示。

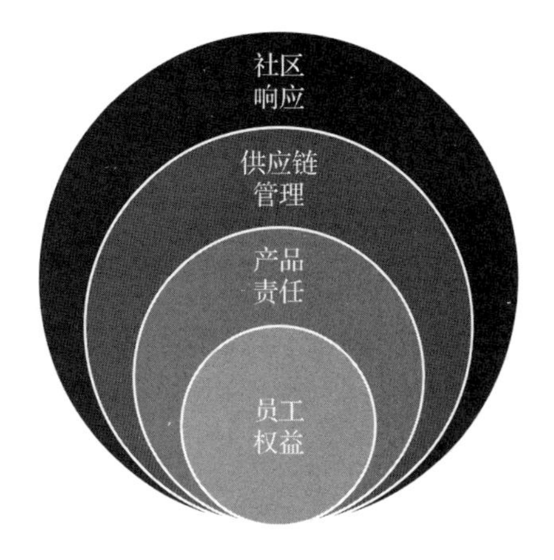

图 4-7　社会（S）指标体系二级指标层级关系

资料来源：中国 ESG 研究院。

根据企业活动关联的紧密性，中国 ESG 研究院最终确定的社会维度的 4 个二级指标分别为“员工权益”“产品责任”“供应链管理”和“社区响应”，在二级指标之下又设置个 14 三级指标，具体如表 4-18 所示。

表 4-18 社会（S）指标体系一览表

一级指标	二级指标	三级指标
社会指标（S）	员工权益	劳动报酬、工作时间、休息休假、劳动安全卫生、保险福利、职工培训
	产品责任	生产规范、产品安全与质量、客户服务与权益
	供应链管理	供应商数量及分布、供应商选择与管理、供应商 ESG 战略
	社区响应	社区关系管理、公民责任

资料来源：中国 ESG 研究院。

3. 治理评价指标体系

治理评价指标体系是指对被评估主体内外部的公司治理情况进行评估。公司治理在现代企业管理制度中起关键作用，它不仅是促进资本市场长期健康发展的重要因素，更是提高公司质量的内在要求。中国 ESG 研究院借鉴李维安教授的“三阶段模型”作为设计治理维度指标体系的中心思想，结合中国特色现代企业制度的新要求以及高质量公司治理的新诉求，最终确定从“治理结构、治理机制、治理效能”三个子层面进行体系设计。二级指标层级关系如图 4-8 所示。

在“三阶段模型”的指引下，中国 ESG 研究院进一步将“治理结构”“治理机制”和“治理效能”落实为治理评价指标体系的 3 个二级指标，又具体选取了最具代表性和最能够反映公司治理实践问题的 14 个指标作为三级指标，如表 4-19 所示，旨在为评价上市公司的治理情况提供增量信息。

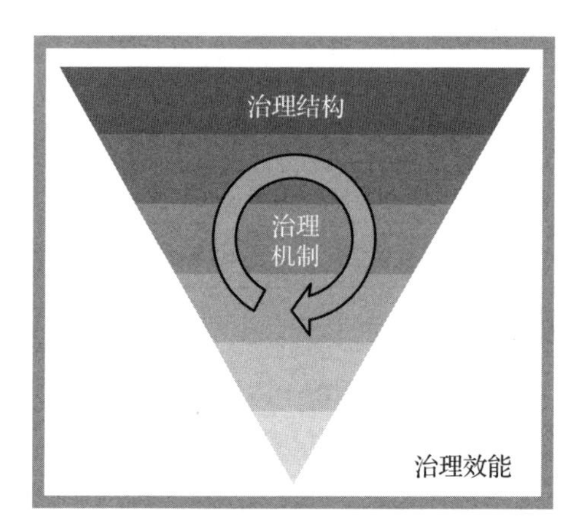

图 4-8　治理（G）指标体系二级指标层级关系

资料来源：中国 ESG 研究院。

表 4-19　治理（G）指标体系一览表

一级指标	二级指标	三级指标
治理指标（G）	治理结构	股东（大）会、董事会、监事会、高级管理层、其他最高治理机构
	治理机制	合规管理、风险管理、监督管理、信息披露、高层激励、商业道德
	治理效能	战略与文化、创新发展、可持续发展

资料来源：中国 ESG 研究院。

如表 4-20 所示，表格给出了中国 ESG 研究院企业 ESG 评价等级分与判定准则，主要分为五个等级，从高到低依次为★★★★★（优秀）、★★★★（良好）、★★★（中等）、★★（一般）、不予评级（不及格）。

表 4-20　企业 ESG 评价等级分与判定准则

企业ESG等级	等级判定	分数表现	说明
★★★★★	优秀	S ≥ 90	企业具有优秀的 ESG 综合管理水平，企业 ESG 风险低，ESG 绩效完全满足企业可持续发展需求

（续）

企业ESG等级	等级判定	分数表现	说明
★★★★	良好	80 ≤ S<90	企业 ESG 整体管理水平良好，ESG 风险控制较好，ESG 绩效可较好地满足企业可持续发展需求
★★★	中等	70 ≤ S<80	企业 ESG 整体管理水平基本可以控制 ESG 风险，基本满足企业可持续发展需求
★★	一般	60 ≤ S<70	企业 ESG 整体管理水平一般，企业有一定的 ESG 风险，不能完全满足企业可持续发展需求
不予评级	不及格	S<60	企业 ESG 整体管理水平薄弱，无法管理企业 ESG 风险，与企业可持续发展目标差距甚大

资料来源：中国 ESG 研究院。

如表 4–21 所示，表格列示了国内主要 ESG 评价体系的基本情况。

表 4–21　国内主要 ESG 评价体系汇总

评价体系名称	评价主体	主要内容	评价体系特点
商道融绿 ESG 评价体系	沪深 300（2015—2019 年）和中证 500（2018—2019 年）	三个维度、13 项二级指标分类议题、127 个具体指标、来源于 700 多个数据点	1. 指标体系分为通用指标和行业特定指标，对照国内法规、标准及最优实践进行评估 2. 建立负面信息监控系统，根据严重程度及影响进行评估 3. 根据行业的 ESG 实质性因子为指标赋予不同权重
社会价值投资联盟 ESG 评价体系	沪深 300	“筛选子模型”包括 6 个方面、17 个指标，若评估对象符合任何一个指标，则无法进入下一步量化评分环节。“评分子模型”是可持续发展价值的正向量化评估工具，分为通用版、金融专用版和地产专用版	1. 建立三 A 三力评估架构 2. 评估模型包含“筛选子模型”和“评分子模型”，“筛选子模型”是社会价值评估的负面清单，若评估对象进入负面清单，则无法进入下一步“评分子模型” 3. 评价机构为公益组织

（续）

评价体系名称	评价主体	主要内容	评价体系特点
嘉实基金ESG评价体系	A股上市公司	包含3个一级指标（主题）、8个二级指标（议题）、23个三级指标（事项），以及超过110个底层指标（80%以上底层指标为量化或0/1指标）	1. 多采用量化数据，最小化评判主观性 2. 只有评分，没有评级 3. 提供月度ESG评分数据，时效性高
中财绿金院ESG评价体系	所有上市公司	采用定性指标、定量指标、负面行为与风险相结合的指标体系，包括3个一级指标、27项二级指标以及超过160项三级指标	1.ESG三个维度都包含定性指标和定量指标 2. 量化衡量ESG风险，形成扣分项 3. 添加了扶贫等本土化指标
中证ESG评价体系	A股上市公司	正面指标和负面指标结合，以正面指标为主，负面指标作为调整指标，通过负面指标降档的方式增加区分度。该评价体系包括三大类指标、15个二级指标以及54个三级指标	指标体系包括正面指标和负面指标，以正面指标为主，负面指标作为调整和降档指标
中国ESG研究ESG评价体系	A股上市公司	3个一级指标、11个二级指标，并在二级指标之下再次细化，总共落实到44个三级指标，形成了一个独立完整的ESG评价体系结构，以便于为评价对象提供全面的、可量化的分析	1. 立足中国国情，构建符合中国市场特性的评价标准 2. 结合不同行业发展情况，在E、S、G各评价维度中纳入符合各行业特征的特色指标
华证ESG评价体系	A股上市公司	以ESG核心内涵和发展经验为基础，结合国内市场的实际情况，自上而下构建三级指标体系，具体包括一级指标3个、二级指标14个、三级指标26个以及超过130个底层数据指标	1. 融入中国国情，添加扶贫等本土化指标 2. 剔除数据不可得指标，设计务实，计算定量有据 3. 爬取的结构化数据每日更新

（续）

评价体系名称	评价主体	主要内容	评价体系特点
润灵 ESG 评价体系	中证 800	从 E、S、G 三个维度进行评估，并按行业特性识别出投资者关注的关键议题，涉及 100 多个指标	1. 以已运行 10 年的润灵环球责任评级（RKS）为基础建立 2. 增加了疫情等风险评估

资料来源：作者整理。

4.7　ESG 评价的基本流程

合理有效的 ESG 评价框架是提高 ESG 评价信息质量的基础，建立有序规范的 ESG 评价框架搭建流程有助于优化 ESG 评价体系。市场上各家 ESG 评价机构的方法论各有差异，但大致可以将 ESG 评价的基本流程归纳为以下五个步骤。

4.7.1　确定评价目标

ESG 评价这一新型服务出现的原因是受到了 ESG 投资的推动，随着越来越多的投资机构纷纷参与到 ESG 投资活动中，ESG 投资理念得到更广泛的传播，而客户对于 ESG 评价的需求也随之变得更加多样和复杂，意味着评价服务商必须提升其对市场需求的分析能力。此外，由于 ESG 生态系统整体也在不断地发展变化当中，所以企业、监管机构及其他利益相关方也必须时刻关注 ESG 评价的发展趋势，以便能够更好地使用 ESG 评价。ESG 评价信息的需求方包括企业、机构投资者、监管机构等其他利益相关者。ESG 评价的使用者各有不同的需求，导致 ESG 评价产生了不同的走向，例如企业通过 ESG 评价可以了解自身的 ESG 表现，机构投资者则利用 ESG 评价进行产品研发创新，使其新产品更贴合客户需要。评价目标是 ESG 评价体系建立的基础，投资者对 ESG 评价的主要需求具体表现为：获取对投资具有重要意义的 ESG 信息或数据、对企业 ESG 绩效研究进行补充、寻找权威的企业 ESG 信息来源等。

4.7.2 选择评价对象

由于上市公司信息披露的数据更多，内容范围更广，所以 ESG 评价活动始于股票市场，之后评价对象的覆盖范围逐渐扩展。与国外相比，国内 ESG 评价机构一般先从本地市场进入，对本地市场的覆盖程度通常会超过国外评价机构。ESG 评价机构从各种公开信息渠道获取数据，其中包含公司年报、ESG 报告、企业社会责任报告、政府及第三方机构网站、媒体报道等，评价活动可否有效进行更多地取决于底层数据的可获得性。

4.7.3 整合指标体系

ESG 评价机构首先需要整合存在相同内容的指标并做分类，通常至少设置三个指标层级，一级指标有环境、社会、公司治理三大维度。一般情况下，“环境”项下的二级指标可能包含温室气体排放、资源能源利用、污染物、生物多样性等议题；“社会”项下的二级指标可能包含员工发展、供应链管理、产品质量与安全等议题；“公司治理”项下的二级指标可能包含治理结构、信息披露、风险管理等议题。二级指标的数量大多在 10 个到 30 个。三级指标数量不等，可能有十几个到几百个。在设置指标体系时还需要考虑其他因素，这些因素在一定程度上对指标体系产生影响，例如数据的可获得性、获取数据的时效性以及获取数据的成本等。ESG 信息披露是 ESG 评价的主要依据，而 ESG 信息披露数据的完整性取决于对 ESG 信息披露的监管政策及其执行力度。

4.7.4 明确评价逻辑

ESG 评价体系的底层逻辑链条在于行业分类和指标权重的设置，不同的行业属性和不同的指标权重会得出不同的评级结果。影响 ESG 评价的关键因素是行业特征，评价机构对行业分类标准的选择将确定企业的 ESG 评价处于哪种行业背景下。证监会上市公司行业分类、Wind 行业分类以及全球行业分类标准（GICS）是我国使用率较高的行业分类标准。指标权重的设置通常离不开行业重要性议题，ESG 评价机构会将公司所处行业、监管环境等因素纳入参考范围，据此在指标库中挑选出具有高度重要性的 ESG 指标，再设置指标权重。ESG 评价机构在确定指标权重时，通常邀请行业专家和研究员打分，在此基础上还可以选择结合数据库模型运算进行综合评价。根据重要性优先级别对各个维度内的具体指标进行排序是设置指标权重的实际意义。

4.7.5　得出评价结果

按照 ESG 评价体系，评价机构利用 ESG 底层数据进行计算，得到 ESG 原始分数。为了使相同行业内不同公司的 ESG 得分具有更高的可比性，许多 ESG 评价机构会进一步对 ESG 原始分数进行处理，实现其在行业内的标准化。

4.8　ESG 评价的应用领域

随着 ESG 评价的快速发展，投资者对于公司在非财务信息方面的判断越来越多地依赖于企业的 ESG 评价结果，研究者也越来越多地依赖 ESG 评价进行定性分析和实证分析。本节将系统梳理主流 ESG 评价机构的评价结果在科学研究、社会实践、ESG 评价排行榜以及政策制定中的应用。

4.8.1　ESG 评价结果在科学研究中的应用

当前学者们对 ESG 的定量研究多数建立在一些知名第三方 ESG 报告和评价机构评级结果的基础上。部分学者采用 KLD 数据库作为研究基础探究企业的社会责任表现：Deng 等（2013）以 KLD 评价指数表示 CSR，并将 CSR 整体表现纳入企业并购绩效影响因素研究中，研究发现收购方 CSR 对收购方短期并购绩效存在较为显著的正向影响；Davidson 等（2019）同样采用 KLD 数据对 CSR 进行评分，以研究物质至上主义的 CEO 对 CSR 的影响；Awaysheh 等（2020）以 KLD 数据库的企业社会评级对 CSR 进行测量，检验 CSR 与财务绩效之间的关系。

部分学者采用汤森路透评价指标体系作为研究基础，探究企业 ESG 得分表现：Drempetic 等（2020）提出现有文献忽略了对 ESG 成绩的全面调查，在汤森路透 ASSET4 ESG 评价指标体系的基础上，探究企业规模对企业 ESG 得分的影响，并指出目前的 ESG 得分并不能真实地衡量一家公司的可持续性绩效，ESG 得分还取决于提供 ESG 数据的可用性和公司规模；Rajesh（2020）将 ESG 得分与可持续性绩效指标相关联，使用汤森路透提供的 ESG 得分作为企业 ESG 的评价框架；Lee 等（2020）为了研究企业的 ESG 评价与财务回报和风险之间的关系，采用汤森路透 ASSET4 的 ESG 评价数据，构建了多种类型的投资组合，以确定投资者的一系列风险偏好及其对企业面临的金融机会和风险的总体信心。部分学者采用其他评级机构的评级结果作为研究基础：操群和许骞（2019）参考联合国负责任投资原则组织（UNPRI）针对 ESG 的考量因素、Vigeo 可持续评级数据库等，从 ESG 的三个方面探索性地提出了一些金融 ESG 的衡量指标，为金融机构、组织设立和评判其他企业 ESG 方面的表现提供了若干借鉴。王晓芳等（2021）基于 2015 年商道融绿公布的上市公司 ESG 评价数据，研究了上市公司 ESG 评价对于审计收费的影响。Surroca 等（2010）基于 KLD 数据库，考虑了员工、客户、供应商、社区和环境五个利益相关者群体，并使用 Sustainalytics 平台数据库提供的评分方法按门类和国家进行平均，计算出企业社会责任绩效。研究结果发现，企业社会责任绩效与财务绩效之间的直接影响关系不显著，两者通过无形资产的中介作用形成间接影响关系。Widyawati（2020）指出，由于 ESG 评价的质量存在缺乏透明度和缺乏标准化两个问题，使得 ESG 评价的测量质量值得怀疑。该研究收集了各评价机构 2009 年至 2013 年期间关于评价方法的公开披露信息，以此构建 ESG 评价的维度。该研究最终指出，对 ESG 评价可能有不同的解释，且 ESG

评价在可持续性主题方面有不同的关注点，ESG 评价的用户必须选择与应用评价特定情境一致的评价方法。

4.8.2 ESG 评价结果在社会实践中的应用

1. ESG 指数产品

ESG 指数产品是指第三方 ESG 评价机构基于构建的 ESG 评价指标衍生出的产品，用于评估企业的 ESG 绩效表现或风险。国外 ESG 指数产品包括：多米尼 400 社会指数、富时社会责任指数、Dow Jones 系列指数、罗素 1000 指数、MSCI 新兴市场 ESG 指数和 MSCI 所有国家世界指数等。国内 ESG 指数产品包括：融绿 – 财新 ESG 美好 50 指数、万得·嘉实 ESG 系列指数、中证华夏银行 ESG 指数、中证 ESG 120 策略指数、博时中证可持续发展 100 指数、中证嘉实沪深 300 ESG 领先指数和沪深 300 ESG 指数系列等。

2. 基金理财类产品

基金理财类产品是指把 ESG 理念作为主要投资策略的产品，主要有兴全社会责任投资基金（国内首只 ESG 投资基金）、Ishares MSCI KLD 400 Social ETF（交易型开放指数基金）、Xtrackers MSCI USA ESG Leaders Equity ETF、华夏理财“ESG 固定收益增强型”、兴银理财“财智人生 ESG1 号”、华夏银行“龙盈 ESG 固收”和苏州农商银行“锦鲤鱼绿水青山 ESG 主题”等产品。

3. 其他产品

其他产品包括公示 ESG 评价结果、创建 ESG 评价机构、发布 ESG 评估报告。例如，2016 年，Morningstar（晨星）与 Sustainalytics 合作，为全球投资者提供可持续投资组合分析；2018 年，商道融绿与 Wind 合作，社投盟与 Wind 合作；2019 年，嘉实基金与彭博合作，使用彭博巴克莱指数开发新产品；2020 年，华证指数、嘉实基金与 Wind 合作。至此，商道融绿、社会价值投资联盟、华证、嘉实均在 Wind 金融终端定期公布上市公司的 ESG 综合评价结果。2020 年，新浪财经 ESG 频道引入社会价值投资联盟评价数据；2021 年，商道融绿 ESG 评价数据正式登录彭博终端，成为首家数据登录彭博终端的中国本土 ESG 评价机构；2021 年，证券时报创新医药部携手润灵评价发布《证券时报——润灵评级医药行业上市公司 ESG 评估报告》；2021 年，中证指数公司成为境内首家 ESG 指数通过 IOSCO（国际证监会组织）准则独立鉴证的指数机构。

4.8.3 ESG 评价排行榜

ESG 可持续投资是一种整合环境、社会责任和公司治理三个维度的投资实践，其内涵高度契合我国经济和资本市场高质量发展需求，已在近年来受到国内金融业界的高度关注和广泛认可。为持续提升社会各界对 ESG 理念的认同，推动符合中国市场特质的 ESG 理念研究与实践，共建 ESG 发展的良好生态，本部分结合 ESG 评价体系，从上市公司的角度综合评估 2021 年国内各地区的 ESG 水平，形成“中国内地城市 ESG 排行榜”和“A 股公司 ESG 百强榜”。其中，“中国内地城市 ESG 排行榜”包括“内地省市 ESG 10 强”“省会城市 ESG 10 强”“副省级及计划单列市 ESG 10 强”“新锐城市 ESG 20 强”四个排行榜。

具体而言，内地省市 ESG 排行榜中，广东、北京、上海位列前三；省会城市 ESG 排行榜中，杭州拔得头筹，南京、广州其次；副省级及计划单列市 ESG 榜中，深圳位居榜首，杭州紧跟其后；新锐城市 ESG 20 强中，苏州、无锡、佛山位列前三。具体榜单如表 4–22 和表 4–23 所示。

表 4–22　内地省市、省会城市以及副省级及计划单列市 ESG 10 强

内地省市ESG 10强		省会城市ESG 10强		副省级及计划单列市ESG 10强	
排名	省市	排名	城市	排名	城市
1	广东	1	杭州	1	深圳
2	北京	2	南京	2	杭州
3	上海	3	广州	3	南京
4	福建	4	西安	4	广州

（续）

内地省市ESG 10强		省会城市ESG 10强		副省级及计划单列市ESG 10强	
排名	省市	排名	城市	排名	城市
5	江苏	5	合肥	5	西安
6	浙江	6	长沙	6	成都
7	四川	7	福州	7	青岛
8	山东	8	成都	8	宁波
9	陕西	9	武汉	9	武汉
10	湖北	10	济南	10	济南

资料来源：嘉实基金 ESG 研究部。

表 4-23　新锐城市 ESG 20 强

排名	城市	排名	城市
1	苏州	11	惠州
2	无锡	12	潍坊
3	佛山	13	洛阳
4	绍兴	14	温州
5	烟台	15	徐州
6	常州	16	株洲
7	台州	17	镇江
8	南通	18	威海
9	嘉兴	19	保定
10	扬州	20	东莞

资料来源：嘉实基金 ESG 研究部。

上市公司既是国民经济的“基本盘”，也是践行 ESG 的重要主体。除城市维度外，基于 A 股上市公司 ESG 表现构建“A 股公司 ESG 百强榜”，如表 4-24 所示。

表 4-24　A 股公司 ESG 百强榜

公司代码	公司简称	所在城市	公司代码	公司简称	所在城市
600026	中远海能	上海	300594	朗进科技	济南
600031	三一重工	北京	300628	亿联网络	厦门
600057	厦门象屿	厦门	300661	圣邦股份	北京
600068	葛洲坝	武汉	300679	电连技术	深圳
600104	上汽集团	上海	300709	精研科技	常州
600153	建发股份	厦门	300750	宁德时代	宁德
600170	上海建工	上海	300751	迈为股份	苏州
600183	生益科技	东莞	300760	迈瑞医疗	深圳
600299	安迪苏	北京	300789	唐源电气	成都
600309	万华化学	烟台	000035	中国天楹	南通
600373	中文传媒	上饶	000063	中兴通讯	深圳
600383	金地集团	深圳	000156	华数传媒	杭州
600406	国电南瑞	南京	000338	潍柴动力	潍坊
600486	扬农化工	扬州	000425	徐工机械	徐州
600500	中化国际	上海	000528	柳工	柳州
600521	华海药业	台州	000550	江铃汽车	南昌
600570	恒生电子	杭州	000568	泸州老窖	泸州
600596	新安股份	杭州	000625	长安汽车	重庆
600597	光明乳业	上海	000661	长春高新	长春
600739	辽宁成大	大连	000725	京东方 A	北京
600761	安徽合力	合肥	000858	五粮液	宜宾
600820	隧道股份	上海	000963	华东医药	杭州
600837	海通证券	上海	000977	浪潮信息	济南
600887	伊利股份	呼和浩特	002001	新和成	绍兴
600970	中材国际	南京	002028	思源电气	上海
601012	隆基股份	西安	002045	国光电器	广州

（续）

公司代码	公司简称	所在城市	公司代码	公司简称	所在城市
601111	中国国航	北京	002051	中工国际	北京
601117	中国化学	北京	002061	浙江交科	衢州
601163	三角轮胎	威海	002126	银轮股份	台州
601186	中国铁建	北京	002156	通富微电	南通
601390	中国中铁	北京	002179	中航光电	洛阳
601398	工商银行	北京	002202	金风科技	乌鲁木齐
601607	上海医药	上海	002214	大立科技	杭州
601668	中国建筑	北京	002236	大华股份	杭州
601669	中国电建	北京	002241	歌尔股份	潍坊
601800	中国交建	北京	002347	泰尔股份	马鞍山
601899	紫金矿业	龙岩	002362	汉王科技	北京
603659	璞泰来	上海	002410	广联达	北京
603700	宁水集团	宁波	002415	海康威视	杭州
603860	中公高科	北京	002534	杭锅股份	杭州
603968	醋化股份	南通	002594	比亚迪	深圳
300003	乐普医疗	北京	002611	东方精工	佛山
300130	新国都	深圳	002675	东城药业	烟台
300136	信维通信	深圳	002706	良信股份	上海
300195	长荣股份	天津	002815	崇达技术	深圳
300207	欣旺达	深圳	002821	凯莱英	天津
300274	阳光电源	合肥	688200	华峰测控	北京
300373	扬杰科技	扬州	688139	海尔生物	青岛
300463	迈克生物	成都	688099	晶晨股份	上海
300498	温氏股份	云浮	688009	中国通号	北京

注：排名不分先后。

资料来源：嘉实基金ESG研究部。

4.8.4 ESG评价结果在政策制定中的应用

ESG作为一种综合关注企业环境、社会、治理绩效的框架体系和经营理念，正逐渐被纳入企业规范化发展体系。在可持续发展日益成为全球性共识的当下，在我国推进“双碳”目标以及更全面的绿色发展转型过程中，ESG评价成为政府、金融投资机构、企业、社会、国际组织的重要参考工具，在经济治理中发挥着重要作用。

其一，为进一步规范上市公司运作，提升上市公司治理水平，保护投资者合法权益，促进我国资本市场稳定健康发展，中国证券监督管理委员会于2018年9月修订《上市公司治理准则》，增加了“利益相关者、环境保护与社会责任”相关章节，规定：上市公司应当依照法律法规和有关部门要求披露环境、扶贫等社会责任的履行情况以及公司治理相关信息。在修订说明中证监会提到“积极借鉴国际经验，推动机构投资者参与公司治理，强化董事会审计委员会作用，确立ESG信息披露的基本框架”。

其二，工业和信息化部、中国人民银行、银保监会、证监会联合发布了《关于加强产融合作推动工业绿色发展的指导意见》(工信部联财〔2021〕159号，以下简称《指导意见》)，旨在推动全面绿色转型深化改革，建立健全绿色低碳循环发展的经济体系，推进生态产业化和产业生态化。为构建完善工业绿色发展领域的产融合作基础，《指导意见》提出完善信息共享机制，引导金融体系有效支持工业绿色发展，探索建立工业企业温室气体排放信息平台，推动高耗能、高污染企业和相关上市公司强制披露环境信息，支持信用评级机构将ESG因素纳入企业信用评级，充分利用市场机制实现产融信息对称。

其三，国家发展和改革委员会印发的《关于进一步完善政策环境加大力度支持民间投资发展的意见》中提出，引导民间投资高质量发展应完善支持绿色发展的投资体系，充分借鉴国际经验，结合国内资本市场、绿色金融等方面的具体实践，研究开展投资项目ESG评价，引导民间投资更加注重环境影响优化、社会责任担当、治理机制完善。ESG评价工作要坚持前瞻性和指导性，帮助民营企业更好地预判、防范和管控投资项目可能产生的环境、社会、治理风险，规范投资行为，提高投资质量。

其四，为提高央企控股上市公司质量，实现中央企业高质量发展、助力资本市场健康发展、维护国民经济平稳运行，国务院国资委于2022年5月制定印发《提高央企控股上市公司质量工作方案》。《工作方案》明确了提高央企控股上市公司质量的指导思想和整体思路，提出贯彻落实新发展理念，探索建立健全ESG体系。中央企业集团公司要统筹推动上市公司完整、准确、全面贯彻新发展理念，进一步完善ESG工作机制，提升ESG绩效，在资本市场中发挥带头示范作用；立足国有企业实际，积极参与构建具有中国特色的ESG信息披露规则、ESG绩效评级和ESG投资指引，为中国ESG发展贡献力量。推动央企控股上市公司ESG专业治理能力、风险管理能力不断提高；推动更多央企控股上市公司披露ESG专项报告，力争到2023年实现相关专项报告披露“全覆盖”。

第 5 章　ESG 投资管理

开篇案例

摩根大通的 ESG 投资理念：理性且负责任的长期投资

摩根大通（J.P. Morgan）是一家全球领先的金融服务公司，总部在美国纽约，总资产 4 万亿美元，总存款高达 1.5 万亿美元，分行 6000 多家，是美国最大的金融服务机构之一。作为国际知名券商，摩根大通认为可持续投资是一种前瞻性的方法，旨在提供长期可持续的财务回报。摩根大通早在 2003 年就成立了摩根大通美国可持续领袖基金，旨在投资具有 ESG 特征和长期资本增值潜力的公司，将环境、社会和治理（ESG）信息纳入财务评价，以此降低风险、发掘投资组合中的机会。摩根大通的 ESG 投资包含了基础研究、ESG 数据分析和 ESG 创新等在内的事项，并且确定了五个主要的投资管理优先事项：公司治理、战略长期一致性、人力资本管理、利益相关者参与、气候风险。他们相信这些优先事项在投资管理中具有普遍适用性，经得住时间的考验。此外，摩根大通也着眼于气候变化、自然资源和生态系统、社会利益相关者管理、人力资本、商业行为、公司治理和高管薪酬等 ESG 议题。

摩根大通建立了完善的 ESG 架构和决策机制。其一，摩根大通组建的可持续投资团队负责投资研究、方案开发和投资管理。该团队提供有关 ESG 相关议题的研究和见解，并将成果应用于各类资产组合，实施可持续投资方案。其二，2021 年，摩根大通资产管理公司成立了可持续投资监督委员会（SIOC），以加强对包括参与、代理投票、可持续投资标准等可持续投资活动的治理。其三，全球资产管理业务控制委员会（AM BCC）负责监督整个资产管理公司的风控状况，确保识别、管理和监测现有的和新出现的业务风险、控制问题和投资趋势。其四，摩根大通还拥有包括 ESG 数据与研究工作组、可持续投资客户战略工作组、气候研究工作组等组织，这些工作组与相关主题的专家连接，能就 ESG 投资技能和知识展开交流。2023 年，摩根大通宣布会进一步扩大公司的 ESG 团队，公司将在全球范围内招聘百名以上的 ESG 专家，以满足未来客户对可持续投资和 ESG 咨询服务的需求。

问题：

摩根大通是如何将 ESG 投资理念融入其投资管理中的？分析摩根大通建立的 ESG 架构和决策机制，以及确定的五个主要投资管理优先事项，如公司治理、战略长期一致性等。你认为这些措施对投资者和企业有何影响？

5.1 ESG 投资的概念与 ESG 投资理念的演进

ESG 投资是赋能企业高质量发展、助力可持续发展落地的利器，受到投资者、政府、社区等不同外部利益相关者的关注。本节将从 ESG 投资的概念、ESG 投资理念的演进方面，对 ESG 投资进行初步介绍。

5.1.1 ESG 投资的概念

ESG 投资是指在投资决策过程中考虑环境、社会和治理因素以及财务因素。ESG 投资通常与可持续投资、影响投资、目标驱动型投资、社会责任投资等概念高度相关（MSCI，2020）。ESG 投资的内涵可以从以下几个方面来理解。

环境方面：ESG 投资关注企业的环境表现，包括对气候变化的影响、自然资源管理、碳排放、能源效率、废物管理和生态系统保护等。通过考虑环境因素，投资者可以评估企业在环境可持续性方面的绩效，并鼓励投资那些在环境保护和可持续发展方面表现出色的企业。

社会方面：ESG 投资关注企业与社会的关系，包括劳工权益、人权、社区参与、产品安全性、消费者保护、供应链责任等。社会因素考虑了企业对员工、消费者、供应商和社区的影响，以及企业在社会责任方面的表现。通过考虑社会因素，投资者可以评估企业在社会可持续性方面的绩效，并鼓励投资那些在社会责任方面表现出色的企业。

治理方面：ESG投资关注企业的公司治理结构、透明度、道德和行为准则、董事会独立性、股东权益保护等方面。公司治理因素考虑了企业的决策制度、内部控制、公司文化以及管理者对股东权益和利益相关者的责任。通过考虑公司治理因素，投资者可以评估企业的管理质量和道德规范，并鼓励投资那些在公司治理方面表现出色的企业。

通过综合考虑以上因素，投资者可以更全面地评估企业的长期价值和可持续性，并促使企业朝着更负责任、可持续发展的方向发展。

现有研究对ESG的定义主要基于三个视角。如表5-1所示，表格列举了从不同视角出发，具有代表性的ESG投资的定义。需要强调的是，基于三个不同视角的定义并非互相排斥，而是各有侧重且相辅相成。

表5-1　ESG投资的代表性定义

界定视角	学者	定义
“E+S+G”视角	Leins（2020）	ESG是负责任投资的一种形式，是一种考虑环境、社会和治理问题的投资
	高杰英等（2021）	ESG策略是指经济主体从环境、社会责任和公司治理三方面综合考虑的投资策略，是广义的责任投资策略
“CSR+G”视角	Gerard（2019）	企业社会责任包含ESG的前两个要素，即企业的环境行为和社会行为。ESG将企业的环境和社会影响与其公司治理绩效相结合。因此，ESG投资关注企业社会责任及治理
	Bhaduri和Selarka（2016）	ESG是企业社会责任和公司治理两部分的综合
方法论视角	Landi和Sciarelli（2019）	ESG投资包括一系列广泛的投资，且ESG因素有助于保证效率、产出、长期风险管理和运营改进

（续）

界定视角	学者	定义
方法论视角	Bebbington（2001）	ESG 投资方法的采用，可表明一家公司是可持续发展的，它通过负责任的运营为社会和所有利益相关者增加价值。因此，ESG 投资意味着投资者更希望通过持有与个人和社会价值一致的投资组合而产生非财务效益
	黄世忠（2021）	ESG 是评价企业可持续发展的一种方法论

资料来源：作者整理。

5.1.2　ESG 投资理念的演进

ESG 投资理念经历了“伦理投资—社会责任投资—可持续投资—ESG 投资”四个阶段的演变过程。

1. 伦理投资（16 世纪以来）

伦理投资被称为道德投资或伦理道德投资。它指的是投资者在进行投资决策时，考虑和遵循其个人或组织的道德、伦理价值观和社会责任观念。伦理投资的目标不仅仅是追求经济回报，更注重在投资过程中遵循特定的道德准则和价值导向。最早且最为流行的责任投资的形式是筛除或规避投资与个人、团体价值观不一致的公司或行业。

2. 社会责任投资（20 世纪 60 年代至 90 年代中期）

早期社会责任投资在以宗教信仰为基础，对价值观驱动投资进行筛查方面，与伦理投资并无差异。从 20 世纪 60 年代起，社会责任投资的一种新概念和投资策略兴起，在这段时期，社会责任投资指的是首先考虑社会责任、伦理和环境行为的价值观导向型或排他性投资。投资者考虑公司的社会和环境影响，及其道德、伦理和价值观来规避违法公司，通过投资那些符合他们价值观的公司来推动社会积极变革。

3. 可持续投资（20 世纪 90 年代晚期至今）

从 20 世纪 90 年代晚期开始，可持续投资作为一个概念开始受到关注。

可持续投资强调投资者应该考虑环境、社会和公司治理等非财务因素，而不仅仅是财务业绩，以寻找那些在长期内具有可持续性和社会责任的投资机会。可持续投资并不仅限于特定类型的资产，可应用于股票、债券、基金和其他投资标的。可持续投资从只注重伦理转向将环境和社会因素纳入投资决策过程，并明确追求投资收益。常用方式包括伦理负面筛查、环境和社会负面筛查、可持续性（气候变化主题）和积极股东主义等。投资者可以通过选择符合其可持续投资标准的投资项目，将资金投向那些积极影响社会和环境的企业，同时获得长期的经济回报。

4. ESG 投资（2004 年至今）

在 21 世纪早期，产生了一种将社会和环境因素、公司治理纳入企业社会责任投资决策的新趋势，投资者逐渐认识到 ESG 因素对企业绩效和投资风险的重要性。2006 年，联合国全球契约组织（United Nations Global Compact，UNGC）和联合国环境规划署金融行动机构（United Nations Environment Programme Finance Initiative，UNEP FI）共同发布联合国负责任投资原则（Principles for Responsible Investment，UN PRI），ESG 投资逐渐在欧美等国成为一种新兴的投资方式。作为一种具体的投资策略和方法，ESG 投资开始在可持续投资的框架下得到推广。

5.2 ESG 投资管理的相关理论

ESG 投资是指在投资决策过程中考虑环境、社会和治理因素以及财务因素，其内涵与投资管理流程蕴含着深刻的管理学理论。本节从资产定价理论、ESG 有效前沿理论及影响力投资理论三个方面，全面阐述 ESG 投资的相关理论。

5.2.1 资产定价理论

以 Sharpe 和 Lintner 为代表的经济学家从实证角度出发，在资产组合理论的基础上，加入投资者具有相同预期和存在无风险利率资产两个假设，形成了资本资产定价模型（Sharpe and Lintner 版本的 CAPM）（Sharpe，1964；Lintner，1965；Mossin，1966）。

CAPM 理论说明了单个证券投资组合的期望收益率与相对风险程度的关系，认为资产的预期收益率唯一的决定因素是资产的系统性风险贝塔系数，投资者获取更高收益的唯一途径是承担更高的系统性风险。有了这些理论依据，任何证券组合都可被视为一只消极组合（市场组合）和一只积极组合（单个资产）的混合体，从而简化了基金投资管理工作。自 CAPM 模型被提出后，其在资产定价领域得到了广泛的应用。

从社会责任投资的兴起到 ESG 责任投资的发展，对于投资者而言，责任投资中的非财务因素也会对投资价值产生重要影响。已有学者将 ESG 因素融入现代金融理论体系中，以资产定价理论为基础，对资产定价模型进行修正（Pedersen 等，2021）。可以预见的是，有关 ESG 责任投资的相关研究会随着可持续发展及“双碳”理念的深入而增多。

5.2.2 ESG 有效前沿理论

近年来，资产所有者和投资组合经理寻求将 ESG 纳入其投资过程。但是关于具体如何将 ESG 纳入投资组合，相关的指导却很少，而且不管是在学界还是业界，对于 ESG 到底是会帮助提升投资业绩还是会损害投资业绩，人们的意见并不一致。一些人认为，对 ESG 的考虑必然会降低预期收益（Hong 和 Kacperczyk，2009），另一些人则认为“ESG 策略的出色表现是无可置疑的”。为了调和这些矛盾的观点，Pedersen 等在 2021 年提出了有效前沿理论（Pedersen 等，2021），意在证明进行 ESG 投资是具有潜在的风险和回报的。这一理论结合了传统的资产组合理论和 ESG 因素，旨在帮助投资者找到最优的 ESG 投资组合。

该理论把投资者分成三大类。第一类是 U 型投资者，由于这些投资者对于 ESG 理念接触不深，因此他们的投资目标仅仅只是寻求最合理化的均值—方差效用。第二类是 A 型投资者，他们和第一类有着相同的偏好，但不同的是其在投资决策时还会综合考虑 ESG 因素的影响，以期达到收益和风险更好的平衡。第三类是 M 型投资者，该类投资者的目标是投资结构是高回报、低风险和高社会责任的，有益于社会的可持续发展。该理论强调，当市场上的 U 型投资者较多时，由于投资者尚未意识到公司 ESG 的价值，公司股价尚未被抬高，因此 ESG 表现较好的公司未来具有更高的收益。然而当市场上 A 型投资者较多时，其对于 ESG 表现较好的公司会有一定的关注，因此势必会抬高 ESG 表现较好的公司的股价，此时会在一定程度上打破 ESG 表现和预期回报之间的联系。同时，当一个市场上 M 型投资者占据比例较大时，ESG 表现较好的公司的股票可能会有较低的预期回报，这是因为受 ESG 启发的投资者愿意通过收益的牺牲来换取公司较好的 ESG 表现。从目前的中国市场来分析，中国投资者对于 ESG 理念的理解还不够，在市场上 U 型投资人仍占较高比例。而在投资者中，ESG 投资基金则是在中国市场上为数不多的 M 型投资人，意味着此时 ESG 各方面表现较好的公司股票还没有被投资者充分竞购，其 ESG 的偏好使其能够产生更高的预期回报。换言之，目前在中国市场上 ESG 表现较好的投资组合可以获得更高的预期收益。因此，在投资组合选股中考虑 ESG 因素十分重要。

ESG 有效前沿理论的应用有助于投资者制定更具有长期可持续性的投资策略，并在 ESG 和财务绩效之间找到平衡点。在构建投资组合时，投资者可以选择那些在 ESG 评估上表现良好的企业，同时确保投资组合的风险水平符合自身的风险承受能力。需要注意的是，ESG 有效前沿理论仍然处于发展阶段，并且在实际应用中可能存在一些挑战，如 ESG 数据的质量和一致性、ESG 评估标准的统一性等。然而，随着 ESG 投资日益受到关注，ESG 有效前沿理论为投资者提供了一种有益的参考框架，帮助他们更好地将 ESG 因素纳入投资决策过程中。

5.2.3 影响力投资理论

影响力投资这一概念在 2007 年被创造出来。当时，洛克菲勒基金会（Rockefeller Foundation）与其他慈善家、投资者和企业家一起命名了该类投资并进一步创建了全球影响力投资网络（Global Impact Investing Network,

GIIN），这是对基础设施、研究和教育进行影响力投资的从业者之间的主要网络，并将影响力投资发展成为一种注重可持续性和社会影响的投资方式。

影响力投资是指产生积极的社会与环境影响，并伴随一定财务回报的投资方法。影响力投资可以投资于企业、社会机构或基金，并同时发生在发展中市场与发达市场，可以说是一种义利并举、公益与商业相融合的投资（Addy等，2019）。影响力投资理论强调投资者通过选择具有积极社会和环境影响的企业或项目来实现投资目标。影响力投资的目标不仅是获得财务回报，而且还关注投资对社会和环境的积极影响。影响力投资具有三个原则：首先，在获得社会和/或环境影响的同时，投资人必须期望存在财务回报（或至少要求收回原投资额）；其次，必须有意地追求通常在社会或环境方面的改变；最后，必须尝试去计量上述变化。因此，影响力投资理论认为投资者应该考虑社会责任和可持续性因素，投资那些有利于社会长期发展和环境保护的项目。

影响力投资理论超越了传统的股东主义观念，认为企业不仅要为股东创造利益，还应该考虑其他利益相关者的权益。强调投资者在投资决策中考虑社会和环境因素，并通过选择那些具有积极社会和环境影响的企业来实现投资目标。影响力投资者通常选择那些具有社会使命感的企业，以支持社会问题的解决和可持续发展目标的实现。该理论为投资者提供了更全面、综合的投资视角，帮助他们在实现财务回报的同时，推动社会和环境的可持续发展。ESG投资提供了一个框架，帮助投资者考虑企业的综合绩效和长期风险，而影响力投资则提供了一种更加专注于社会影响和可持续发展目标的投资方式。在实践中，很多投资者会将ESG因素与影响力投资相结合，以追求既可持续发展又具有社会意义的投资组合。

5.3　ESG投资管理的基本原则和目标

ESG投资管理的原则为实施ESG投资提供了基本准则，ESG投资管理的目标则进一步阐述了ESG投资的最终目的。本节将着重阐述ESG投资管理的基本原则与ESG投资管理的目标。

5.3.1 ESG 投资管理的基本原则

1. 综合考虑

ESG 投资管理要综合考虑环境、社会和公司治理因素，并将其纳入投资决策和风险管理过程中。这意味着投资者在制定投资策略和做出投资决策时不仅要考虑企业的财务绩效，还要关注企业在 ESG 方面的表现和影响。

2. 长期价值导向

ESG 投资管理强调长期投资价值，注重可持续性和长期回报，而非短期利益追逐。通过考虑企业的可持续性和社会责任，ESG 投资管理希望投资那些具有良好长期业绩和潜力的企业，以确保投资的持续增值，并减少与短期投机性行为相关的风险。

3. 利益相关者导向

ESG 投资管理关注各类利益相关者的需求和利益，包括员工、客户、供应商、社区和投资者等。考虑到不同利益相关者的需求和利益，ESG 投资管理鼓励投资那些积极履行社会责任、重视员工权益、满足客户需求、维护供应链稳定的企业，从而实现与各利益相关者的共赢局面。

4. 透明度与信息披露

ESG 投资管理鼓励企业提高透明度，主动披露其在 ESG 方面的信息。投资者希望了解企业的 ESG 表现和相关风险，以便做出更全面的投资决策。

5.3.2 ESG 投资管理的目标

ESG 投资的目标是在长期内实现可持续发展和财务回报的平衡，通过投资对环境、社会和治理有积极影响的企业，为投资者创造更全面的价值。ESG 投资管理的最终目标是通过投资和业务实践促进全球经济的可持续繁荣和社会的整体福祉。

1. ESG 投资赋能企业可持续发展

ESG 投资通过关注公司的环境、社会和治理绩效，可使投资者识别那些更有潜力、更具长期可持续性的企业，这使得企业有更多动力采取长期可持续发展策略，投资长期盈利能力和社会责任。具体而言，在资金支持方面，ESG投资者可以通过构建符合 ESG 标准的投资组合，推动更多的资金流向具有良好可持续性表现的企业。这些资金可以用于开发和推广环保技术、改善劳工条件、推动社会创新等。这鼓励企业在可持续性方面取得积极进展，以获得投资者的关注和资金支持，为可持续发展的企业提供了积累资本的机会，使其能够更好地推进可持续性项目和创新，实现可持续发展目标。在激励改进方面，ESG 投资者可以通过激励机制鼓励企业改进其可持续性表现。例如，投资者可以与企业签署协议，在企业实现特定 ESG 目标时提供奖励或优惠条件。这种方式激励企业采取积极措施来提升其可持续性水平。在指导帮扶方面，ESG投资者可以为企业提供指导和帮扶，向企业提供有关 ESG 最佳实践和可持续性战略的建议，帮助其制定和实施符合 ESG 标准的策略。这可以包括提供行业最佳实践、分享成功案例、提供专业咨询等，这些指导有助于企业更好地了解如何在 ESG 方面表现优秀，并采取相应措施改进，帮助企业更好地融入可持续性实践。

2. ESG 投资增强企业风险管理

ESG 投资可以提升企业风险管理，帮助企业识别和管理潜在风险，增强风险透明度，降低法律诉讼、声誉损害等经营风险，并促使企业更加注重长期价值和可持续发展。一是识别和管理潜在风险。ESG 投资鼓励企业对其经营环境和社会影响进行全面的评估。通过考虑环境风险（如气候变化和资源短缺）、社会风险（如劳工权益和供应链管理）以及公司治理风险（如董事会独立性和内部控制），企业可以更好地识别潜在的风险。二是增强风险透明度。ESG 投资鼓励企业在其披露和报告中提供更多关于 ESG 相关信息的透明度。这种透明度使投资者和利益相关者更容易了解企业的风险情况，从而增加对企业的信任和理解。三是降低经营风险。通过积极改善环境、社会和公司治理表现，企业可以降低与环境灾难、诉讼风险、声誉损害和腐败等相关的风险水平。同时，更好地管理供应链和人力资源等社会风险，也有助于降低经营风险。

3. 催生创新和投资机会

ESG 投资为创新和可持续发展领域提供了更多的投资机会。通过将资金投入解决社会和环境问题的企业或项目，ESG 投资可以促进创新解决方案的发展，推动绿色技术、可再生能源、可持续城市等领域的创新。在环境创新方面，ESG 投资激励企业采用创新方法来应对环境挑战。ESG 投资者通过提供资金支持企业研发和推广新的环保技术、可再生能源解决方案，实现节能和资源利用效率的提升等，推动了环境创新的实际应用和推广。此外，ESG 投资激励企业采取创新方法，优化配置绿色创新的战略组合、资源组合和能力组合，融合使用清洁生产技术创新和末端治理技术创新，采用循环生产和再制造技术，提高绿色产品创新比重。在社会创新方面，ESG 投资者通常更加关注企业在社会责任方面的表现。为了吸引 ESG 投资，企业需要在员工福利、社区支持、人权保护等方面表现积极。这种压力鼓励企业积极参与社会问题的解决，推动社会创新的发展。在治理创新方面，ESG 投资鼓励企业改进公司治理结构，提高透明度和责任制度。这有助于提升企业的管理效率和决策质量，降低内部管理风险，进而为投资者提供更稳定的投资机会。

4. 放大社会影响

ESG 投资通过影响企业和市场来推动更加可持续的商业和社会实践，从而在金融领域产生积极的社会和环境效益。一方面，促进社会正义：ESG 投资者的影响力有助于促进企业更积极地参与环保和社会正义领域。ESG 投资者通常会投资和支持那些在社会责任方面表现优秀的企业和社会创新项目，这些项目和企业可能专门致力于解决社会问题，提高社区生活质量，改善环境状况等。通过投资这些社会创新项目，ESG 投资者可以放大这些项目的社会影响力。另一方面，产生示范效应：ESG 投资的成功案例和实践可以产生示范效应，吸引更多的投资者和企业加入到 ESG 投资和可持续发展的行列中。这样，ESG 投资的影响范围将不断扩大，提高整个金融市场对 ESG 因素的重视和关注。

小案例

华夏基金：ESG 投资领域的先行者

华夏基金是我国首批公募基金之一，在 ESG 投资领域也是行业内的先行者和领头羊。华夏基金在 2017 年 3 月签署了联合国负责任投资原则（UNPRI），是国内首家签署该原则的基金公司。2020 年，华夏基金建立了公司层面的 ESG 业务委员会，成为国内同行中最早设立公司层面 ESG 业务委员会的公司。

华夏基金搭建了贯穿 ESG 各环节指标筛选的 ESG 数据平台系统，并将 ESG 整合进了投研的全部流程中。风险控制部门建立了内部负面信息筛查系统。ESG 研究员定期会向基金经理汇报其组合的 ESG 风险暴露，并及时提请仓位调整或后续关注。在与利益相关方的沟通方面，华夏基金不仅帮助中国的上市公司提升可持续发展意识，同时也会与监管方进行密切交流，帮助推进国内市场 ESG 相关政策的发展。

5.4　ESG 投资管理的策略和方法

全球可持续投资联盟（Global Sustainable Investment Alliance，GSIA）将 ESG 投资策略分成七种类型，这也是全球目前认可度最高的分类标准，包括负面筛选、正面筛选、标准筛选、可持续主题投资、ESG 整合、企业参与和股东行动，以及影响力投资和社区投资。投资者可以根据自己的投资目标、价值观和风险偏好，灵活地应用这些策略来推动可持续发展和社会正义，同时获得合理的投资回报。

5.4.1　负面筛选

负面筛选（Negative Screening），又叫排除筛选（Exclusionary Screening），是指寻找在 ESG 方面表现逊色于同行的公司，然后在构建投资组合时避开这些公司。常见的负面筛选条件可以是产品类别（如烟草、军工、化石燃料），也可以是公司的某些行为（如高碳足迹、腐败、环境诉讼），又或者是给 ESG 得分划定最低标准，剔除同行业评级排名比较低的 20% 公司。例如，创金合信 ESG 责任投资股票 A（011149）是一只纯 ESG 基金，该基金采用的就是 ESG 投资策略中的负面筛选策略。在基金招募说明书中，公司明确做出了说明：在综合评估公司 ESG 责任投资情况后，把评级为 B 以下的公司剔除，构建底层的 ESG 基础投资池。

5.4.2 正面筛选

正面筛选（Positive Screening）和同类最优（Best-in-Class）非常类似，指的是基于 ESG 标准、根据公司的 ESG 表现，在同一个类别 / 行业 / 领域内对比进行筛选，通常是选出 ESG 表现最好的公司，或是为入选公司设置 ESG 指标的门槛值。正面筛选策略和同类最优经常应用在 ESG 指数编制上。例如沪深 300 ESG 价值指数（931466）从沪深 300 指数（000030）样本中选取 ESG 分数较高且估值较低的 100 只上市公司证券作为指数样本。又例如 MSCI ESG 领先指数（MSCI ESG Leaders Indexes）采用正面筛选和负面筛选相结合的方法，筛选出评级 BB 或以上的公司、争议分数（MSCI ESG Controversies Score）在 3 分以上的公司，同时剔除掉从事核武器、传统武器、烟草、酒精、赌博、核电、化石燃料开采、火力发电等行业的公司。

5.4.3 标准筛选

标准筛选（Norms-based Screening，NBS）也叫国际惯例筛选，是根据国际规范，筛选出符合最低商业标准或发行人惯例的投资，比如剔除不符合国际劳工组织最低标准的公司。和正面筛选、负面筛选的条件不同，它所使用的“标准”往往是现有框架，包括联合国、经合组织、国际劳工组织等机构发布的关于环境保护、人权、反腐败方面的契约、倡议，例如《联合国全球契约》、

《联合国人权宣言》、经合组织的《跨国企业准则》、国际劳工组织的《关于多国企业和社会政策的三方原则宣言》等。通过标准筛选，投资者将迫使企业遵守国际公认的规范和道德准则。

5.4.4　可持续主题投资

可持续主题投资（Thematic Investing）指的是对有助于可持续发展主题的资产进行投资，例如可持续农业、绿色建筑、智慧城市、绿色能源等主题。它注重预测长期社会发展趋势，而不是对特定公司或行业进行 ESG 评价。投资者通过投资解决特定的 ESG 挑战或支持可持续发展目标。例如，绿动资本作为中国较早进行绿色影响力系统性量化评估与权威认证的投资机构，坚持“投资·绿动中国·影响亚洲”的使命，通过资本赋能技术创新，重点关注绿色技术与数字技术驱动的清洁能源、新材料、绿色先进制造、绿色低碳交通、节能环保等领域优秀的成长型企业的股权投资，为企业发展注入绿色新动能，追求财务回报和环境效益的双赢。

5.4.5　ESG 整合

随着信息披露和评价体系的完善，ESG 整合正成为最核心的 ESG 投资策略。ESG 整合（ESG Integration）指的是“在投资分析和决策中明确、系统地将环境、社会和治理问题纳入其中”，也就是说将 ESG 理念和传统的财务分析相融合，做出全面的评估。整合法在实际运用中可与基本面分析、量化策略、Smart Beta 策略、被动指数投资策略等有机结合，从而较全面地反映公司面临的挑战和机遇。ESG 整合具体可以分为个股公司研究和投资组合分析两部分。个股公司研究主要是收集上市公司财务和 ESG 数据进行分析，找到影响公司、行业的重要财务和 ESG 因子。而投资组合分析则要评估财务和 ESG 对投资组合的影响，从而调整投资组合内股票的权重。该方法较易适应现有的投资流程，且能够引导资本流向旨在促进环境及社会发展的公司及项目。例如，国投瑞银通过管理合格的境内机构投资者（QDII）产品积累的 ESG 因子整合分析经验，将更好地帮助分析师和基金经理将 ESG 因子纳入资产估值。

5.4.6 企业参与和股东行动

企业参与和股东行动（Corporate Engagement & Shareholder Action）指的是投资人利用股东权力来影响企业行为，从而实现 ESG 投资目标。它主要有四种形式：投资人主动要求 ESG 相关信息披露，直接改变被投资公司的行为、提出明确的要求，股东投票支持 ESG 相关决议，以及如果投资者未能成功开展上述参与活动，可以向公司提出撤资。ESG 投资者通过积极参与公司治理和股东行动，协助与督促所投资企业推行 ESG 理念。例如大钲资本通过适当的治理机构帮助被投企业开展 ESG 工作。这些支持包括为被投企业提供 ESG 培训和管理建议，鼓励不同企业发挥各自优势和专长，分享其在 ESG 领域的知识和实践，鼓励被投企业适当披露 ESG 信息等。

5.4.7 影响力投资和社区投资

社区投资（Community Investing）指为具有明确社会或环境目的的企业提供资金，其中一个子类别就是 ESG 影响力投资（Impact Investing），即通过投资以实现积极的社会和环境影响，其投资目的是在获得经济收益之外产生有益于社会的积极成果，帮助减少商业活动造成的负面影响，因此影响力投资有时也会被认为是回馈社会和慈善事业的延伸，常见于一些慈善基金会。例如，早在 2010 年，摩根大通银行、洛克菲勒基金会已经将影响力投资列为投资市场的新型类别，与股票、发放贷款等传统投资类别相并列。

5.5 ESG 投资生态体系

ESG 投资生态体系是一个涵盖了多个参与者和相关要素的复杂体系。它旨在评估和推动公司在环境、社会和治理方面的可持续性表现，并鼓励投资者支持那些在这些领域表现良好的企业。下面是 ESG 投资生态体系的主要构成部分。

5.5.1 监管主体

ESG 投资生态体系中的监管主体指的是政府、监管机构或其他权威组织，负责制定和执行与 ESG 投资相关的法规、政策和标准，以确保企业和投资者遵循可持续性原则和实践。政府在 ESG 投资生态体系中扮演着重要角色，通过制定和推动相关法律法规，鼓励企业履行社会责任，提高环境保护标准，改善公司治理水平。与此同时，非政府组织（NGO）等监管机构在 ESG 投资生态体系中发挥着推动变革和监督的作用。它们通过监督企业行为、提出社会问题和环境问题，促进企业承担社会责任和可持续发展。在绿色金融发展和 ESG 投资实践中，监管当局及相关专业组织需要锚定航向，完善市场基础建设，明确各责任主体的“规定动作”，加强政策引导，推动市场各主体向共同目标迈进。

5.5.2 投资者

ESG 投资生态体系的核心是各类投资者，包括机构投资者（如养老基金、保险公司、对冲基金等）和个人投资者。这些投资者在进行投资决策时考虑了环境、社会和治理因素，并致力于将资金投入到符合 ESG 标准的企业。投资者通常在市场中起带头作用，是解决资金问题的关键。其主要基于价值观、风险和收益决定投资导向。从价值观看，随着投资者特别是新生力量的可持续投资、社会责任等意识的觉醒，ESG 恰与其投资理念吻合。

Parnassus 投资公司为美国最大的纯 ESG 共同基金，Parnassus 所有的基金都使用 ESG 基金进行管理，投资于具有社会责任的公司。Parnassus 的投资理念是基本面坚固的高质量公司可以带来长期的投资机会，“高质量”公司指具有可持续性竞争优势、优质管理团队、积极 ESG 表现的公司。Parnassus 相信在投资决策中融入 ESG 研究可以改善投资结果、提高社会效益。

5.5.3 ESG产品（资产管理者）

ESG产品主要包括ESG基金、ESG固定收益类产品、绿色债券、绿色信贷、绿色ABS等众多形式。更多ESG产品的出现可降低绿色投资门槛，吸引更多资金参与绿色投资。同时，资产管理者可借助ESG整合策略，以股东权力推进公司改进运营（积极改进所有权实践）等，引导企业投入到绿色环保产业中。

5.5.4 企业

ESG投资生态体系的参与企业是投资者关注的重点。这些企业在业务运营中应用ESG标准，并将ESG因素纳入战略规划和决策中，以提高可持续性和整体绩效。随着各类监管政策趋严和环保标准提高，践行ESG有助于企业对外降低违规成本，推进转型发展，防范金融风险，并形成良好的社会声誉与公众形象；对内降低舞弊、腐败、内控缺失等公司治理风险，促进企业可持续发展，拓展长期盈利空间。

小案例

中国移动的ESG之举

中国移动设立可持续发展指导委员会，董事长任委员会主任，总部各部门共同参与，构建了高层深度参与、横向协调、纵向联动的ESG治理组织体系。制定下发《中国移动企业社会责任管理办法》等规章制度文件，不断完善ESG管理的制度基础，不断提升中国移动的综合价值创造能力和影响力。

5.5.5 评价方

在ESG生态系统中，评价方可以根据其关系和角色分为第一方评价、第二方评价和第三方评价。企业需要进行第一方评价来了解自身的ESG表现，合作伙伴可以进行第二方评价以确保合作伙伴的可持续性实践符合期望，而第三方评价机构提供中立的、独立的验证，帮助企业和投资者做出更准确的决策。综合这些评价方的反馈，有助于推动 ESG 实践和可持续发展。

第一方评价是企业的自我评价，企业通过内部评估、数据收集和分析，了解自身的环境、社会和治理表现。第一方评价的重点在于企业对自身情况的了解和自我改进，这有助于企业识别自身的强项和改进点，以更好地符合 ESG 标准和要求。

第二方评价是由与企业有直接业务关系的合作伙伴、客户、供应商等主体进行的评价。这些评价可以基于合同、合作协议和业务关系，用于验证合作伙伴的环境、社会和治理实践。第二方评价更侧重于合作关系中的信任和共同价值。

第三方评价是由独立于被评估实体及其业务关联方的专业机构，如评级机构、认证机构和咨询公司等进行的评价。这些机构提供中立的、客观的评估，通常基于公认的标准和指南，用于验证企业的 ESG 绩效。第三方评价更注重公正性和独立性，可以提供中立的意见，用于跟踪和评估符合 ESG 标准的投资组合表现，帮助企业和投资者做出更准确的决策。

小案例

嘉实基金的智能化 ESG 评分系统

嘉实基金 ESG 研究团队与嘉实基金数据化研究中心（Data Lab）联手，自主研发建立了本土智能化 ESG 评分系统。该评分系统采用 NLP 等先进人工智能技术，长于捕捉动态、非结构化的信息，能够更灵敏地反映临时性事件因素，进一步提升了评分体系的实用价值。可满足市场需求，为投资者提供参考。

在 ESG 投资生态体系中，各主体相互影响、相互衔接。监管主体制定行业标准，企业积极践行，并提供良好的 ESG 信息披露，第三方评价机构依据行业标准和企业 ESG 披露信息开展评级，影响投资者决策，市场各方在 ESG 的努力在资本市场均有所呈现，如图 5-1 所示。

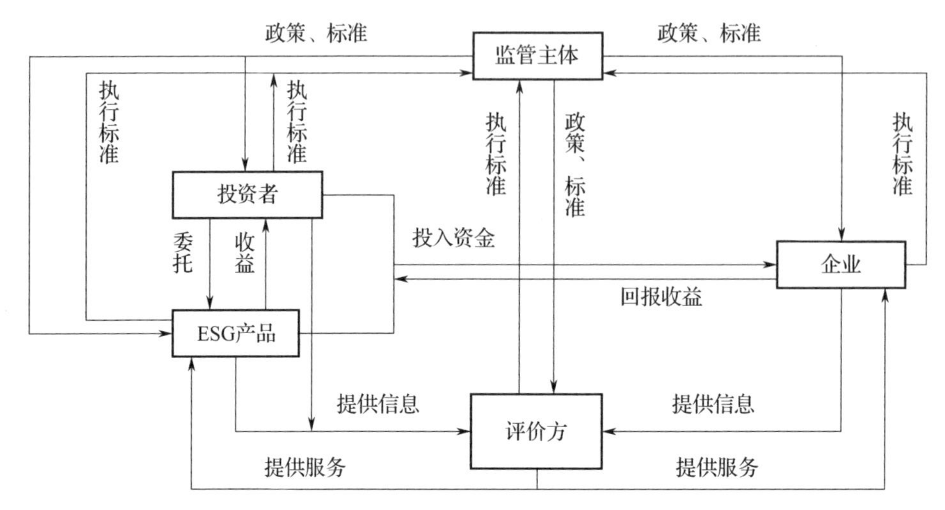

图 5-1　ESG 投资生态体系

资料来源：作者整理。

5.6　ESG 投资管理的流程

ESG 投资管理的流程包括制定明确的愿景和目标计划、ESG 整合和投资决策过程、筛选潜在投资标的、与企业对话、有效的 ESG 数据和评估方法、制定投资决策、持续监测和报告、改进和调整，以及推广经验和分享。本节将详细阐述 ESG 投资管理的具体流程。

5.6.1　制定明确的愿景和目标计划

ESG 投资需要有明确的发展愿景和战略目标，价值观上与 ESG 保持一致，并形成 ESG 投资路线。投资者应制定明确的 ESG 策略和目标，以指导其整合 ESG 因素的投资决策过程。这涉及 ESG 评级、分析框架、投资原则和策略的制定。工作路径大概如下：通过国际框架和标准帮助投资者筛选出与自身业务和风险管理相符的议题，再根据议题建立自身愿景和实质性规划。

5.6.2　ESG 整合和投资决策过程

在制定明确的愿景和目标计划后，投资者需要将 ESG 因素整合到其投资流程中。这意味着在进行投资决策时，不仅仅要考虑传统的财务指标，还要综合考虑环境、社会和公司治理等因素。ESG 整合的实践方法可以包括定量和定性的分析，投资者可以利用 ESG 评级、指数和数据供应商等工具，对潜在投资标的进行评估和筛选。或者与公司管理层和其他利益相关者进行对话和对接。

5.6.3　筛选潜在投资标的

在进行投资之前，投资者需要进行 ESG 尽职调查和风险评估，筛选出与 ESG 愿景和目标相符合的潜在投资标的。这包括对潜在投资标的的 ESG 表现和风险进行评估，了解企业的环境影响、社会责任、公司治理等方面的实践情况。通过充分的尽职调查，投资者可以更好地理解投资标的的 ESG 状况，降低投资风险，并选择符合自身 ESG 愿景和目标的企业。

5.6.4　与企业对话

与投资标的企业进行有效的对话和对接，了解其 ESG 绩效和可持续发展实践。这包括了解企业的环境管理措施、社会责任项目、员工关怀政策、董事会组成等方面的情况。通过对话，投资者可以获得更全面的信息，做出更明智的投资决策。在对话中，ESG 投资者可以提出关于企业的 ESG 实施和挑战的问题，促使企业正视和解决这些问题。例如，投资者可以询问企业在减少碳排放、提高供应链透明度、改善员工福利等方面的计划和措施。

5.6.5　有效的 ESG 数据和评估方法

投资者需要通过各种途径来获取高质量、可靠、准确和全面的 ESG 数据和信息。这可以通过与 ESG 评级机构、数据供应商和专业机构建立合作关系来实现。投资者应评估和选择适合其投资目标和策略的 ESG 评估方法和指标。这可以包括使用行业标准、框架和指南，如联合国 PRI（Principles for Responsible Investment）的指南和 SASB（Sustainability Accounting Standards Board）的指南。投资者还应关注 ESG 数据的及时性、可比性和一致性，以便进行有效的比较和绩效评估。

5.6.6 制定投资决策

根据整合后的 ESG 因素、ESG 尽职调查结果以及 ESG 目标和指标，进行投资决策。确保投资决策与 ESG 愿景和目标保持一致。制定投资决策时，ESG 投资者需要综合考虑财务和 ESG 因素，关注长期影响和风险管理，考虑行业和地区的影响，进行资产配置与多样化，以及持续监测和评估投资表现。通过科学的投资决策过程，ESG 投资者可以实现经济回报与社会影响的双赢目标，并在金融市场中推动可持续发展和社会责任的落地。

小案例

中国平安的 CN-ESG 智慧评价体系

中国平安以 CN-ESG 智慧评价体系为依托，已将对 ESG 因素的考量纳入对外投资决策的全流程，积极开展负责任的投资实践。在投资评估、决策与风控上，中国平安积极开发 CN-ESG 智慧评价体系，通过开发 AI-ESG 平台，为 ESG 风控、模型构建、投资组合管理的整合应用提供智能化工具和数据支持。使用此套评价模型体系，平安统一对上市企业、发债主体以及项目开展 ESG 尽职调查，作为投资与资产风险管理的评价标准与依据，保障投资者做出科学的投资决策。

5.6.7 持续监测和报告

持续监测投资标的的 ESG 表现，并定期报告 ESG 投资的绩效和进展。投资者可以了解其投资标的在 ESG 方面的实际表现，并与设定的 ESG 目标进行对比，从而了解投资结果是否达到预期。透明的信息披露有助于增加投资者和利益相关者的信任，并为投资策略的持续改进提供数据支持。

5.6.8　改进和调整

根据持续监测和评估结果，及时改进和调整 ESG 投资策略和目标。ESG 投资是一个持续不断的过程，投资者应不断学习和优化其 ESG 实践。

5.6.9　推广经验和分享

将 ESG 投资管理的经验和实践分享给其他投资者和利益相关者，推动 ESG 投资在金融市场的普及和影响。

小案例

日本政府养老投资基金的管理经验

日本政府养老投资基金（GPIF）在进行另类资产投资的过程中，重视选择外部资产管理人以及选定管理机构后定期进行投资状况监察。在选择外部投资机构时通过调查问卷、与 ESG 事项的责任人员面谈、外部咨询机构评价等多维度进行 ESG 评价，审查要点包括投资机构的整体 ESG 方针、投资流程中的 ESG 整合情况、投后监督机制和向投资人的报告机制等。

GPIF 选择的外部资产管理人均签署了联合国负责任投资原则（UNPRI）。在选定外部管理人后，GPIF 还会从投资机构分散投资投向的基金是否签署 PRI、其 ESG 应对状况等方面进行监察，各投资机构需要向 GPIF 提交报告并定期进行面对面交流，从而了解投资变动情况以期做出及时调整。

5.7　ESG 投资发展的国内外实践

ESG 投资在国内外已经开展了广泛而丰富的实践。本节将从 ESG 投资发展的中国实践、ESG 投资发展的全球实践、国内外 ESG 投资现状异同比较共三个方面详细阐述。

5.7.1 ESG投资发展的中国实践

1. 丰富的基础标的是ESG投资实践的基础

ESG理念在投资中的应用下至产品的底层资产，即股票、债券及指数层面。不同的基础标的与ESG理念的融合方式不同，评估标准也存在差异。从股票层面来看，中国ESG信息披露非强制且标准化并不十分严格。ESG理念在股票中的应用关键在于上市公司披露责任投资基础信息，再由相关评估机构进行评分。目前中国A股市场对上市公司ESG披露秉持自愿披露、加分鼓励的原则。同花顺数据显示，截至2023年6月7日，已有1755家A股上市公司披露2022年ESG相关报告，占全部A股公司的34.32%。按行业分类统计，银行业披露率最高，为100%；机械设备制造业披露率最低，为19.17%。同时信息披露的标准化并不十分严格，上市公司对披露内容范围拥有较高的自主权，其中对环境管理目标、社会捐赠、董事薪酬、反腐败政策等信息的披露较多。从债券层面来看，ESG债券判别标准明确，发展迅猛。投资者可根据发行人募集资金用途来甄别ESG债券，并根据一套标准进行“贴标”。目前ESG债券主要包括绿色债券（含碳中和债券）、社会债券以及可持续发展债券等品种。此外，投资者还可将ESG核心因素纳入发行人信用分析，迅速剔除发行人ESG等级较低的债券，从而规避违约风险。从指数层面来看，ESG因素深度应用于指数跟踪。由于成本低、流动性强，指数产品已成为全球资产配置的首选工具，ESG投资策略也在逐步纳入指数化投资。从投资品种来看，股票指数及债券指数均对ESG策略有所应用。除交易型股指，市场上还有部分由ESG专业机构编制、暂未在交易所发布的股指，如沪深ESG 100优选指数、ESG美好50指数等，也为投资者决策提供了一定参考。

小案例

《中国绿色债券原则》

2022年7月29日，绿色债券标准委员会发布了《中国绿色债券原则》，我国绿色债券标准初步实现了国内统一和与国际接轨。ESG债券是与ESG理念密切结合，围绕提升环境绩效、社会责任、公司治理等方面的工作所发行的债券。在绿色债券发行规模方面，2022 年中国首次超过美国，成为全球最大的绿色债券发行国，发行规模折合 854 亿美元。

2. 各类金融产品加速拥抱 ESG 理念

首先，ESG 基金产品的数量和规模均显著增长，投资类型渐趋丰富。根据 Wind 数据，截至 2022 年 10 月末，ESG 相关公募基金产品存量共有 314 只，规模合计 4407.6 亿元。截至 2022 年 6 月末，中国已有 22 家公募基金管理人成为联合国负责任投资原则（UNPRI）的签约机构，ESG 基金产品市场初具规模，ESG 基金产品的投资类型也日益丰富，主动管理类和被动指数类 ESG 公募基金产品均趋于成熟，ESG 理念主要体现在基金投资范围或跟踪指数以及业绩比较基准。根据 GSIA、中国证券投资基金业协会、CICC 研究院对中国资产管理市场规模的预测，到 2025 年，中国资产管理行业总规模将达到 104 万亿元，其中 ESG 的投资规模将达到 20 到 30 万亿元，占资产管理行业总规模的 20% 到 30%。其次，ESG 理财产品不断涌现，银行理财子公司加速创新。ESG 理财产品自 2019 年开始蓬勃发展。截至 2022 年 11 月末，尚在存续的 ESG 主题银行理财产品共 167 只。从投资标的类型来看，现有 ESG 理财产品中七成为固定收益类，权益类 ESG 理财产品仅有一款。从运作模式来看，净值型产品的数量占比超过 90%，体现出在资管新规要求打破刚兑的背景下，银行理财加速净值化转型的趋势。从产品期限来看，ESG 理财产品以长期投资为主，逾五成产品期限在 1 年以上。此外，现有 ESG 理财固定收益类产品的业绩比较基准主要分布在 4%~5%，唯一的权益类产品“阳光红 ESG 行业精选”的业绩比较基准为 70% 的中证 800 指数收益率、20% 的中债综合财富指数收益率及 10% 的恒生指数收益率。最后，保险资金积极探索 ESG 投资方式，重点关注绿色产业。保险资金追求长期稳定的投资回报，与 ESG 投资理念高度契合，已经探索出多种直接或间接参与 ESG 投资的方式，重点关注绿色产业。保险资金一方面通过债权投资计划、股权投资计划、资产支持计划、私募股权基金、产业基金、信托计划、PPP 等金融工具，直接参与能源、环保、水务、防污防治等领域的绿色项目投资建设；另一方面通过间接投资的方式，特别是投资绿色债券等金融产品，积极参与绿色金融改革创新试验区等绿色金融体系建设，支持绿色金融发展。

小案例

华夏基金：持续扩宽 ESG 产品线

自 2017 年布局泛 ESG 产品以来，华夏基金持续扩宽境内外 ESG 产品线，并在产品中逐步深入融合 ESG 投资策略。2020 年 3 月 31 日，华夏基金与战略合作伙伴 NN Investment Partners（NNIP）推出了 NN International China A-share Equity Fund，这是全球首个由境内基金管理公司管理的 ESG 策略 UCITS 产品。2022 年，华夏基金首只 ESG 指数产品“华夏沪深 300 ESG 基准 ETF”正式推出，填补了被动型 ESG 产品线的空白。同年，华夏基金推出 ESG 整合基金华夏 ESG 可持续投资一年持有基金（014922）和华夏融盛可持续一年持有混合（014482）。华夏基金将 ESG 理念贯彻于产品实践中。

在老产品方面，华夏基金泛 ESG 产品“华夏能源革新基金”（003834）与“华夏节能环保基金”（004640）是两只主要投资新能源产业链企业的 ESG 主题公募基金。不仅获得了高额收益回报，而且为国家可持续发展做出了实质贡献。

3. ESG 投资策略随着产品创新日趋多元

随着 ESG 投资理念在中国的推广和认可，越来越多的金融机构和资产管理公司开始推出各种类型的 ESG 投资产品，以满足不同投资者的需求。一些多元化的 ESG 投资产品包括：ESG 指数基金，这些基金跟踪符合 ESG 标准的指数，投资于表现优秀的 ESG 公司。ESG 指数基金是一种相对较为简单和便捷的 ESG 投资选择，引发了广大零售投资者的兴趣。ESG 主题基金，这些基金专注于特定的 ESG 主题，如可再生能源、清洁技术、社会责任等。投资者可以选择符合自己价值观和兴趣的 ESG 主题进行投资。ESG 影响投资基金，这类基金旨在实现社会和环境的积极影响，同时追求良好的财务回报。它们可能投资于解决社会问题的领域，如教育、医疗、清洁水资源等。ESG 债券基金，这些基金投资于符合 ESG 标准的债券，如绿色债券、社会债券和可持续发展债券。ESG 债券基金吸引了越来越多的机构投资者和长期投资者的关注。ESG 混合型基金，这类基金结合了股票和债券等不同资产的类型，以实现投资组合的多样化和风险分散，同时考虑了 ESG 因素。ESG 私募基金，一些私募基金也开始将 ESG 因素纳入投资决策，为高净值投资者提供定制化的 ESG 投资产品。

易方达基金的多元化投资策略

2018 年初，易方达基金加入中英金融环境信息披露小组，成为小组中仅有的两家国内基金公司之一。同时，易方达与欧洲最大的养老金资产管理公司 APG 联合推出了全球首个基于国际市场可持续与责任投资框架、投资于中国 A 股市场的标准的养老金管理产品。

2019 年 9 月 2 日，易方达 ESG 责任投资股票型基金正式成立，这是公募市场上首只主动管理的 ESG 主题公募基金。此外，2019 年 11 月 29 日联合 APG 推出首个中国责任投资固定收益策略。易方达身体力行地推动着 ESG 投资在国内公募基金行业的发展，并把 ESG 融入投前、投中、投后环节。

随着中国 ESG 投资市场的成熟和投资者对 ESG 投资的认知水平提高，产品创新将继续推动 ESG 投资策略的多元化。投资者将有更多选择，能够根据自己的风险偏好和投资目标来进行 ESG 投资。这种多样化的产品选择将进一步促进 ESG 投资在中国的普及和发展。

5.7.2　ESG 投资发展的全球实践

1. 全球 ESG 投资呈现蓬勃发展

从投资规模来看，在全球范围内 ESG 投资规模正持续增长。根据全球可持续投资联盟（GSIA）报告，2020 年初全球可持续投资资产规模达 35.3 万亿美元，较 2018 年增长 15%，占所统计区域总资产管理规模的 36%。其中，美国发展规模仍居全球之首（48%），欧洲紧随其后（34%），日本排名第三（8%）。GSIA 预计，到 2025 年，全球 ESG 规模或将达到 50 万亿美元。此外，全球金融机构对责任投资的关注度持续提升，ESG 理念被广泛纳入投资决策。截至 2022 年 9 月，全球已有 5179 家金融机构加入联合国责任投资原则（UNPRI）组织，资产管理规模总计 121.3 万亿美元。联合国责任投资组织公布的最新数据显示，截至 2021 年底，全球共 3826 家机构签署合约加入 UNPRI，在 2020 年底这一数字为 3038 家，同比上涨了 25.94%。

 小案例

Calvert 基金的 ESG 实践

Calvert 基金成立于 1976 年，是美国成立最早、目前规模最大的社会责任投资基金之一。截至 2021 年 12 月 31 日，Calvert 的资管规模达到 390 亿美元，提供 36 只 ESG 基金选择，包括 11 只主动型权益基金、7 只被动型权益基金、12 只固定收益基金、6 只多元资产配置型基金。Calvert 相信 ESG 因素会影响公司总体表现，将 ESG 分析和传统财务分析相结合，可以更全面地了解公司的长期投资机会和风险。

2. 完善的监管制度推动 ESG 投资蓬勃发展

面对广阔市场，各国际组织出台了多项 ESG 资产认证标准，欧洲在 ESG 披露体系建设方面也趋于成熟，覆盖包括环境、社会、治理等所有因素，是目前国际上对披露要求最严格的地区之一。《欧盟分类目录》（EU Taxonomy Regulation）、《公司可持续发展报告指令》（CSRD）、《可持续金融披露规定》（SFDR）是欧盟在 ESG 领域的监管框架，要求欧盟所有金融市场参与者披露 ESG 问题，并对具有可持续性投资特征的金融产品提出了额外的信披要求。SFDR 作为监管框架的基石，适用于在欧盟运营的大多数金融机构，核心为资管机构。国外 ESG 信息披露制度及相关政策基本都是自上而下推动的，由政府牵头，通过发布指引及制定相关法律法规来规范引导市场主体进行 ESG 信息披露。以日本为例，日本金融厅联合东京证券交易所于 2014 年颁布《日本

尽职管理守则》，而后不断完善和修订流程，并于 2020 年发布《ESG 报告信息披露指导手册》。

小案例

欧盟委员会推动《公司可持续发展报告指令》落地

2021 年 4 月，欧盟委员会（EC）发布了《公司可持续发展报告指令》（Corporate Sustainability Reporting Directive，简称 CSRD）征求意见稿，拟取代其在 2014 年 10 月发布的《非财务报告指令》（Non-Financial Reporting Directive，简称 NFRD）。

作为 NFRD 的“进阶版”，CSRD 要求所有大型企业和上市公司都必须提供 ESG 报告，但中小型上市公司可以有三年的过渡期。CSRD 要求，企业应当在 ESG 报告中披露可能影响可持续发展的无形资源，特别是知识产权、技术专利、客户关系、数字资产和人力资本等；ESG 报告所披露的内容将要拓宽，企业不仅需要考虑本身业务产生的碳排放，还要考虑与之相关的上下游产业的排放量。

3. 机构投资者是全球 ESG 投资快速发展的主要推动力量

机构投资者一直是全球 ESG 投资的主要推动者，但个人投资者的 ESG 投资意愿也在逐步提升。GSIA 数据显示，2020 年个人投资者持有的可持续投资资产规模占比达 25%，而 2012 年该项比例仅为 11%。在机构投资者中，养老金和保险资金则是全球 ESG 投资的核心驱动力量。2018 年美国 ESG 机构投资者中，公共部门占比 54%，这其中又以养老金为主，保险资管行业占比 37%，教育基金占比 6%，上述三类机构投资者合计占比达到 97%。以美国加州公务员退休基金为例，其在 2017 至 2022 年战略计划中便将基金可持续发展列为第一目标，该基金 2020 年投资于 ESG 全球股票基金的资金规模约 10 亿美元。

小案例

加拿大养老金投资管理公司：全球养老金领域实行 ESG 的典范

加拿大养老金投资管理公司（Canada Pension Plan Investment Board，CPPIB）自 1999 年接受“加拿大养老金计划”（Canada Pension Plan，CPP）第

一笔基金并进行第一次私募股权基金投资后，23年来，CPPIB贡献着超过8%的年化投资回报率。CPPIB 2021财年年报显示，其管理的基金规模达到4972亿美元，2011至2021年10个财年间，CPPIB净回报率达10.8%，惠及2000万供款人和受益人。CPPIB已然成为加拿大最大的投资管理机构和全球养老基金业的楷模，不仅被全球业界誉为“枫叶革命”，还被誉为全球养老金领域实行ESG的典范。

5.7.3 国内外ESG投资现状异同比较

1. 相同点

国内外ESG投资现状在维度选择、评价指标使用、ESG披露原则和对投资者及企业的引导效果上都存在相似之处，这些共同点有助于推动ESG投资在全球范围内的发展和普及。同时，不同地区和国家也会根据自身情况在ESG投资方面有所差异和特色。国内外ESG投资现状比较如表5-2所示。

表5-2 国内外ESG投资现状比较

<table>
<tr><th></th><th>国内ESG投资现状</th><th>国外ESG投资现状</th></tr>
<tr><td>相同点</td><td colspan="2">1. 维度相同，E/S/G三个维度下使用多个评价指标，且披露、评价、投资过程相互衔接
2. 各机构、组织和交易所的披露原则和细则引导进一步完善
3. 对投资有一定引导效果</td></tr>
<tr><td rowspan="3">不同点</td><td>国内ESG体系发展滞后，信息披露环境和数据基础较差</td><td>国外ESG体系发展时间较早，信息披露环境和数据基础较好</td></tr>
<tr><td>国内以政府引导为主；国内体系颗粒度不足</td><td>国外ESG体系多以自发形成为主</td></tr>
<tr><td>在国内，可能更加关注社会责任层面，并且国内的乡村振兴等指标在国外也较少涉及</td><td>国外的ESG评价可能更加注重企业的环境表现，如碳排放和资源利用情况</td></tr>
</table>

资料来源：作者整理。

（1）维度相同，E/S/G 三个维度下使用多个评价指标，且披露、评价、投资过程相互衔接。国内外的 ESG 投资现状都采用类似的三个维度，即环境、社会、公司治理。在这三个维度下，投资者通常使用多个评价指标来对企业或资产的 ESG 表现进行评估。这些指标涵盖了广泛的 ESG 因素，如碳排放、用水效率、员工福利、人权保护、董事会独立性等。

在 ESG 投资过程中，投资者通常会将 ESG 评价与财务评估结合起来，综合考虑企业的 ESG 表现对长期价值和风险的影响。ESG 评价的结果会指导投资决策，帮助投资者选择符合可持续发展标准的资产，并推动企业改进 ESG 表现以获得更好的投资回报。

（2）各机构、组织和交易所的披露原则和细则引导进一步完善。国内外越来越多的机构、组织和交易所开始关注 ESG 投资，推动企业披露 ESG 信息，制定披露原则和细则，以提高 ESG 信息的透明度和质量。这些原则和细则对企业披露的范围、内容、频率等方面进行了规范，使投资者可以更全面地了解企业的 ESG 表现。

在国际层面，联合国全球契约，国际整合报告理事会（IIRC），环境、社会和治理标准委员会（SASB）等组织制定了相应的 ESG 披露指南和标准，提高了全球范围内的 ESG 披露水平。

（3）对投资有一定引导效果。ESG 投资的兴起和推广对投资者产生了一定的引导效果。越来越多的投资者认识到 ESG 因素对企业长期价值和风险的影响，开始重视 ESG 投资，并在投资决策中引入 ESG 因素。

此外，ESG 投资的逐渐普及也对企业产生了影响。为了吸引 ESG 投资者和符合 ESG 标准的资金，越来越多的企业开始关注和改进其 ESG 表现，推动企业在环境、社会和治理方面做出积极的改变。

2. 不同点

国内外 ESG 投资现状的差异主要表现在 ESG 体系发展、ESG 评价指标和体系建设方式等方面。虽然国内 ESG 投资相对滞后，但随着政策支持和投资者需求的增加，预计国内 ESG 投资将逐步提升和发展。

（1）国内 ESG 体系发展相对滞后，信息披露环境和数据基础较差。国内 ESG 投资理念相对起步较晚，与国外相比发展滞后一些。国内在 ESG 数据收集、披露和质量方面还存在一些挑战。一方面，一些公司尚未充分意识到 ESG 披露的重要性，对 ESG 信息披露不够积极。另一方面，由于相关监管和政策的落地不完善，ESG 信息披露的规范性还不够强，导致信息披露的环境相对较差。

在国外，一些发达国家和地区已经建立了相对完善的 ESG 信息披露体系，许多企业自觉披露 ESG 信息并遵循国际标准。这为投资者提供了丰富的 ESG 数据来源，使其能够更好地进行 ESG 评估和投资决策。

（2）国外 ESG 体系多以自发形成为主，国内以政府引导为主。在国外，ESG 投资体系多数情况下是由投资者和金融机构主动自发形成的。这些机构因为越来越重视 ESG 因素，自行建立了 ESG 评估和投资流程，并根据市场需求推出了丰富多样的 ESG 投资产品。

相比之下，国内的 ESG 体系在很大程度上是由政府引导推动的。政府相关政策和监管机构的指导是推动国内 ESG 投资发展的重要力量。虽然政府引导能够推动整体 ESG 投资市场的发展，但在体系建设过程中可能会有一定的颗粒度不足，导致部分细节和个性化需求尚未得到充分考虑。

（3）国内外 ESG 评价指标存在差异（国情不一致）。ESG 评价指标的差异主要由国情、文化和社会因素等影响。在国内外，由于不同国家和地区的经济、文化、政治和社会环境不同，对 ESG 评价的重点和侧重方面可能会存在差异。例如，国外的 ESG 评价可能更加注重企业的环境表现，如碳排放和资源利用情况。而在国内，可能更加关注社会责任层面，如员工福利、供应链管理和社区贡献等，并且国内的乡村振兴等指标在国外也较少涉及。这种差异导致了国内外在 ESG 评价标准和方法上存在一定的差异。在国内，由于 ESG 评价标准还相对不统一，投资者需要根据不同的评价指标来进行投资决策，这增加了投资决策的复杂度。

第6章　企业环境议题管理

开篇案例

中远海运：争做航运企业低碳发展的排头兵

航运业是全球贸易的生命线，同时也是碳排放大户。国际海事组织（IMO）的数据显示，航运业的碳排放量约占全球人为活动排放总量的3%。作为全球综合运力最大的航运企业，中远海运始终把保护环境、节约资源放在企业发展的重要位置，坚持环境友好的经营策略，持续完善环境经营体系，在公司内宣传绿色环保文化，使用清洁能源、控制温室气体排放，发展循环经济，努力实现经济增长与生态环境保护的协调。

优化船舶性能，减少燃油消耗。中远海运建立了一套严密的日常动态监控体系，充分运用信息系统和各类监测手段，加强对船舶的日常动态监控，实现对船舶运营状况监控的全覆盖，主动优化航路选择，规避恶劣海况，合理安排抵港航速，减少燃油消耗。同时，为响应国际海事组织IMO2020限硫令，中远海运严格遵守相关国际规定，采用低硫油与安装脱硫塔相结合的方式，成功达到了IMO设立的硫排放上限要求。

严管污水排放，遵守固废管理。在航运过程中，中远海运严格管理船舶排放的压舱水和油污水，避免对海洋生态造成污染。所有船舶均配备了海水淡化设备，减少淡水消耗，并制订和实施了《船舶压载水管理须知》和《压载水管理计划》等制度文件，为船舶配备压载水处理装置，通过压载水的操作、更换、安全检查与记录四个环节，对压载水进行管理。为更好地保护海洋环境，中远海运坚持严管船舶垃圾、合规处理港口废弃物、开展船舶回收等行动，将航行过程中废弃物对海洋环境的影响降到最低。

关注气候变化，持续监测碳排放。中远海运持续监控并定期披露温室气体排放量，早在2010年就推出了碳排放计算器，用以协助客户计算其供应链上二氧化碳的排放量，推动供应链实现减排目标。中远海运不仅主动报告日常运营中的二氧化碳排放量，也管理和报告硫氧化物及氮氧化物的排放量，不断优化自身排放水平，保护冰川、海洋等自然环境。

2015年至2020年，中远海运的船舶燃油单耗、万元营业收入综合能耗、二氧化碳排放强度比2010年至2015年分别下降30%、27%、30%，目标2021年至2025年的万元营业收入二氧化碳排放量再下降10%至15%。2023年，中远海运荣登《财富》中国ESG影响力排行榜。

问题：

中远海运在环境管理方面采取了哪些措施？这些措施的侧重点分别是什么？

6.1 企业环境管理的定义、特征与理论基础

企业环境管理涉及资源消耗、污染防治和气候变化，是践行ESG理念的基础。本节将从企业环境管理的定义、企业环境管理的特征、企业环境管理的理论基础三个方面详细阐述。

6.1.1 企业环境管理的定义

国内外学者从不同视角对“环境管理”进行了定义，如表6–1所示。

表6–1 “环境管理”定义的文献梳理

视角	定义	代表学者
基于经营管理视角的环境管理	将环境保护活动渗透到设计、开发、采购、制造和废弃物处理等产品的整个生命周期中，进行绿色生产流程管理，尽量最小化企业经营过程中投入的带有污染性的原材料及化学物质对环境带来的负荷的过程。	李慧等（2022）

（续）

视角	定义	代表学者
环境管理	组织为减少环境影响而采取的组织和技术举措。	Molina 等（2021）
中小企业的环境管理	中小企业为保护环境而实施的行动，诸如减少能源和水的使用、自动关灯、废物回收和减少固体废物等。	Machado 等（2020）
主动的环境管理	环境管理是指通过主动的原材料管理、污染物的消除和减少、物料的回收和再利用以及自我调节来降低成本和减少污染的过程。	Potrich 等（2019）
绿色供应链管理	基于自然资源基础观将绿色供应链管理分为组织内环境管理和组织间环境管理。其中组织内绿色供应链管理主要指企业内部的环境管理实践活动，分为内部环境管理和生态设计两类。组织间绿色供应链管理主要指企业与上游供应商和下游消费者共同的环境管理实践活动，分为绿色采购、投资回收和消费者协作三类。	伊晟和薛求知（2016）

资料来源：作者整理。

近几年国内外学者分别从经营管理、企业规模、企业主动性、供应链等不同视角，对环境管理展开了研究。例如，伊晟和薛求知（2016）基于自然资源基础观将绿色供应链管理分为组织内环境管理和组织间环境管理，其中组织内绿色供应链管理主要指企业内部的环境管理实践活动，分为内部环境管理和生态设计两类，组织间绿色供应链管理主要指企业与上游供应商和下游消费者共同的环境管理实践活动，分为绿色采购、投资回收和消费者协作三类；Potrich 等（2019）认为主动的环境管理能够通过原材料管理、污染物的消除和减少、回收和再利用物料以及自我调节来降低成本和减少污染；Machado 等（2020）认为中小企业的环境行动包括减少能源和水的使用、自动关灯、甚至还包括废物回收、管理和减少团体废物；李慧等（2022）基于经营管理视角，将环境要素纳入企业经营管理活动中，将环境保护视为企业生产运营的重要方面，将环境保护活动渗透到设计、开发、采购、制造和废弃物处理等产品的整个生命周期中，进行绿色生产流程管理，尽量最小化企业经营过程中投入的带有污染性的原材料及化学物质给环境带来的负荷。

可以看出，目前学界对企业环境管理尚未形成统一的定义。根据国内外已有研究，基于环境投入产出思维，结合全流程管理理念，从过程的视角，本书认为，企业环境管理指的是企业针对资源消耗、污染防治和气候变化等有效地通过开展预防污染、循环利用等举措，降低温室气体排放，实现可持续发展的过程。

6.1.2 企业环境管理的特征

1. 综合性

第一，跨学科性。企业环境管理涉及自然科学、社会科学、经济学、法学等多个学科领域。环境问题的解决需要综合运用不同学科的知识和方法，例如环境科学、生态学、环境经济学等，以全面理解环境问题及其影响因素。第二，跨部门合作。企业环境管理涉及与多个政府部门和机构之间的合作。例如，环境保护部门、城市规划部门、交通运输部门、自然资源部门等。企业需要与这些部门共同合作，制定协调的政策和措施。第三，空间综合。企业环境管理需要考虑不同地区、不同生态系统的差异性。不同地区的环境问题有所不同，需要因地制宜地采取相应的措施。第四，时间综合。企业环境管理需要考虑长期性和短期性。一些环境问题可能是渐进式的，需要长期规划和持续改进。而一些环境问题可能是突发性的，需要紧急应对。第五，整体性。企业环境管理需要将环境问题和经济社会发展紧密结合起来。环境问题不能脱离社会经济发展单独考虑，需要寻求经济增长与环境保护的协调。第六，多利益相关方。企业环境管理需要考虑多利益相关方的需求和权益。政府、企业、社会组织和公众等都是环境管理的直接利益相关者，需要在决策过程中进行广泛的协商。

企业环境管理的综合性表明，需要更全面地认识和解决环境问题，促进环境保护与可持续发展目标的实现。只有综合考虑多方因素，才能找到更有效的解决方案，实现对环境资源的科学管理和有效保护。

2. 多层次性

第一，国际层面。环境问题通常是全球性的挑战，涉及多个国家之间的合作和协调。在国际层面，各国可以签署环境公约和协定，共同应对气候变化、生物多样性保护等全球性环境问题。第二，国家层面。各国政府都应该制定并实施环境政策和法律法规，为环境保护和管理提供政策支持。国家环保部门和相关部门需要负责对国家范围内的环境问题进行监测、评估和治理。第三，地区层面。在国家范围内，不同地区可能面临不同的环境问题和挑战。地方政府和地区环保机构需要负责制定地区环境规划和政策，适应地区特点，采取相应的环境管理措施。第四，城市层面。城市是环境问题的主要发生地，也是环境管理的重要对象。城市规划、交通管理、垃圾处理等都涉及城市层面的环境管理。第五，社区层面。在社区层面，居民可以参与环境保护和管理活动，推动环境教育和宣传，形成社区环保共识，共同参与环境保护。第六，企业层面。企业是环境的主要影响因素之一，因此企业层面的环境管理非常重要。企业需要采取环保措施，推动清洁生产和可持续经营。

在企业环境管理的过程中，企业需要与不同层面的主体相互配合、协调和合作。国际层面的环境合作对于解决全球性环境问题至关重要；国家层面的政策支持和法律法规对于统筹全国范围内的环境管理起着基础性作用；地区、城市和社区层面的管理则更贴近具体问题，能够因地制宜地解决环境问题；企业层面的环境管理则能够推动产业绿色升级和资源高效利用。综合多个层次的主体，才能实现全面、有效的环境管理。

3. 长期性

第一，持续监测与评估。企业环境管理需要持续进行环境监测和评估工作。通过实时或定期的环境监测，了解环境变化和环境问题，及时调整管理措施。第二，持续改进。企业环境管理要不断进行改进和创新，根据最新科学研究成果和技术进步，优化环境管理策略和措施。第三，长期规划。企业环境管理需要制定长远的规划，设定明确的目标和时间表。实现环境保护和可持续发展需要长期的规划和执行。第四，持续投入。企业环境管理需要持续投入资源，包括资金、技术、人力等，以保障环境保护工作的持续推进。第五，长远利益。企业环境管理关注的是长远利益，而不是短期的利益。环境问题的解决可能需要一代甚至几代人的努力，必须考虑长远目标。

由于环境问题的复杂性和长期性，企业环境管理需要跨越时间和空间，需要不断适应和回应新的挑战。只有坚持长期性的环境管理，持续推进环境保护和可持续发展，才能确保人类与自然的和谐共处。

4. 预防性

第一，提前规划。企业环境管理要提前进行规划，包括对环境影响进行预测和评估。在发展项目或制定政策之前，需要进行环境影响评估，预测潜在的环境问题，以便提前采取措施，防止问题的发生。第二，环境标准与管理。预防性环境管理强调制定和执行严格的环境标准和管理规范，包括设定污染物排放标准、资源利用限制等，限制有害物质的排放和环境资源的过度开发。第三，环境教育与意识提升。预防性环境管理通过环保教育和意识提升，提高企业员工对环境问题的认识水平，引导员工形成环保习惯和行为，从而减少环境损害。第四，企业自律。预防性环境管理鼓励企业主动承担环境责任，自觉遵守环境法律法规，实施环境保护措施，降低环境风险。第五，早期干预。预防性环境管理强调在环境问题初期采取干预措施，防止问题进一步恶化。对环境问题及时发现、及时干预，可以更有效地控制问题的扩大。

通过预防性环境管理，可以在问题发生之前采取积极的措施，避免或减少环境问题对生态环境和人类健康造成的不良影响。预防性环境管理是一种更为综合、有效的环境保护理念，有助于促进可持续发展和人与自然的和谐共处。

5. 全球性

第一，国际环境公约。全球参与的环境管理包括签署和执行各种国际环境公约，如《巴黎协定》《生物多样性公约》《温室气体协议》等。这些公约促使各国共同努力以应对全球气候变化、生物多样性保护等问题。第二，跨国环境合作。环境管理要求各国开展跨国环境合作，共同解决跨国界的环境问题，如跨境污染、气候迁移等问题。第三，国际机构参与。一些国际组织如联合国环境规划署（UNEP）、世界自然基金会（WWF）、绿色和平组织（Greenpeace）等在全球范围内推动环境保护和管理，提供支持和指导。第四，全球环境合作项目。各国可以共同发起和参与全球环境合作项目，共同解决特定的环境问题，如国际清洁能源合作、热带雨林保护计划。第五，全球环境意识。环境管理的全球参与还包括提高全球公众对环境问题的认知和意识水平。通过全球环境教育和宣传，推动全球公众形成环保意识，共同参与环境保护。第六，全球资源共享。环境管理的全球参与需要各国共享环保经验、技术和资源。发达国家可以为发展中国家提供环保援助，促进全球环境问题的共同解决。

通过环境管理的全球参与，各国可以共同合作，形成全球环保合力，推动全球环境问题的解决。全球参与的环境管理是实现全球可持续发展和共同繁荣的重要途径。

6.1.3 企业环境管理的理论基础

1. 外部性理论

外部性理论发展经历了马歇尔外部经济理论、庇古税和科斯定理三个形态的变化阶段。这三个阶段被可看作是外部性理论发展的三个重要节点。1880年，阿尔弗雷德·马歇尔在著作《经济学原理》中提出了一对相对的概念：外部经济和内部经济。内部经济是指企业内部的各种因素所导致的生产费用的节约，而外部经济是指企业外部的因素，例如供应商距离、交通因素、路途损耗减少等原因降低了成本和费用。这种分析方法给后来的学者打开了思路。Pigon（1920）作为马歇尔的学生，在理论上深受马歇尔的影响，扩充了“外部不经济”的概念和内容，通过分析边际私人产值和边际社会产值来解释外部性。当两种产值相等时，产品各项资源会达到最优配置，但实际情况下，二者往往会存在差异，这时候需要通过政府实施征税或者实行奖励补贴，实现外部效应的内部化，这就是庇古税的来源。科斯定理是在对庇古进行批判性思考的过程中产生的，主要观点是解决外部性问题可能可以采用市场交易手段，即用自愿协商替代庇古税。

外部性理论认为，企业之所以会出现负外部性问题，是因为在生产经营过程中以经济增长为第一目标，没有考虑或者说刻意忽略对外部环境的负面影响，没有将环境成本纳入成本管理体系，逃避应担负的社会责任。为解决这种问题，政府应该积极作为，通过出台相关法律法规进行环境规制约束，并且对于积极履行社会责任和进行环境披露、绿色创新的企业发放补贴和税收优惠，激励其他企业进行效仿。通过这些措施，可以使企业在相应的污染排放总量限额内进行排污，更为注重排放物的清洁预处理，并扩大污染物排放实时监测设备的覆盖面，利用后台大数据进行实时监控。在宏观政策的指导下，企业能够实现外部成本的内部化，从而将对外部环境产生的影响货币化计量，并转移到产品成本上进行分担，以此激励企业进行更进一步的创新节能生产，以降低产品成本，提升企业生产效率和经济效益。企业内部也要主动进行外部性成本管理和控制，增强绿色企业文化和社会责任感，自发主动地进行外部性成本的控制和治理。

外部性理论揭示了环境污染问题的产生源于企业在经营过程中没有考虑或刻意忽略了自身对环境可能产生的负面影响，因此在产权不明或市场失灵时，需要政府通过环境规制、税收等政策工具，强制企业内部化外部成本，以达到环境保护的目的。

2. 公地悲剧理论

公地悲剧理论源于公共物品的特性。一般而言，公共物品是相对于私人物品的概念，指由公共部门或政府所提供的、可供公众使用的物品。公共物品具有不可分割性、非竞争性和排他性三大显著特征。著名经济学家 Samuelson（1954）提出，正是因为人们对公共物品的消耗不能对他人的使用产生影响，所以每个人都可能会为了自身利益而无所限制地消耗公共物品。正是因为公共物品的这种属性，引发了“公地悲剧”，导致对资源环境的破坏。

“公地悲剧”理论认为，由于公地的特殊性质，人们都会最大限度地使用这类资源，来促进自己的利益最大化。这样必然会导致资源的过度开发与使用，最终出现资源枯竭。即使使用者明白这些潜在风险，但是他们并不关心资源是否枯竭。并且资源的公共物品属性又使得他们没有权利阻止其他人继续使用。这就导致所有人蜂拥而上，毫无限制地在资源尚可使用的时候尽可能多地占用。一旦每个使用者都抱着这种心态，最终的结果必然是资源彻底枯竭。“公地悲剧”产生的根本原因就在于公共资源的产权不清，被人们竞争性地使用和侵占。

“公地悲剧”理论阐述了环境污染问题产生的原因。环境属于典型的公共资源，所有人都可以使用这一资源，但是在使用的过程中并不会因为对其造成破坏而付出相应的代价，这就在一定程度上导致资源的使用者加快使用资源的频率，追逐自身利益的最大化。

3. 环境库兹涅茨曲线

库兹涅茨曲线由美国经济学家西蒙·库兹涅茨（1955）在研究收入分配状况与经济发展的关系时提出，该曲线描述的是人均收入状况与收入分配状况的关系，即在人均收入水平较低时，收入分配的不公平会随收入水平的提高而加剧；当收入水平达到一定程度时，收入分配会随着人均收入水平的提高渐趋公平。吉恩·格罗斯曼和艾伦·克鲁格（1991）在研究污染物排放量与经济发展之间的关系时，发现环境中污染物的排放程度与人均收入水平的关系也呈倒U型，西奥多·帕纳约图（1993）在其研究中发现经济增长与环境污染满足倒U型关系，并首次用“环境库兹涅茨曲线”一词来定义两者之间的关系，此后被国内外学者广泛应用于环境问题研究，并不断丰富发展形成“环境库兹涅茨曲线理论”，如图6-1所示。

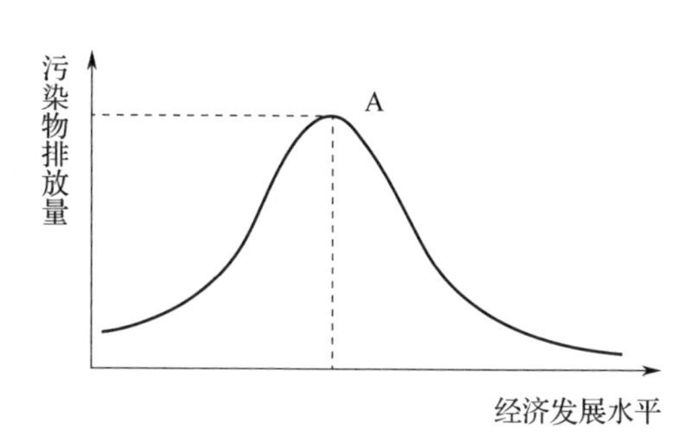

图6-1　环境库兹涅茨曲线

资料来源：作者整理。

在环境库兹涅茨曲线中，横轴代表经济发展水平，纵轴代表污染物排放量，在经济发展初期，即图6-1中的A点之前，随着经济发展水平的提高，污染物的排放量会增加，即污染物的排放与经济增长之间呈正相关；而当经济增长达到一定程度，即图6-1中的A点之后，污染物排放量将与经济增长呈负相关，此时经济发展水平的进一步提高会减少污染物的排放。所以污染物的排放随经济的发展呈现出先增加后减少的倒U型发展趋势。

环境库兹涅茨曲线理论阐述了经济发展与环境污染之间的关系。该理论通过环境质量与人均GDP的倒U形关系曲线，描述了经济增长与环境质量的关系，即经济增长早期环境质量下降，后期环境质量提高，反映了经济发展与环境保护的互动。理论显示仅依靠经济增长是不足以实现环境质量改善的，需要技术创新来减缓和扭转经济增长对环境的负面影响。

4. 排污权交易理论

排污权交易理论最早基于亚瑟·庇古（1920）提出的外部性理论和罗纳德·科斯（1937）的产权理论，而后经过约翰·戴尔斯（1968）的完善，该理论逐渐成为政府用于控制当地污染总量，实现环境污染外部性的内部化的政策工具。但关于这一政策工具在实践中究竟取得了什么样的效果这一问题，学者们持有不同的意见。学者们的分歧主要集中在该政策的经济效果上，特别是该项政策是否能诱发波特效应，提高企业创新能力。巴贝拉和迈康奈尔（1990）认为环保政策本质上是调节环境污染的负外部性，即将该外部性内部化，将污染的社会成本转化为私人成本。而根据新古典经济学的静态分析理论，环保政策规制必然导致企业成本上涨，降低企业利润。而迈克尔·波特（1995）认为严格且适当的环境政策能带来更高的生产率，从而提高企业利润。而且不同的政策评估方法也可能会导致政策效果评估产生差异。

从排污权交易理论的内容来看，排污权交易是指在控制总量的前提下，通过赋予企业合理合法的排污权利来提升企业治理污染的积极性，在此过程中，政府将根据辖区污染情况并结合企业经营状况进行初始排污权分配等。在一级市场分配完毕后，政府允许污染治理卓有成效的企业在二级市场上出售排污权，而需要排污指标的污染企业则需要在二级市场上购买排污权，从而在减少污染、保护环境的同时，通过市场机制对污染定价，以有效激励企业进行绿色技术创新。

排污权交易理论对企业的污染防治具有重要作用。排污权交易迫使企业面对“污染需要支付费用”这一经济激励，这比单纯的命令与控制更能促使企业自主减排。污染者需要购买排污权，而不是由政府或社会承担污染成本，有利于企业内部化外部成本。总体来说，排污权交易为企业污染治理提供了经济激励和灵活机制，既减少了污染又提高了经济效率，是一种行之有效的市场手段。

5. 公共治理理论

公共治理理论源于R. 罗德斯（1980）、格里·斯托克（1992）和斯蒂芬·奥斯本（2016）等人提出的新公共管理理论。在这一理论看来，公共治理是政府部门为了达到规范管理社会事务的目的，与其他相关部门和组织相互协调而构成的自组织网络模式，在这一治理网络中，责任明确，参与方各自负责相关的治理内容从而达到治理效果的最优化。从公共治理的内容来看，开放的公共管理是公共治理的基础，而广泛的公众参与则是公共治理的必然要求。公共治理的一个显著特点就在于广泛吸纳社会各阶层的利益相关者参与其中，开展平等对话，在具体的公共事务管理中，既有协调合作，又有相互监督，这种治理并不依靠政府部门的强制约束力，而是平等自愿的。

从公共治理理论的内容来看，它既对治理主体有着相应的要求，也对权力的划分和治理手段等有着明确的要求。首先，从治理主体来看，公共治理要求治理主体多元化，政府、社会或者是公民之间必须相互协作，共同发挥作用。其次，公共治理理论要求管理权力的划分呈现多中心、网格化的局面，这就意味着政府不再是公共事务治理的唯一权力中心，需要政府和社会的合作，形成一种公众参与、社会协作的模式。再次，公共治理需要各参与主体的相互信任和相互协作。只有各参与主体形成了价值共识、愿意相互协调、良性互动，才能实现对公共事务的有效管理。最后，公共治理的手段和方法多种多样。在不同的公共事务治理中，选择的治理手段和方法各有不同。从公共治理的一般手段来看，既有传统的政治、法律、政策法规手段，也有经济手段、文化手段等。

根据近年来的理论和实践，公共治理理论在污染治理中发挥了一定作用。根据公共治理理论的内容和要求，从污染治理的角度来看，必须形成完善的治理网络，以克服以往污染治理中政府部门管理分散的局面。通过平等对话的方式来打破各自为政的困局，促使各行政部门紧密协作、良性互动，提高公共事务管理效率，实现公众利益最优化。

6.2 E-CPC 模型的定义与重点应用行业

鉴于国际国内对企业环境管理的迫切要求，为提升企业环境管理的效能，促进生态文明建设，中国 ESG 研究院提出 E-CPC 模型。本节将详细阐述 E-CPC 模型的定义以及重点应用行业。

6.2.1 E-CPC 模型的定义

E-CPC 模型基于企业环境的投入产出思维，结合全流程管理理念，从过程的视角分析资源消耗、污染防治、气候变化、生物多样性之间的内在逻辑关系，明确企业环境管理需要关注的侧重点，对企业环境管理措施的落地具有十分重要的意义。E-CPC 模型如图 6-2 所示。

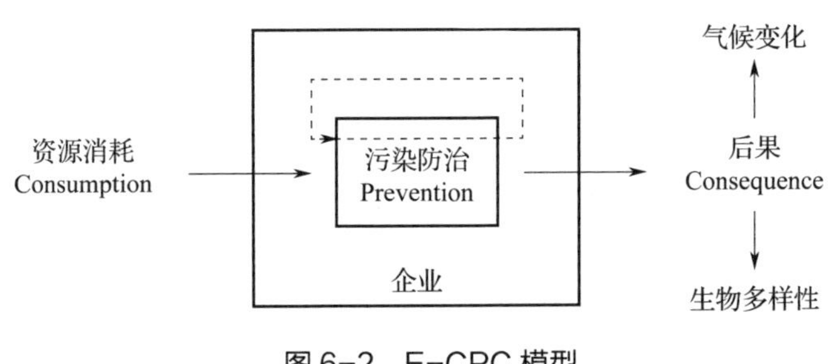

图 6-2　E-CPC 模型

资料来源：中国 ESG 研究院。

E-CPC 模型包含四项主要内容：资源消耗、污染防治、气候变化以及生物多样性。“资源消耗”指的是自然系统与社会经济系统对资源的利用和消费。资源包括自然资源及其产品，以及地球生态系统提供的其他服务功能。资源消耗主要包括对水资源、物料、能源以及其他自然资源的消耗。进一步可以细化为 14 个指标。“污染防治”指的是为了降低有害的环境影响而采用的（或综合采用的）过程、惯例、技术、材料、产品、服务或能源，以避免、减少或控制任何类型的污染物或废物的产生、排放或废弃。污染防治包括废水、废气、固体废物、其他污染物的源消减或消除、再利用、再循环、再生。进一步可以细化为 20 个指标。“后果”部分包括“气候变化”和“生物多样性”。“气候变化”指的是气候状态在长时间（通常是几十年或更长时间）内持续的改变，可以通过统计测试等手段来确定，并且气候变化既有气候系统内部的原因，也有外部的原因（如自然的变化或人类自然资源的持续耗用）。进一步可以细化为 9 个指标。“生物多样性”指的是组织资源消耗和环境污染对生态系统的影响。包括野生维管束植物丰富度、野生动物丰富度、生态系统类型多样性、物种特有性、受威胁物种的丰富度、外来物种入侵度共 6 个方面。

首先，企业的资源消耗是导致气候变化和破坏生物多样性的重要前因。资源消耗代表了企业在危害环境、破坏生态文明方面的“投入”，而气候变化和生物多样性是企业这类行为的客观“产出”。企业在生产与经营过程中，不可避免地会对水资源、物料、能源以及其他自然资源进行消耗。企业燃烧煤炭、消耗石油会排放二氧化碳和甲烷，堆放的工业固体废物会腐败并形成烷烃类温室气体；抽取地下水需要消耗电力，间接增加发电环节的温室气体排放；原材料的生产和运输都需要消耗能源，会带来相关的碳排放。这些温室气体聚集在地球大气层中，吸收地球长波红外线辐射，造成积热，导致地表温度升高，引发地球整体温度的持续上升。全球变暖会破坏原有的气候系统平衡，引起各种异常气候事件，表现为干旱、洪水增多、台风强度提高等状况频发，最终导致持续的气候变化和生物多样性的破坏。

其次，企业开展的污染防治能够在客观上延缓从资源消耗到气候变化和生物多样性破坏这一过程。一方面，企业针对资源消耗过程中可能产生的废水、废气、固体废物以及其他污染物提前采取预防措施，能够有效降低温室气体排放，降低资源消耗对全流程的“投入”，延缓气候变化这一“产出”发生的进程。通过优化能源结构、提升设备能效、开展工艺改造等措施，企业能够增加清洁能源如风能、太阳能、核电的比重，减少煤炭等化石燃料使用，降低能源消耗和碳排放强度，有效延缓气候变化和损害生物多样性的进程；另一方面，对废水、废气、固体废物以及其他污染物的循环利用也能够实现资源的回收，降低资源消耗对全流程的“投入”，从而延缓气候变化和生物多样性这一“产出”的发生。企业通过废水回收、工业固废再利用、余热循环等措施，能够收集和再利用工业废水及生活废水，减少生产过程中的碳排放，收集工业余热进行梯级利用或发电。这些措施将这些工业废物再循环使用，能够有效减少废水、废气、固体废物以及其他污染物的排放，延缓气候变化和生物多样性的破坏。

6.2.2 E-CPC模型的重点应用行业

1. 高能耗行业

高能耗行业主要包括钢铁行业与有色金属冶炼业。钢铁在生产过程中需要在高温下进行冶炼，燃烧大量的煤炭、焦炭等资源，消耗大量能源；有色金属冶炼业大多采用高能耗的热炼工艺，如烧结、烘烤、焙烧、熔炼等，这些操作需要消耗大量的自然资源。

E-CPC模型的第一环节为“资源消耗”，着眼于从“投入端”降低企业对自然资源的消耗与利用。对高能耗行业而言，从源头控制水资源、物料资源、能源以及其他自然资源的消耗，能够有效降低生产成本、提高资源利用效率、加速工艺技术升级、促进产业可持续发展。减少资源消耗能够助力高能耗行业走上可持续发展道路。

2. 高排放行业

高排放行业主要包括石油加工业与火力发电业。石油加工业在加工过程中需要大量燃烧燃料，增加了二氧化碳等温室气体的排放。石油提炼过程中生成的副产气也需要烧掉，这其中就含有甲烷等温室气体；火力发电业的主要燃料是煤，燃煤过程中会导致大量的二氧化碳排放。此外，我国火力发电企业基本还停留在传统的燃煤发电，缺乏低碳排放的新技术应用。

E-CPC 模型的第三环节为“气候变化”，着眼于从“输出端”减少企业的温室气体排放及其对生态环境的破坏。通过规划减排目标、核算温室气体、改进工艺与生产流程、强化温室气体排放全流程控制等方式，有效降低企业温室气体排放，推动企业环境管理体系建设，提高运营效率。借由开拓低碳技术的新兴市场，抢占先机，有效地助力高排放行业的可持续发展。

3. 高污染行业

高污染行业主要包括造纸业、采矿业、水泥建材业等。造纸原料中含有木质素、糊精、树脂等，这些物质在造纸过程中易产生环境污染。此外，还会产生大量废水，这些废水对环境的破坏非常严重。采矿业在生产过程中会产生大量含重金属等有害物质的矿石尾矿、矿渣，这些固体废料是主要的污染源。大量粉尘也会跟随通风系统进入大气，造成大气污染。采矿过程还需要大量水资源，排放的矿山废水含有重金属、悬浮物等，对水体造成严重污染。水泥建材行业在生产过程中，磨料、窑炼等工序会产生大量粉尘，燃料燃烧会造成二氧化硫、氮氧化物等大气污染。废水中含有悬浮物、重金属等，也会造成水污染。

E-CPC 模型的第二环节为“污染防治”，着眼于从“中间端”延缓企业资源消耗对气候变化的影响，降低企业生产与经营活动的负外部性。企业通过污染监测、烟气过滤、分类回收、循环利用等措施，降低废气、废水、固体废物以及其他污染物对环境的破坏，有效降低资源消耗产生的温室气体排放，助力高污染行业的可持续发展。

6.3 资源消耗的内涵与管理侧重点

资源消耗指的是自然系统与社会经济系统对资源的利用和消费，包括水资源、物料、能源以及其他自然资源的消耗。本节将逐一介绍相关指标体系及管理侧重点。

6.3.1 水资源

GB/T 24001—2016 环境管理体系标准中，“水资源”被定义为企业从自然界获取，在其环境管理体系控制范围内使用并向其环境管理体系控制范围以外排放的各种形式的水，包括地表水、地下水、海水等。水资源的消耗指标包含水资源使用管理、新鲜水用量、循环水用量、循环用水总量占总耗水量的比例以及水资源消耗强度等方面。

与水资源相关的测算指标如下，第一，水资源管理为定性指标，包含企业与水资源的相互影响，如取水、耗水和排水的方式与地点造成的水资源影响，或企业的活动、产品、服务产生的水资源影响。用于确定水资源相关影响的方法，如评估范围、时间框架、采用的工具或方法。处理水资源相关影响的方式，如企业如何与具有水资源影响的供应商或客户合作。企业的水资源使用目标、制定目标的过程，以及该过程如何适应企业所在地区水资源政策等内容。第二，新鲜用水量为定量指标，指的是企业取自各种水源的新鲜水取量中扣除外供的新鲜水量、热水、蒸汽等。第三，循环用水量为定量指标，是指水资源使用后被再利用的量。若水资源使用后未被再利用，则循环用水量为 0。第四，循环用水总量占总耗水量的比例为定量指标，指代的是循环用水量与企业消耗总水量的比值，企业总耗水量为新鲜水取量与循环用水总量的和。第五，水资源消耗强度为定量指标，是指每生产单位产品、功能、服务所消耗的水资源量。

小案例

联合利华实现水资源的可持续利用

联合利华是全球知名的日化产品生产企业，其工厂用水量巨大。为实现水资源的可持续利用，联合利华在全球工厂开展了节水技术改造。这些技术包括中水及雨水回收利用系统、水资源回收装置、无水技术清洗设备。与此同时，联合利华还实施管理创新，建立用水监测系统，对各工序用水进行计量统计，找到用水“高峰”并优化用水管理。通过这些措施，联合利华全球工厂的用水量减少30%以上。一些工厂实现近零排放，全部废水实现处理后可循环利用。

6.3.2　物料

GB/T 24001—2016环境管理体系标准中，“物料”是指环境管理体系控制范围内的原材料、中间产品、最终产品、副产品或废弃物等实物。物料的消耗包括物料使用管理、不可再生物料消耗量、有毒有害物料消耗量以及物料消耗强度。

与物料相关的测算指标如下：第一，物料使用管理为定性指标，是指企业在物料类型、获取方式、存储与运输等方面有管理方针。第二，不可再生物料消耗量为定量指标，指企业对不可再生实物的使用量，以吨或立方米来计算。第三，有毒有害物料消耗量为定量指标，指的是企业对有毒有害实物的使用量。第四，物料消耗强度为定量指标，是指每单位产品、功能、销售额所消耗的物料值，单位可以包括产量、尺寸、人员数、销售额等。

小案例

通用电气降低物料消耗

通用电气在航空发动机零部件生产中，使用3D打印技术替代了传统加工方法。3D打印可以根据部件形状设计材料堆积路径，实现定向分层堆积。这种精准添加的制造方式可以大大减少原材料的碎片化损失。经3D打印完成的部件基本没有多余材料需去除。统计显示，采用3D打印可以减少约40%的金属原材料损耗，大大降低了通用电气的物料损失。

6.3.3 能源

“能源”是指环境管理体系控制范围内的各种形式的能量输入和使用，包括电、油、气、煤及其他能源形式。能源的消耗包括能源使用管理、不可再生能源消耗量、能源消耗强度以及节能管理等方面。

相关的具体指标如下：第一，能源使用管理为定性指标，指企业在能源管理体系建设、使用清洁能源、提高用能效率、需求响应、员工节能意识及行动等方面的成效。第二，不可再生能源消耗量为定量指标，指的是煤炭、焦炭、汽油、柴油、天然气的使用量，单位为吨标准煤。第三，能源消耗强度为定量指标，是指单位产品、功能、销售额所消耗的能源量。第四，节能管理为定性或定量指标，是指企业在节电、节煤、节油、节气以及节约其他能源方面采取的措施。或采用定量指标，描述企业节电量、节煤量、节油量与节气量，单位为吨标准煤。

小案例

绿地集团的节能举措

绿地集团是中国知名的房地产开发企业。绿地集团在各类房地产项目的设计和建设中积极采用可再生能源技术，以降低项目开发过程中的能源消耗。在绿地开发的办公楼、商场、酒店、别墅区等项目中，广泛设置了光伏发电系统、地源热泵系统、太阳能热水系统等。这些系统可部分满足项目的用电、采暖、热水等需求。根据统计，采用可再生能源的项目，其年度能源自给率达到20%以上。如某绿地商业综合体的光伏发电可满足商场照明用电需求的30%，某别墅区的地源热泵供暖可减少70%的采暖能耗。

6.3.4 其他自然资源

根据GB/T 24001—2016环境管理体系标准，“其他自然资源”是指组织环境管理活动中，除水、原料、能源等资源外的其他来自自然界的资源。其他自然资源的消耗主要包含土地资源、森林资源、湿地资源、海洋资源的消耗。

其他自然资源的具体测量可以采用定性或者定量指标。定性指标可针对土地资源、森林资源、湿地资源与海洋资源等方面，描述企业活动、产品和服务对其他自然资源的消耗情况；定量指标可针对土地面积、木材用量、湿地面积、海洋面积等方面描述企业活动、产品和服务对其他自然资源的消耗量。

小案例

中海油：着力降低资源浪费

中海油是中国三大石油公司之一，渤海湾油田是其重要的石油资源开发区域。为实现油田资源的高效开发利用，中海油采用了智能化钻井技术，包括智能化井眼轨迹控制系统、测斜测井智能解释技术、岩心数据数字化分析等方法。这些智能化技术可以准确判断地层位置、预测油气产出，实现准确定位和定向钻井，使井位布置更科学合理，明显提高了钻井精度，减少了无效探索性钻井作业，提高了单井产能，降低了开发强度和资源浪费。

6.3.5　管理侧重点

1. 水资源管理侧重点

（1）提高用水效率，减少水资源浪费。第一，建立完善的水资源管理制度。相关部门要制定科学合理的水资源规划和水资源定额制度，对不同行业、不同时期的用水量进行严格控制，超量用水部分实行加价收费。还要加强水资源收费管理，完善水价形成机制，实现用水量与水费的挂钩。第二，推广先进的节水技术和设备。企业要积极采用先进的节水技术改造生产工艺，选用节水环保的生产设备。要定期检修水管网设施，杜绝泄漏。加强水循环利用系统建设，提高水资源重复利用率。第三，实施智能化水资源管理。应用互联网、物联网、大数据等信息技术建立智能化用水监控系统，对生产和生活用水情况实时监控，找出用水大户并提示用水异常情况，帮助管理部门提高水资源监管效率。

（2）应用先进技术，实现工业用水循环利用。第一，推广先进的水处理再生技术。要研发先进的水处理再生技术，对不同类型的工业废水，选用膜法、生物法、离子交换等技术去除杂质。净化达到再利用标准的中水可以在生产过程中循环使用。第二，构建工业园区中水回用系统。在工业园区内部构建中水回用的管网系统，收集不同企业的中水，送到中央处理站综合处理，达到规定水质指标后，再配送给有需求的企业循环使用。这可以充分发挥规模化处理的效益，降低企业自建成本。第三，建设企业内部中水回用设施。企业要针对不同生产工序的水资源消耗和废水产生情况，在厂区内部建设中水收集、输送、处理、存储、配水设施，实现工艺用水在不同车间、部门之间的内部循环。

（3）加强污水治理，达标排放工业污水。第一，选择先进的污染处理技术，针对主要污染物采取措施。不同类型的废水及其主要污染成分各不相同，企业必须结合自身实际情况选择使用先进、适用的污染处理技术和工艺。一般来说，要综合运用物理法去除悬浮物，运用化学法消毒及去除有机物，运用生物法处理有机物、氮磷等污染物，或者采用高级处理技术如膜法、臭氧氧化等。重点是要针对目标废水的主要污染成分采取有针对性的措施，确保达标排放。第二，重视日常运行与维护管理。核心是要落实污染处理设施的日常运行与维护管理制度，保证系统稳定、可靠、长期高效运行。要定期组织对关键处理工艺设备进行检修、更新、更换，针对易损件进行预防性维护。还要建立完善的运行记录制度，对运行参数、出水水质等重要数据进行档案管理。除了自行监测外，企业还必须定期聘请具有资质的第三方监测机构对废水、废气中的污染物浓度进行监测，以验证企业自行监测的准确性和可靠性。监测结果必须如实上报相关环境监管部门，接受社会监督。第三，制定突发事件的应急预案。在可能发生重大设备故障、自然灾害等突发事件的情况下，企业必须研究制定应急预案和响应机制，指定专门部门随时监测并快速反应，最大限度地减少污染物的非正常排放。

2. 物料资源管理侧重点

（1）选择合理的原材料，减少资源浪费。第一，评估并优化产品设计方案。在产品设计阶段，要进行生命周期评估，全面分析不同设计方案对资源的占用和对环境的影响。以减少资源消耗和环境负荷为优化方向，选择资源利用效率高的设计方案。同时要注意产品的可拆卸性、修复性、可再制造性等，延长产品使用寿命，减少重复消费。第二，优化生产工艺的材料转换效率。应用先进生产设备和工艺，提高材料的利用效率，减少原材料损耗。开展精益生产，减少不必要的材料运输和库存。并针对关键工序进行信息化和自动化改造，提高材料转换效率。同时要定期对生产过程进行节材评估和持续改进。第三，建立残余材料的回收利用机制。对生产过程中的边角料、残余料要落实分类回收利用制度，选择合理的再加工技术加以利用。将不可利用的部分分类送至专业回收企业进行再生处理。同时要加强统计分析，研究如何进一步减少残余材料的产生。

（2）加强生产过程管理，减少资源损耗。第一，优化生产流程，提高资源利用效率。企业要对生产工艺流程进行优化，实现敏捷生产，减少产品在各工序之间的等待和运输，缩短生产周期，提高设备和资源的利用效率。可以采用线性生产方式，减少返工和浪费。同时要盘点现有资源情况，合理规划生产排期，最大限度地发挥设备和人力效能。第二，优化运维管理，降低运行损耗。完善设备日常运行和维护保养制度，定期开展维保检修，减少运行故障造成的损耗。对易损件实行预防性更换，确保设备正常、可靠运行。合理安排生产计划，避免设备过度连续使用。还要定期对运维人员进行培训，规范操作。第三，推行精益生产模式，减少不必要的损耗。引入精益生产的理念和模式，提高资源配置的合理性。加强对关键资源的使用量监控和统计分析，找出和消除各类不必要的浪费和损耗。采用信息化手段对生产过程实时监控，快速发现异常情况并优化。

（3）建立循环利用体系，实现再生利用。第一，运用正确的预处理与加工技术。对于不同类型的资源，要选用合理的预处理技术，去除杂质和标签，进行初步处理。然后运用先进的加工技术，对其进行再制造或再加工，补充必要的原料，生成符合质量标准的再生产品或材料。同时，要针对不同材料选择适宜的加工技术。第二，搭建再生利用的信息平台。建立信息化的再生资源管理平台，实现对再生材料的需求和供给情况的信息收集与发布。平台上可以提供政策法规查询、典型案例展示等服务，便于企业进行再生利用的相关设计。第三，合理规划再生产品的销售渠道。企业需要针对不同类型的再生产品，研究确定合理的销售渠道。要加强再生产品的宣传推广，开展客户教育，树立绿色消费理念。还可以搭建线上交易平台，拓宽再生产品的销售网络。

3. 能源管理侧重点

（1）提高能源利用效率。第一，合理规划生产，平衡能源负荷。制订科学的生产计划，使设备保持高负荷、高效率运行，避免频繁开停机。合理安排各类高耗能设备的使用时间，避免峰谷能耗差异过大。同时，采用经济合同电价优化用电。第二，建立能源管理信息系统。利用物联网、云计算等技术手段，建立能源使用的实时监测和管理系统，对异常用能行为进行预警，指导节能优化，并生成各类统计报表，为企业节能决策提供依据。第三，实施用能考核和激励机制。层层落实节能目标责任，将能效指标纳入员工考核，对表现突出的个人和部门进行奖励。同时对过度用能的车间和员工进行约谈和处罚，形成节约用能的良好氛围。

（2）寻找清洁能源替代。第一，评估不同清洁能源的可获得性。企业要充分调研当地可获得的清洁能源形式，如风能、光伏发电等可再生能源，确定能够稳定获取的能源种类。要考虑能源转换的整体成本和运维条件，选择企业能承受的清洁能源方案。同时要评估电网供应的清洁电力的可获得性。第二，将清洁能源纳入企业战略发展规划。在企业发展战略和生产规划中，要将清洁能源纳入重要内容，制定清洁能源替代的中长期规划和路线图，明确替代目标、进度和资金投入。第三，与清洁能源供应商建立战略合作。与大型可再生能源生产企业进行战略合作，直接从其购买电力、氢能等清洁能源产品，可以获得更稳定的清洁能源供给以及更优惠的价格。

（3）加强能源使用监测和考核。第一，建立能源统计核算制度。企业要针对电力、天然气等主要能源种类建立全面的能源统计核算制度，配备专职人员和部门进行数据收集、整理和报告。要求各相关部门准确提供能源消耗原始数据。同时，建立数据质量检查机制，确保监测数据真实有效。第二，采用智能化监测设备和系统。在关键用能环节安装电力、燃料的智能监测计量装置，构建所有监测数据能够实现在线实时传输到企业的能源管理系统，进行集中存储和分析处理。第三，提供能源监测技术支持和服务。成立企业内部的能源管理技术服务部门，或者与专业机构合作，为一线车间和员工提供技术指导、运维保障等服务，保证监测系统的正常运行。

（4）其他自然资源管理侧重点。第一，遵守生物多样性相关法规政策。企业应充分了解并严格遵守《生物多样性公约》等国际公约和国家及地方的生物多样性保护法规政策，建立健全管理制度，从源头减少和避免对生态环境的破坏。第二，开展生物资源调查评估。在项目建设和运营前，企业要开展生物资源调查，评估项目可能对生境、植被、野生动物等造成的影响。找出存在的问题和不足，提出针对性保护措施。对于重要敏感区域尤其要高度审慎。第三，实施生态补偿和恢复措施。对已造成一定生物多样性破坏的区域，企业要积极开展生态补偿和恢复，如植被恢复、物种复育等，努力修复生态系统服务功能。同时要监测恢复效果，确保达到预期目标。第四，开展员工生物多样性培训。加强对员工的生物多样性保护理念培训，提高保护意识。让员工了解企业及个人在生物多样性保护中的责任，学会环保操作规程。并建立生物多样性监测报告制度。

6.4　污染防治的内涵与管理侧重点

污染防治指的是为了降低有害的环境影响而采用（或综合采用的）的过程、惯例、技术、材料、产品、服务或能源，以避免、减少或控制任何类型的污染物或废物的产生、排放或废弃。污染防治包括废水、废气、固体废物、其他污染物的源消减或消除、再利用、再循环、再生。本节将逐一介绍污染防治的指标及管理侧重点。

6.4.1 废水

根据GB/T 24001—2016环境管理体系标准，“废水”是指组织的活动、产品生产和提供服务过程中产生的、对环境具有一定污染或危害的废弃水体系。对废水的防治包括废水排放达标情况、废水管理、废水排放量、废水排放强度、废水污染物排放量、废水污染物排放强度、废水污染物排放浓度等方面。

相关指标的具体解释情况如下：第一，废水排放达标情况为定性指标，指的是企业是否符合本行业的废水排放标准以及确定达标的依据。第二，废水管理为定性指标，包括企业有无废水排放许可证，排污口是否申报与标识，废水污染物的种类、来源、贮存、流向、检测，废水防治设施的建设及运行情况。第三，废水排放量为定量指标，指工业废水量与生活废水量排放总和。第四，废水排放强度为定量指标，指单位产品、功能、销售额所排放的废水量。第五，废水污染物排放量为定量指标，指第一类与第二类污染物排放总量。第一类污染物包括：总汞、总铅、总镍等。第二类污染物包括pH、色度、悬浮物等。第六，废水污染物排放强度为定量指标，指的是单位产品、功能、销售额所排放的废水污染物量。第七，废水污染物排放浓度为定量指标，包括排放浓度、许可排放浓度限值、排放浓度超标数据。

小案例

宜家的节水之举

为加强对水资源的管理，宜家在商场屋顶设置雨水收集系统，对雨水进行过滤、存贮，以满足商场景观灌溉、地面冲洗等非饮用水需求。该系统包含屋顶排水口、输送管道、滤清设备、地下储水池、输水泵和配水管网。所有雨水经处理后进入储水池。储水池中的中水通过管网自流或泵送至商场园林，取代城市自来水用于浇灌，既节约水资源也培肥土壤。宜家商场的雨水收集利用系统每年可节约标准自来水约10000吨，减轻了商业用水对城市供水系统的压力。

6.4.2　废气

“废气”是指组织的活动和产品服务过程中产生的对环境空气质量具有污染或其他不利影响的气体废弃物。废气的污染防治包括废气排放达标情况、废气管理、废气污染物排放量、废气污染物排放强度、废气污染物排放浓度等方面。

废气相关的指标如下。第一，废气排放达标情况为定性指标，是指企业是否符合本行业的废气排放标准以及确定达标的依据。第二，废气管理为定性指标，包括废气排放许可证，废气排放口的申报、标识，废气污染物的种类、来源、监测，废气防治设施建设及运行情况。第三，废气污染物排放量为定量指标，是指氮氧化物、二氧化硫、颗粒物以及 VOCs 等其他废气排放总量。第四，废气污染物排放强度为定量指标，是指单位产品、功能、销售额所排放的废气污染物量。第五，废气污染物排放浓度为定量指标，包括日均浓度最小值、最大值、平均值，许可排放浓度限值，排放浓度超标数据及超标率。

小案例

奔驰汽车着力降低挥发性有机物排放

奔驰汽车在德国斯图加特的工厂包含大量汽车喷涂生产线，喷涂油漆会产生挥发性有机物排放。该工厂对每条喷涂线的废气均进行收集，经过酸碱中和、活性炭吸附等处理，确保 VOCs 排放达标。经统计，经过治理后的 VOCs 排放浓度仅为欧盟法规限值的 10%，大幅低于法规要求。

6.4.3　固体废物

“固体废物”是指组织的活动和产品服务过程中产生的对环境有污染或危害的固态废弃物。固体废物的防治包括固体废物处置达标情况、无害废物管理、无害废物排放强度、有害废物管理、有害废物排放强度等方面。

固体废物防治的具体指标如下。第一，固体废物处置达标情况为定性指标，是指企业是否符合本行业的固体废物处置标准以及确定达标的依据。第二，无害废物管理为定性指标，包括无害废物排污许可证，无害废物的种类、数量、流向、贮存、利用、处置等信息，无害废物的全过程监控和信息化管理。第三，无害废物排放强度为定量指标，指单位产品、功能、销售额所排放的无害废物量。第四，有害废物管理为定性指标，包括有害废物的种类、数量、流向、贮存、处置等信息，有害废物的全过程监控和信息化管理。第五，有害废物排放强度为定量指标，指单位产品、功能、销售额所排放的有害废物量。

小案例

金隅集团：协同处置固体废物

金隅集团是我国重要的水泥生产企业，其多个水泥生产线拥有协同处置固体废物的技术条件。为解决部分城市生活垃圾处置问题，金隅集团与地方政府合作，利用水泥窑进行垃圾处置。城市生活垃圾经过分类、破碎、混合后，被送入水泥回转窑高温燃烧，在1000摄氏度至1400摄氏度的高温下，垃圾发生分解，实现无害化。水泥窑协同处置技术可以处置各类城市生活垃圾，包括餐厨垃圾、纸类、塑料、布料、橡胶等，处理效率高。金隅集团各水泥工厂年均可处置生活垃圾超60万吨。

6.4.4 其他污染物

根据GB/T 24001—2016环境管理体系标准，“其他污染物”是指组织的活动和产品服务过程中产生的除废水、废气和固体废物之外的其他污染物排放。

其他污染物防治的指标为定性指标，包括企业在控制其他污染物排放方面所采取的行动与措施，如企业针对噪声污染、放射性污染、电磁辐射污染的管理方针。

小案例

中国电信的可持续发展

中国电信为解决通信基站耗电问题，在一些地区开始使用风力发电塔替代传统信号铁塔。直升式风力发电塔整合了通信基站天线和小型风力发电系统，可以为基站供电，同时发挥信号覆盖作用。相比铁塔，风力塔占地面积小，对土地资源影响低，同时造型轻盈，不会严重影响城市景观。此外，转动的风机叶片对鸟类影响也较小。风力发电可为基站提供自给电力，降低能源成本，特别适合偏远地区应用。

6.4.5　管理侧重点

1. 废水管理侧重点

（1）分类收集废水，避免交叉污染。第一，识别不同废水类别和特征。企业首先要充分识别生产和生活废水的类型和主要污染特征，如含油废水、含酸废水、有机废水等。要掌握不同废水的 pH 值、COD 等参数。同时要分析不同废水对下一处理步骤和环境的影响。第二，制定分类收集方案。根据不同废水特征，制定分类收集方案，在设备布局及生产流程设计时考虑废水分类收集系统。要设计合理的收集管道数目、口径和材质，确保满足最大排污量需求。第三，设置排水沉淀池或缓冲罐。在废水排放前要设置沉淀池或缓冲罐，用于废水的初步沉淀处理，减少向管网排放的悬浮物。同时作为不同废水类别的缓冲容积，调节不同废水的排放节奏。第四，明确管道标识，严禁交叉连接。对不同类别废水的收集管道要进行明显标识，不同颜色的管道表示不同性质的废水。严禁不同废水管道之间交叉连接。第五，分类预处理再联合处理。收集后根据废水类别进行分类预处理，去除特定污染物。再将不同类别废水统一送到后续联合处理装置，通过深度处理达到排放标准。第六，加强联合处理系统调节能力。后续的联合处理系统要具备自动调节的功能，能适应不同废水的流量和成分变化情况，保证处理效果。

（2）采用清洁生产技术，减少废水产生。第一，开展清洁生产诊断。通过对企业原有生产工艺和设备进行全面的清洁生产诊断，找出生产过程中的污染环节和源头，分析污染产生的原因，提出清洁生产改造方案。第二，加强物料管理，减少源头污染物。从源头控制生产中使用的原材料种类，限制含汞、铬、砷等有毒有害物质成分的物料使用，代之以环境友好型物料，减少生产过程中的污染物产生。第三，建立清洁生产标准体系。研究制定包括水、气、固废在内的清洁生产评价标准，定量考核生产过程的污染物产生量。并将标准纳入企业管理和评价体系中，不达标则不能投产。

2. 废气管理侧重点

（1）安装颗粒物过滤装置，减少粉尘排放。第一，选择合适的颗粒物过滤装置。根据不同工艺、不同粉尘特征，选择布袋除尘器、电除尘器、水洗除尘器、陶瓷滤芯等合适的过滤装置。注意装置的过滤精度要满足排放标准要求。第二，优化装置运行参数。针对需要处理粉尘的性质，优化装置的运行参数，如流量、压强、过滤速度等。还要考虑颗粒物的黏着性、磨蚀性等对装置的影响。第三，设置在线监测装置。企业要为颗粒物过滤系统增加在线监测装置，对入口颗粒物浓度和出口排放浓度进行监测。一旦出现异常及时发出警报和处理。

（2）选用低毒性燃料，减少污染气体排放。第一，研究选择新型清洁燃料。可以选择天然气、生物质能等清洁燃料，以及低硫煤、洁净煤等低污染燃料进行逐步替代。企业需要考虑燃料的可获得性及相关设备改造成本，制订切实可行的替代计划。第二，改造燃烧系统配套设施。为匹配新型燃料，要改造锅炉燃烧系统、空气预热系统等配套设施，实现高效燃烧。还要考虑新型减排烟气脱硫脱硝设施的配置。第三，调整优化燃料燃烧参数。针对新燃料的燃烧特性，要调整控制燃料输入量、供风量等参数，优化燃烧条件，使燃料充分燃烧从而减少产污。

（3）监测烟气成分，保证达标排放。第一，选择先进的监测设备与系统。企业要为烟气监测选择先进的采样系统、在线分析仪器、信号传输装置等，组建自动化的监测系统。确保能够对烟气中的颗粒物、SO_2、氮氧化物、VOCs等成分进行准确监测。第二，合理设置监测点位。要根据企业炉窑布置情况，在烟气管道合理设置代表性监测点，能够全面监控各个排放单元的烟气排放情况。监测点位置应便于采样、代表性好，避免管道弯头处。第三，制订科学的监测计划。明确监测项目、监测点位、监测频次、监测方法等内容，形成科学合理的烟气监测计划。不同参数、不同点位可以设置不同的监测频次。监测方法要符合国家相应的技术规范标准。

3. 固体废物管理侧重点

（1）分类收集固废，避免污染。第一，制定科学的固体废物分类方案。根据固体废物的种类特征和处理方式要求，制定科学合理的分类收集方案。一般设置可回收物、蔬菜垃圾、有害废物等分类收集容器或场所，备齐收集工具。同时应设置清晰的标识，如颜色区分。第二，设置暂存间或贮存场所。在固体废物产生点要设置暂存间，配备标准收集容器，定时转移。有害废物要单独贮存在专用的贮存场所内，防止污染外泄。要定期清运，不得长期堆积。第三，选择合适的收集容器。收集容器要选择非吸水、耐腐蚀、可清洗的材质，分类容器要色彩鲜明，并标明类别。容器要密闭、不渗漏、有防风雨遮盖。口径大小要适合内容物性状。第四，设置明确的收集节点。在公共区域、办公区域、生产车间等设置科学合理的固体废物收集节点，定点投放。位置要便于操作，同时避免影响环境卫生和通行。每个节点要安装指示牌，提示分类投放方法。第五，避免混合收集与暴露。操作过程中要严格按类别收集，避免把不同种类的固体废物混合收放一起。收满及时转移，不在产生点暴露堆放。避免不分类现象，造成二次污染。

（2）建立固废处理处置系统，减少环境影响。第一，遵守国家固废处理处置标准。各类固废处理处置要严格遵照《固体废物污染环境防治法》和地方法规及处置标准的要求，选择安全、无害化的处理处置方式，杜绝野蛮堆放、露天焚烧等造成二次污染的行为。第二，研究选择处理处置技术和设备。根据固废类型，选择物理化学处理、生物处理、升级再利用等处理技术，配置粉碎、蒸馏、脱水、生化反应等处理设备，实现资源化或无害化。第三，建立信息化处置管理系统。固废处置需建立信息化管理系统，实时记录固废流向、处理处置全过程数据。利用条码等识别技术，实现固废的可追溯管理，以便监管。第四，定期维护和更换设施设备。制定设备设施的维保制度，定期对设施设备进行检修维护，确保处置系统的稳定高效运行。针对易损件做好预防性维护，必要时进行更新改造。

（3）加强固废装卸运输管理，避免二次污染。第一，选择专业的固废运输企业。企业要选择有资质的固废运输企业，其应取得危险废物经营许可证等相关证照，具有规范的固废运输管理制度和应急处理预案，拥有防泄漏的运输工具等。第二，使用标准化的固废容器和包装。固废要装入完整、不渗漏的标准容器内，如置于防渗漏塑料桶或金属桶内。容器要选择合适规格，并留有一定余量。外部要用防磨防泄漏包装材料加固包装，还要贴上标识。第三，合理运输工具和行驶路线。要选择封闭、防泄漏的运输工具，保证内部无明火、防滑等。行驶路线要避开人口密集区，尽可能短且就近，以减少运输时间及风险。第四，设置隔离区临时存储。企业内部要设置专门的固废临时存储隔离区，防止固废遭受外来干扰。存储要分类分区，防止混合反应。存储区周围要设置围堰，以防泄漏扩散。并控制存储时间，避免大量堆积。第五，建立运输过程监控制度。在运输过程中，要实时监控所运固废情况，确保运输工具状态良好，行驶安全。

4. 其他污染物管理侧重点

（1）严格控制噪声、振动、辐射等污染。第一，确定主要的噪声、振动、辐射源。对企业生产过程及设备进行全面调研，确定噪声、振动、辐射的主要产生源，测试其超标程度及受影响范围。第二，优化生产工艺和设备布局。可以通过调整生产工艺流程、合理布局设备的相对位置，使噪声、振动源与员工区隔离，增加距离。采用低噪声设备，减少噪声源数量。划定生产区与办公区，减少交叉影响。第三，安装消声隔声设施。在噪声和振动设备周围安装音罩、隔声屏障、箱体等设施，减弱声源的传播。对波及范围较广的，可以设置厂房隔声墙，减少噪音向外围扩散的影响。第四，引入黏滞质地大型缓冲带。在设备的接触地基处铺设特殊材质的缓冲条带，增大系统内部摩擦，吸收能量，起到减震作用，降低振动的外传。第五，优化器械结构，降低振动。通过优化设备本体、传动系统的动态平衡和配重，可以减少机械振动的产生。设计合理的锚固方式，控制振动在源头的产生。第六，合理布置屏蔽与通风。对于射线、电磁辐射设备，要合理设置辐射屏蔽墙，控制照射方向。对需要排热的，要保证良好通风条件，防止升温过快。

（2）加强员工环保意识，杜绝随意排放。第一，开展多形式的环保宣传教育。采用环境保护知识培训、案例警示、标语提示、手册发放等多种形式，向员工灌输环保知识，增强环保意识。设立“环境日”“绿色家园”等主题活动，营造浓厚氛围。第二，设置明确的环保操作流程。在生产和办公区域设置分类垃圾桶、固废暂存间等环保设施。制定清晰的环保操作流程图，要求员工遵守相关使用规定，杜绝错位排放。第三，建立员工环境管理提案机制。鼓励员工对工作中存在的环境问题或改进意见提出建议，采纳合理化建议，给予表彰和奖励。

6.5　气候变化的内涵与管理侧重点

气候变化指的是气候状态在长时间内持续的改变。气候变化既有气候系统内部的原因，也有外部的原因。针对气候变化的管理主要包括温室气体排放与减排管理。本节将逐一介绍气候变化的测算指标及管理侧重点。

6.5.1　温室气体排放

根据 GB/T 24001—2016 环境管理体系标准，“温室气体排放”是指组织活动向环境直接或间接地释放的二氧化碳等吸收和重新发射红外线辐射的各类气体的总和。温室气体排放包括温室气体来源与类型、范畴一温室气体排放量、范畴二温室气体排放量、范畴三温室气体排放量、温室气体排放强度等方面。

温室气体排放的具体指标如下。第一，温室气体来源与类型为定性指标，指的是企业描述排放温室气体的生产运营活动、列出排放的温室气体类型。纳入考量的气体有：二氧化碳、甲烷、氮氧化合物等。第二，范畴一温室气体排放量为定量指标，指的是直接温室气体排放，即企业拥有或控制的温室气体源的温室气体排放，如固定源燃烧排放、移动源燃烧排放、逸散排放、制程排放等。第三，范畴二温室气体排放量为定量指标，指的是能源间接温室气体排放，即企业因消耗外部电力、热力或蒸汽进行生产而造成的间接温室气体排放。第四，范畴三温室气体排放量为定量指标，指的是其他间接温室气体排放，即因企业的活动引起的或由其他企业拥有或控制的温室气体源所产生的温室气体排放，不包括能源间接温室气体排放。第五，温室气体排放强度为定量指标，指的是单位产品、功能、销售额所产生的温室气体排放量。

小案例

达美航空努力实现碳中和

作为大型客运航空公司，达美航空的业务会产生大量碳排放。为实现碳中和，达美航空采购碳排放额成为其重要举措之一。达美航空通过碳交易市场购买碳信用，抵消航班燃油燃烧排放的等量二氧化碳。该举措帮助达美航空实现碳中和，展现了企业的环境责任担当，获得了广泛的社会认可。同时，碳抵消也帮助达美延缓了碳税的经济成本压力，具有一定经济效益。

6.5.2 减排管理

“减排管理”是指组织采取各种措施持续降低污染物排放总量的活动。减排管理包含温室气体减排管理、温室气体减排投资、温室气体减排量、温室气体减排强度等方面。

具体而言，第一，温室气体减排管理为定性指标，指的是企业具有针对范畴一温室气体、范畴二温室气体以及范畴三温室气体的减排目标及措施。第二，温室气体减排投资为定量指标，指的是企业针对范畴温室气体减排的投资额。第三，温室气体减排量为定量指标，指的是企业针对范畴温室气体的减排总量。第四，温室气体减排强度为定量指标，指的是单位产品、功能、销售额所产生的温室气体减排量。

小案例

绿地集团的碳排放管理

绿地集团作为我国房地产龙头企业，高度重视企业建设和运营过程中的碳排放管理。在项目建设方面，绿地积极采用装配式建筑，减少材料碎片化和现场混凝土浇筑，大幅降低施工碳排放。在项目运营方面，绿地新增的楼盘和写字楼全部采购可再生能源电力，降低温室气体排放。根据统计，与传统建筑企业相比，绿地采用装配式建筑减少了施工碳排放约 50%，购买绿色电力也使碳排放量降低了约 30%。下一步，绿地将继续加大减排技术研发投入，并丰富碳中和解决方案，在产品全生命周期降低碳足迹，实现净零碳排目标。

6.5.3 管理侧重点

1. 减排目标管理

（1）根据国家环境规划以及行业标准确定减排目标。第一，深入学习了解国家环境规划。企业要高度重视国家五年环境规划、“十四五”环境保护规划等文件，深入学习掌握规划的总体要求、主要目标、重点任务以及时间表、路线图等内容。特别要关注本企业所属行业的相关部署。第二，评估适用的污染物减排技术。根据国家环境规划提出的技术进步要求，研究评估国内外先进污染治理技术的发展状况，分析在本企业的适用性及对标情况，确定具体的技改方向。第三，考量区域环境质量现状和目标。依托企业所在区域的环境状况监测结果，了解当前的环境质量现状，参考地方环境规划提出的环境质量改善目标，分析企业的相应治理需求。第四，研究相关行业的污染减排标准。要深入研究国家及地方针对本行业颁布的各类污染物浓度限值标准，以及标准提出的达标时间表要求，并跟踪新标准的制定与调整动向。第五，聘请第三方开展治理需求评估。可以聘请具有相关资质的评估机构，对企业现有的污染处理技术进行诊断，并根据最新环境规划、标准要求开展减排需求评估，提供治理建议。第六，明确阶段性的减排目标和时间表。根据研究结果，结合企业实际，科学合理地制定未来 3 年至 5 年的阶段性减排目标，如先后对不同污染物提出达标时间要求，并形成具体的环境规划和路线图。

（2）采取有力度的考核机制，确保完成减排目标。第一，建立责任制度，确保目标落实。企业要将减排目标分解落实到相关责任部门和人员，签订责任书，作为年度目标管理和考核的内容。各部门也要细化分解目标，层层签订责任状。第二，将减排目标纳入绩效考核。将完成减排目标的情况纳入对相关部门和人员的绩效考核体系中，作为重要绩效指标之一。建立与绩效挂钩的奖惩机制。第三，开展定期的减排目标检查。由企业领导或专门的督查组对目标完成情况开展季度或月度检查，采取定点督查和不定点督查相结合的方式，检查内容要翔实全面。第四，建立预警机制防止目标落空。如果检查发现目标出现完成风险或难以达成时，要及时预警相关责任部门和人员，限期提出整改措施，并建立月度预警机制，避免年底目标无法达成。第五，建立问题问责和处罚机制。对于长期无法完成减排目标的部门和个人，要进行问责，组织约谈或进行通报批评。对存在失职渎职甚至弄虚作假行为的要进行严肃处理或给予处罚。

2. 排放统计与核算

（1）对各类温室气体排放源进行全面核算。第一，确定核算范围与方法标准。根据国家和行业标准要求，确定企业温室气体排放核算的边界和范围，一般至少覆盖直接排放和间接排放。同时确定采用的排放因子来源和核算方法标准。第二，识别主要的排放源。对全部生产经营活动进行温室气体排放源清查，识别主要的直接排放源和间接排放源，重点关注能源消耗、工艺排放、备品等造成的排放。第三，收集各排放源的活动数据。通过调阅记录、测量仪表、现场调查等多种手段，收集各排放源的活动数据，如燃料消耗量、输入原料数量、产出量等，数据要完整可靠。第四，选择合适的排放因子。针对不同排放源，选择权威的排放因子进行排放量计算，如国家或行业标准因子。部分特殊排放源可通过采样分析确定因子。第五，采用恰当的计算方法进行测算。根据收集的活动数据，采用不同的计算方法估算各排放源的温室气体排放量。要确保所选方法与数据具有较好的匹配度。第六，开展核查验证确保质量。通过对比分析、质量检查等方式，对核算结果进行内部核查验证，确保结果的准确性。必要时可委托第三方开展核查，进一步验证质量。

（2）掌握企业不同过程的碳排放情况。第一，建立碳排放监测标准体系。企业要根据国家和行业监测标准，结合企业实际，制定适用的碳排放监测质量保证与质量控制体系，包括监测方法、监测点设置、监测频次、数据管理等内容。第二，明确关键碳排放点位。通过碳排放的全过程调查评估，识别出企业从能源使用、生产过程到产品输出等各个环节的关键碳排放点位，即重点监测对象。第三，采集关键业务活动数据。针对识别出的关键碳排放点位，要采集包括原材料消耗、能源使用、产品输出等各项关键业务活动的数据，数据要保证完整准确。第四，选择合适的碳排放计算方法。参考国内外通行的碳排放计算方法，选择合适的计算模式，根据不同业务活动数据，采用恰当的排放因子，计算各关键点位的碳排放量。第五，建立信息化的碳排放监测系统。利用物联网和数字化手段，搭建企业关键点位的碳排放数据自动采集和传输系统，实现碳排放监测信息化，确保数据的及时性和可靠性。第六，建立碳排放数据库。收集的各点位碳排放数据要进行集中处理，建立统一集成的企业碳排放数据库，并设置不同权限进行管理，方便查询与分析。

3. 减排技术管理

（1）开展工艺改造，引入节能技术，提升能效。第一，淘汰落后生产线设备。要对一些落后的生产线进行全面技术评估，对能效低下的需要考虑及时淘汰，更换先进的节能设备。第二，对余能和余热进行回收利用。对于钢铁冶炼、石化等高耗能行业，积极推行余热余压回收利用技术，通过热交换器等设备进行再利用，减少新的能源消耗。第三，建立能效监测和考核机制。在重要用能环节安装监测仪表，对能源使用情况进行实时监控。并将能效指标纳入部门和员工绩效考核体系，按月或季度进行评价。

（2）加强计量管理，降低过程损耗。第一，明确计量管理的范围。要对生产过程中的输入和输出实物量进行全面调研和统计，找出主要的能源消耗、原材料消耗、产品产出等计量环节，确定计量管理的重点范围。第二，选购配置先进精准的计量设备。根据重点计量范围，选择安装准确可靠的先进计量设备，如电子秤、流量计、在线采样分析仪等。设备要定期进行精度校验和维护保养，保证计量准确。第三，建立标准化的计量操作规程。制定科学规范的计量操作规程，包括计量环境、对设备的检查保养、计量方法步骤、数据记录等，规范操作人员的各项行为，减少操作误差。第四，实施全过程的计量质量管理。建立严格的质量管理程序，对计量环境、设备、人员等相关因素进行全面的质量控制，对计量活动的各个环节实施监督，确保计量质量。第五，广泛应用自动化计量技术。在原材料消耗、能耗使用、产品输出等环节推广应用自动化计量系统，使用传感器、PLC 等实现过程参数的自动采集与传输，降低人工计量误差。第六，建立电子化的计量数据管理系统。使用信息系统收集和处理各类生产计量数据，形成统一的计量数据库，进行系统性分析，发现异常及时预警，为管理决策提供依据。

4. 碳核查与信息披露

（1）定期聘请第三方核查企业温室气体排放数据。第一，选择资质认证完备的核查机构。企业要选择资质认证完备、信誉度高的第三方温室气体核查机构。核查机构应取得环保部门的核查资质，且无利益冲突，能够独立、公正地开展工作。第二，充分了解企业的核算方法。核查机构应详细了解企业自行核算的范围、方法、过程、数据来源等情况，对企业采用的活动数据、排放因子、计算公式等做到充分理解。第三，检查核算过程的标准性。核查机构将检查企业核算是否遵循国家及行业标准的要求，包括监测频次、数据来源、计算方法选择等是否符合标准规定。第四，评估关键数据的完整性与一致性。对企业提供的原始活动数据进行评估，看其是否完整，无遗漏，无错报。并与财务报告等数据进行核对，检查一致性。第五，评估排放因子的适用性。判断企业选用的排放因子是否与其实际情况匹配，是否有权威可靠的来源，使用是否适当。对部分特殊因子要进行具体评估。第六，抽查核算过程的准确性。采用抽样的方式，对企业部分核算环节的原始数据、选择方法及计算过程进行重新核算，以验证企业自行核算的准确性。第七，出具第三方核查报告。第三方核查机构应在总结评估的基础上，正式出具核查报告，对核查结论做出明确说明，以供企业改进。

（2）主动披露碳排放信息。第一，主动公开关键的环境信息。要按照信息披露标准的要求，主动公开环境影响评价、环保设施运行、污染物排放监测等关键环境信息。还要设置专门的公示栏，及时公布突发事件信息。第二，支持媒体的采访和报道。对外邀请媒体记者对企业环保设施及管理进行采访报道，公开接受社会监督。积极邀请第三方环境监测机构参与重要信息披露。第三，建立环境信息披露责任制。要明确环境信息收集、整理、报送、审核、发布等环节的负责部门和人员，形成披露工作的责任链，确保各环节的顺利开展。第四，及时回应社会关切的问题。对公众和媒体提出的相关疑问要及时回应，就可能产生的误解进行澄清。对存在的问题也要主动公开并整改，态度诚恳。第五，聘请第三方开展信息披露评估。可以定期聘请权威机构对企业环境信息公开情况进行评估，提出完善意见。充分发挥第三方评估的督促作用。

6.6　生物多样性的内涵与管理侧重点

生物多样性指的是组织资源消耗和环境污染对生态系统的影响。包括野生维管束植物丰富度、野生动物丰富度、生态系统类型多样性、物种特有性、受威胁物种的丰富度、外来物种入侵度等方面。本节将逐一介绍生物多样性的指标内涵及管理侧重点。

6.6.1　野生维管束植物丰富度

GB/T 24001—2016 环境管理体系标准的引言部分明确指出，生物多样性减少给环境造成的压力不断增大。ISO 14001：2015 中虽然没有专门针对生物多样性的章节，但是它的核心要求和指南鼓励组织考虑环境污染和资源消耗对生态系统的影响，包括生物多样性。标准要求组织识别和管理那些可能对生物多样性产生影响的因素，如土地使用、废物管理、排放、资源使用和物种保护等。HJ 623-2011 中，生物多样性指所有来源的活的生物体中的变异性，这些来源包括陆地、海洋和其他水生生态系统及其所构成的生态综合体等，这包含物种内部、物种之间和生态系统的多样性。具体包括野生维管束植物丰富度、野生动物丰富度、生态系统类型多样性、物种特有性、受威胁物种的丰富度、外来物种入侵度等方面。

野生维管束植物丰富度指被评价区域内已记录的野生维管束植物的种数（含亚种、变种或变型），用于表征野生植物的多样性。城市建成区中的外来植物，如果在建成区外有野生分布，则纳入统计范围；如果在建成区外没有野生分布，则不纳入统计范围。

6.6.2 野生动物丰富度

野生动物丰富度指被评价区域内已记录的野生哺乳类、鸟类、爬行类、两栖类、淡水鱼类、蝶类的种数（含亚种），用于表征野生动物的多样性。在江（河）、海之间洄游的鱼类、生活在咸淡水交汇处的河口性鱼类可视为淡水鱼类。

6.6.3 生态系统类型多样性

生态系统类型多样性指被评价区域内自然或半自然生态系统的类型数，用于表征生态系统的类型多样性。生态系统以群系为类型划分单位。

6.6.4 物种特有性

物种特有性指被评价区域内特有的野生哺乳类、鸟类、爬行类、两栖类、淡水鱼类、蝶类和维管束植物的种数的相对数量，用于表征物种的特殊价值。

6.6.5 受威胁物种的丰富度

受威胁物种的丰富度指《世界自然保护联盟物种红色名录濒危等级和标准》中属于极危、濒危、易危的物种种数。

6.6.6　外来物种入侵度

外来物种入侵度指被评价区域内外来入侵物种数与本地野生哺乳类、鸟类、爬行类、两栖类、淡水鱼类、蝶类和维管束植物的种数的总和之比，用于表征生态系统受到外来入侵物种干扰的程度。

6.6.7　管理侧重点

1. 制定生物多样性保护的目标、政策和行动计划

将生物多样性保护纳入企业的可持续发展战略和管理体系。要求企业从战略层面认识到生物多样性保护的重要性和紧迫性，将其作为企业的使命和价值，制定具体的保护目标和指标，建立相应的组织结构和责任分配，制定和执行相关的法律法规、政策规划、执法监督等措施，确保生物多样性保护的有效实施和持续改进。

2. 识别和评估企业的生物多样性影响和依赖

确定与生物多样性相关的实质性议题和风险，制定相应的应对措施和机制。要求企业借助科学的方法和工具，分析自身在生产经营过程中对生物多样性的正负影响，以及自身对生物多样性的依赖程度，识别出与企业发展密切相关的生物多样性议题和风险，如物种灭绝、栖息地破坏、生态系统服务下降等，制定针对性的保护措施和应急预案，减少对生物多样性的负面影响，增加对生物多样性的正面贡献。

3. 推动产业链共同遵守生物多样性保护的原则

与供应商、客户和合作伙伴共同遵守生物多样性保护的原则和标准，减少对生物多样性的负面影响。要求企业将生物多样性保护的理念和要求融入企业与上下游合作的产业链当中，与供应商、客户和合作伙伴建立良好的沟通和协作关系，共同制定和执行符合生物多样性保护要求的采购、生产、销售、运输等环节的标准和规范，提高产业链的资源利用效率和环境绩效，实现产业链的绿色发展和共赢。

第 7 章　企业社会责任议题管理

开篇案例

鸿星尔克的社会责任管理

鸿星尔克于 2000 年 6 月 8 日在福建省厦门市创立，迅速成为当时全国知名的运动品牌之一，然而，所取得的骄人成绩并没有得以持续，在激烈的市场竞争中鸿星尔克渐渐被逐出第一梯队。即使面临多年经营不善的艰难处境，鸿星尔克依然坚持履行社会责任，关爱员工、注重产品质量、致力环保、热心公益，努力在逆境中践行企业社会责任，激发履行社会责任的正面效应。

关爱员工，保障员工合法权益。一直以来，公司为员工子女开设“鸿星幼苗”职工子女辅导班，并定期对子女考上大学的困难职工家庭进行排查摸底，给予每个家庭 5000 元补助。2011 年，鸿星尔克荣获“全国模范劳动关系和谐企业”称号；2019 年，公司积极推动党群服务中心的建立，发挥先锋作用，激发团队力量，设置党员责任区、党委承诺监督意见箱，实现企业和员工的双向对话。

注重产品质量，提升产品品质。成立至今，公司始终将产品质量置于首位。2003 年，公司产品通过 ISO 9001（2000 版）国际质量认证体系；2004 年，荣获“国家免检产品”称号；2009 年，通过 ISO 19001：2008 版质量管理系统认证；2013 年，鸿星尔克获中国海关总署授予“A 类企业管理资质”荣誉称号；2016 年，鸿星尔克获“中国出口质量安全示范企业”称号。

致力环保，推动可持续发展。近年来，鸿星尔克在新材料研发和可持续发展方面取得初步成效。在产品生产线上，鸿星尔克加大对可再生和可降解原材料的开发应用。2021 年，研发出以回收塑料瓶为原料的纤维，将其融入面料中使用，还推出由热塑性弹性体材料制作的环保皮带。此外，研发团队对咖啡渣、玉米秆等生物性废弃物进行研究，试图再利用，制成环保型材料，预期未来将推出一款板蓝根纤维产品，此外，鸿星尔克加快分布式光伏应用，注重采用清洁能源。

爱国慈善，热心公益。鸿星尔克自创立以来一直积极主动地承担社会责任。2006 年，成立“吴汉杰教育发展基金”；2008 年，向汶川地震灾区捐款 600 万元；2013 年，鸿星尔克虽处于库存危机期间，但依然与福建省残联基金会携手展开全面的助残行动，总计捐赠了价值 2500 万元以上的公益物资。2018 年，鸿星尔克正式在京启动以“鸿星助力•衣路有爱”为主题的为期两年的助残捐赠项目，慈善物资价值达 6000 万元；2020 年，鸿星尔克义不容辞，在口罩极为紧缺时向长泰县捐赠了 5 万副口罩，并向武汉捐赠了价值 1000 万元的紧缺物资，被全国工商联表扬为“抗击新冠肺炎疫情先进民营企业”；2021 年 7 月，鸿星尔克又为河南暴雨灾情捐赠 5000 万元物资。成立十几年来，鸿星尔克先后在各级党委、政府的指导下，参与“资助中小学校教育”“资助贫困大学生”等数十项爱心公益项目，鸿星尔克为公益项目累计捐献物资价值过亿元，产生了良好的示范效应。

2023 年 5 月 11 日，由人民日报社指导、人民日报社经济社会部主办，以“践行社会责任，推动品牌高质量发展”为主题的中国企业社会责任高峰论坛在上海盛大启幕，凭借在社会责任、绿色可持续发展等方面的卓越贡献，鸿星尔克从众多参选企业中脱颖而出，入选“环境、社会及治理（ESG）年度案例”。

问题：

鸿星尔克在社会责任管理方面采取了哪些措施？这些措施的侧重点分别是什么？

7.1 企业社会责任管理的定义、特征与理论基础

企业社会责任管理涉及员工权益、产品责任、供应链管理与社会响应等方面，是践行ESG理念的重要组成部分。本节将从企业社会责任管理的定义、企业社会责任管理的特征、企业社会责任管理的理论基础三个方面详细阐述。

7.1.1 企业社会责任管理的定义

国内外学者从不同视角对“企业社会责任管理”进行定义，如表7-1所示。

表7-1 企业社会责任管理定义

视角	定义	参考文献
利益相关者视角	企业及时履行对员工、合作伙伴、客户、社区、国家的责任，包括经济责任、法律责任、生态责任、伦理责任和文化责任	屈晓华（2003）
社会利益视角	企业超越狭隘的经济、技术和法律要求，追求企业利益之外的社会利益	Dmytriyev（2021）
法律义务视角	企业在面对生存与发展过程中的社会需求和问题时，为维护国家、社会及人类的根本利益所承担的义务	袁家方（1990）
社会期望视角	社会对企业寄予的经济、法律、道德和慈善等方面的期望	Carroll（1991）
可持续发展视角	为实现自身与社会可持续发展，企业遵循法律法规、社会规范和商业道德，有效管理企业运营对利益相关方和自然环境的影响，追求经济、社会和环境的综合价值最大化	李伟阳等（2008）

资料来源：作者整理。

7.1.2 企业社会责任管理的特征

企业社会责任管理具有社会性、系统性、综合性、交互性和动态性5大特征。

（1）社会性。社会性是指企业社会责任管理深受社会制度、历史阶段和社会文化影响，体现生产关系和社会制度性质。具体来看：拥有生产资料的企业掌握社会责任管理主动权，利用社会责任管理调整阶级关系、维护利益相关者关系、保障本阶级利益。此外，企业社会责任管理行为必须符合社会关系和社会规范。

（2）系统性。系统性一是指企业社会责任管理活动深受外部系统影响，外部系统包括政治、经济、技术、社会文化环境等，外部主体包括投资者、顾客、竞争对手、供应商、社区、社会、媒体等。二是指社会责任管理是企业内部严密的、完整的、系统性的工作，本质上是对企业中人、财、物、信息等资源的应用与管理。

（3）综合性。综合性是指由于企业社会责任管理面对的环境及影响因素极其复杂，企业管理者应全面考虑外部环境，综合调动企业知识与技能，做出合理有效的社会责任管理决策，应对复杂局面。

（4）交互性。交互性是指企业开展践行社会责任管理时，应与利益相关方保持密切互动，这也是企业社会责任管理最鲜明的特征。一方面，企业社会责任管理的目标和议题要求企业主动征求利益相关方意见，准确把握社会期望；另一方面，企业需及时向利益相关方披露履责情况，以获取公众理解和支持。

（5）动态性。动态性是指企业面对的宏观环境、中观环境、微观环境发展迅速，企业社会责任管理工作应依据环境变化及时动态调整，在动态变化中实施有效管理。

7.1.3　企业社会责任管理的理论基础

1. 三重底线理论

1997 年，英国学者约翰·埃尔金顿（John Elkington）最早提出三重底线概念，将企业社会责任分为经济责任、环境责任和社会责任，旨在衡量一段时间内企业在财务、社会和环境方面的表现。其中，经济责任主要体现为企业利润、纳税责任及对股东投资者的分红；环境责任即环境保护；社会责任是指企业对利益相关方的责任。

三重底线理论发展至今呈现四个特点：评价内容的全面性、评价维度的清晰性、责任要素的权衡性和评价体系的开放性。评价内容的全面性是指三重底线理论从经济责任、社会责任和环境责任三个维度评价企业社会责任，评价内容涉及经济、社会和环境影响，能够全面反映企业社会责任的概念。评价维度的清晰性是指经济责任、社会责任和环境责任的评价标准相互独立、界限清晰。责任要素的权衡性是指在企业践行某项社会责任时，不得损害其他责任绩效。评价体系的开放性是指企业社会责任评价体系应不断发展完善、引进新内容，从而形成改进型的"三重底线"评价模式。

三重底线理论强调企业在践行社会责任时，应主动承担经济、社会和环境责任。随着研究的深入，该理论进一步指出企业在承担"三重责任"外，更应注重满足各方利益相关者需求，增加企业经营行为约束性，减少企业行为引发的社会风险及环境破坏，平衡经济底线、社会底线与环境底线。

2. 金字塔理论

1979 年，美国佐治亚大学教授阿奇·卡罗尔（Archie Carroll）提出企业社会责任的"金字塔"概念，认为企业社会责任是指社会对经济组织的经济期望、法律期望、伦理期望和慈善期望。按照卡罗尔的"金字塔"模型，企业应承担的社会责任包括：经济责任，即企业应努力提高利润、合法纳税、保障员工权益、为客户提供优质的产品和服务等；法律责任，即企业必须严格遵守相关法律规定；伦理责任，即企业行为应符合社会准则、规范及社会普遍期望；慈善责任，包括慈善捐助、为员工及家属提供生活设施、支持社区学校教育、文化体育活动等。

金字塔模型涵盖企业社会责任的关键维度，已经得到学者的广泛认可，逐渐成为社会责任理论发展的基础。韩文龙等（2010）突破四维金字塔模型，从强制性和道德性角度将企业社会责任划分为法律责任和道德责任。张延龙等（2023）基于金字塔理论扩展农业企业社会责任星形模型，并构建出中国农业企业社会责任的评价指标体系。

综上，企业社会责任四个层次并不是彼此孤立的存在，而是要实现责任间持续、动态的协调与平衡，突出表现在经济责任和其他责任的冲突与协调，即企业社会责任 = 经济责任 + 法律责任 + 伦理责任 + 慈善责任。

3. 全面社会责任管理理论

2002 年，沃达克（Waddock）等人在全面质量管理基础上，将全面社会责任管理定义为“对三重底线责任进行平衡管理的系统方法”。与传统意义上的社会责任管理不同，全面社会责任管理采用广义的社会责任观，认为企业社会责任是从履行责任的视角对企业与社会关系的全面把握。企业作为满足社会特定需求的营利性经济组织，其经济功能与社会功能密不可分，互相作用，互相制约。企业要从其在经济社会发展中所扮演的角色出发，全面确定企业所担负的社会责任。企业履行社会责任不仅仅要满足“三重底线”要求，更要努力实现企业发展的经济、社会和环境的综合价值最大化。

全面社会责任管理理论发展至今已经得到广泛应用。吴炜等（2012）根据全面责任管理理论研究中国商业银行的社会责任全面管理并指出，随着中国银行业的对外开放，中国商业银行加快了在世界主要国家设立分支机构的步伐，只有在社会责任整体全面管理框架下承担商业银行社会责任，遵守国际通行的规则，才能得到东道国的理解和支持。李伟阳（2009）基于全面社会责任管理理论研究国家电网公司的全面责任管理，并将全面社会责任理念全面融入公司核心价值观、公司战略及运营全过程和日常管理体系。

全面社会责任管理是企业发展新阶段、企业管理新模式、资源配置新机制，开展全面社会责任管理是一项需持续改进完善的系统管理工程，要做到“正确认识，科学行动，扩大共识”。“正确认识”指要深刻认识推进全面社会责任管理的战略性、重要性和前瞻性；“科学行动”指推进全面社会责任管理要有良好的配套措施，保证必要的资源投入，特别是组建高素质队伍；“扩大共识”则意味着需要社会各界的广泛共识、大力支持与持续推动。

7.2 S-LPSS 模型的定义与重点应用领域

中国 ESG 研究院基于可操作性、客观性、独立性和一致性原则提出 S-LPSS 模型。本节将详细阐述 S-LPSS 模型的定义以及重点应用领域。

7.2.1 S-LPSS 模型的定义

S-LPSS 模型基于全面性、系统性思维，从内外部双重视角明晰企业社会责任间的管理逻辑，内部重点关注员工权益（Labour，L）、产品责任（Product，P），外部重点关注供应链管理（Supply Chain，S）和社会响应（Social，S）。明确企业社会责任管理侧重点，对企业履行社会责任具有重要意义。S-LPSS 模型如图 7–1 所示。

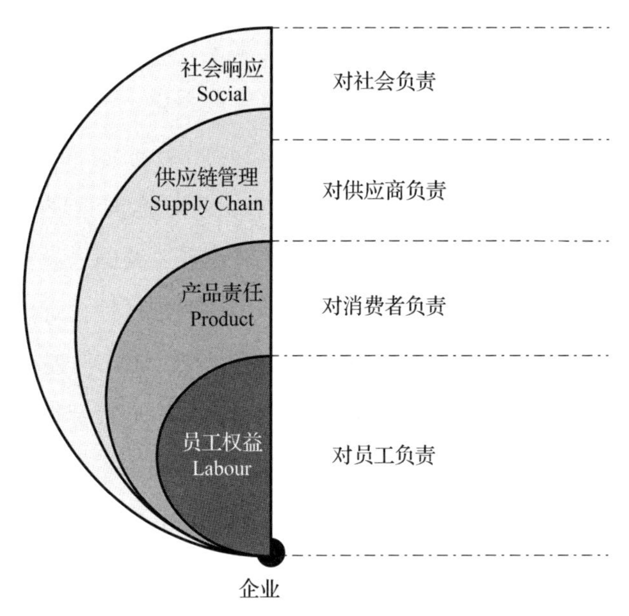

图 7–1　S–LPSS 模型

资料来源：中国 ESG 研究院。

S-LPSS 模型包含员工权益、产品责任、供应链管理和社会响应四块主要内容。员工权益是指与企业建立劳动关系的员工依法享有的切身利益。员工权益主要包括员工招聘与就业、员工保障、员工健康与安全和员工发展。产品责任是指企业应保证生产规范，若由于产品缺陷给消费者、使用者或其他第三方造成人身伤害或财产损失，企业应依法赔偿的一种法律责任。产品责任包括生产规范、产品安全与质量和客户服务与权益。供应链管理是指企业为降低供应链成本，应不断优化供应链系统的管理过程。供应链管理包括供应商管理和供应链环节管理。社会响应是指企业对社会状况变化的适应能力，强调对社会需求和压力的回应。社会响应包括社区关系管理和公民责任。

7.2.2　S-LPSS 的重点应用领域

1. 可持续发展

企业可持续发展是指企业在满足自身持续盈利增长的同时，也要合理利用各项资源、减少生产活动对环境造成的不利影响，以获得内外部利益相关者的长期支持（Chowdhury 等，2021）。

S-LPSS 模型在企业可持续发展中的应用主要体现在：第一，企业可通过维护员工权益，提升员工工作积极性，阻止人力资源浪费，减少不道德行为，推动社会公平；第二，企业可以通过规范化生产管理，减少对环境的污染和资源的浪费，推动企业实现可持续发展；第三，企业对供应商进行评估与管理，不但能够打造节约资源、保护环境的绿色供应链，还能够确保产品原材料质量、降低采购成本、提升供应链能力；第四，企业应建立环境管理体系，监测和治理污染排放，降低对周边社区的环境风险、严防安全事故。此外，企业参与公益活动可以与政府、社区建立良好关系，获得公众认可与政策支持，为企业长期发展创造良好环境，促进企业实现可持续发展。

小案例

Polymetal 的可持续发展

Polymetal 是俄罗斯的一家采矿业公司，全球十大黄金生产商之一。在社会责任方面，第一，Polymetal 积极参与社区投资。2019 年，公司在地方社区的投资超过 1500 万美元，近五年累计投资超过 4500 万美元，涉及医疗保健、教育、基础设施和文化等方面，为地方社区的发展做出了巨大贡献。Polymetal还会通过定期收集社区反馈信息监控公司行为对社会的影响，并为下一年社区活动提供决策依据。2019年，Polymetal的社区反馈调查涉及16个地区的1164人，共举办77次会议或听证会。第二，Polymetal倡导负责任采购，严格评估审查供应商。2019年，公司评估7698个潜在承包商，发现有320家不合格。此外，Polymetal还尽可能与地方供应商合作，特别是在一些偏远地区和气候恶劣的地区，这样做既可以带动当地经济发展，也可以节约公司的采购运输成本。第三，Polymetal积极鼓励员工参与社会和环境志愿工作，工会定期组织捐款活动和社区志愿者服务活动，2019年，公司员工参加了至少70次志愿活动。第四，Polymetal积极响应低碳经济，推出许多实现净零排放的项目。比如公司用274公里的输电线路替代之前的柴油发电机，减少了大量柴油消耗，促进了可再生能源的发展。

2. 慈善捐赠

慈善捐赠是指企业以自愿非互惠的方式无条件地提供资金或物资给政府或相关机构，是企业履行社会责任的重要形式之一。

S-LPSS模型在企业慈善捐赠中的应用主要体现在：第一，对内，企业应密切关注困难员工，开展慈善捐赠活动。企业一方面应通过制定完善的慈善捐赠管理办法，明确捐赠对象、内容和方式等，合理向困难员工募捐；另一方面，企业应及时慰问困难员工及家属，为员工献爱心、送温暖，建立和谐的企业文化。第二，对外，企业应积极响应社会需求，在国家政策要求下组织开展公益捐赠活动。企业可直接或通过基金会等公益组织向困难群体和贫困地区捐助资金、物资、技术等资源，不但能够参与社会建设，助力社会发展，还可以获得利益相关者认可，提升企业声誉与形象。

小案例

中国能建：积极开展公益捐赠活动

中国能建在《中华人民共和国公益事业捐赠法》等政策要求下积极开展

公益捐赠活动，对外捐赠用于救济社会弱势群体，支持社会公益事业，范围主要为救济性捐赠、公益性捐赠和其他，如社会公共福利事业捐赠。2021 年 7 月，中国能建向河南省慈善总会紧急捐赠 1000 万元，支援河南省抗击特大洪涝灾害和灾后恢复重建工作。新冠疫情期间，中国能建认真安排部署组织志愿者，下沉社区，为社区大规模核酸检测、上门检测、生活物资配送等提供有力支持。面对严峻的境外疫情形势，中国能建主动联系国外政府部门、社区等组织机构，开展海外防疫援建捐赠活动，除捐赠必要医疗物资外，还联合兄弟企业援建境外方舱医院 1 座，为中外携手实现联防联控做出了积极贡献。

3. 乡村振兴

2021 年中央一号文件公布，提出全面推进乡村振兴。文件确定把乡村建设摆在社会主义现代化建设的重要位置，全面推进乡村产业、人才、文化、生态、组织振兴，充分发挥农业农产品供给、生态屏障、文化传承等功能，走中国特色社会主义乡村振兴道路，加快农业农村现代化，加快形成工农互促、城乡互补、协调发展、共同繁荣的新型工农城乡关系，实现农业高质高效、乡村宜居宜业、农民富裕富足。

S-LPSS 模型在企业乡村振兴中的应用主要体现在：第一，农业现代化。企业持续加强对农村的帮扶共建，充分发挥工程建设、投融资、管理、技术、人才等能力，能够加强农业科技创新，提高农业生产效率和质量，实现农业绿色发展和可持续发展。第二，农村产业发展。企业赋能农村特色产业、乡村旅游、农村电商等新兴产业，促进农村经济多元化发展。第三，农民增收。企业可以通过精准扶贫、就业帮扶、就业培训、职业教育等措施，推进实现农民增收。第四，农村社会进步。企业投入资金助力农村基础设施建设，能够提升农村教育、医疗、文化等公共服务均等化发展，改善农村物质生活水平和社会服务水平，同时注重传统文化保护和乡土文化传承，提高农村文化软实力和保护生态环境。

小案例

交通银行：金融服务乡村振兴

交通银行将金融服务乡村振兴纳入本行重点战略，全面发力乡村振兴领域。制定《交通银行服务乡村振兴2021—2023年工作规划》《交通银行支持巩固拓展脱贫攻坚成果 全面推进乡村振兴实施方案》等十余份文件，加强顶层设计和整体谋划；规划“交银兴农e贷”产品体系，应用数字化手段逐步形成“交银兴农e贷”场景定制产品线、产业链产品线和标准化产品线。针对各地特色产业，为不同场景下的新型农业经营主体提供农户在线信用融资额度以及配套的服务方案，包括“兵团小额农户贷”、河北唐山“蒜黄贷”、江苏线上助农贷等系列的定制及业务落地。针对以往难以深入农村开展的涉农信贷业务，开发相应的线上融资模块化功能，实现涉农业务场景化定制，借助远程认证、线上授权、线上预审批等功能模块，依托数字化提高信贷业务效率、提升风控水平和客户体验。2021年，全行全口径涉农贷款金额6544.61亿元，增幅14.13%，累计向总行定点帮扶县投入帮扶捐赠资金约2.3亿元。

4. 产品和文化建设

产品和文化建设是指企业将产品开发、创新和营销与企业文化塑造相结合。包括通过设计、生产、市场推广等手段开发出符合市场需求、具有竞争力的产品，并以此为基础，通过塑造企业文化和价值观，促进员工的合作、创新和高效工作。

S-LPSS模型在产品和文化建设中的应用主要体现在：第一，企业通过分析市场需求和竞争对手的产品情况，确定产品定位和市场定位，开展产品创新和设计，提升产品的差异化和竞争优势，满足消费者不断变化的需求；第二，企业实施严格的产品质量控制和生产管理流程，并提供完善的售后服务和技术支持，能够保障产品质量，建立良好的客户关系，增强用户满意度；第三，宣传企业文化，能够为员工提供价值引领，激发工作积极性和创造力，提高工作效率；第四，通过评估与管理供应商，选择经验丰富、实力雄厚的供应商，能够提升采购质量，确保产品品质，开发出符合市场需求、具有竞争力的产品。

小案例

华为的产品和文化建设之路

华为坚持内外部双管齐下，提升企业产品和文化建设。在企业内部，华为始终将“产品质量”作为重要企业文化，严格把控前端、设计、开发和生产等各阶段的产品品质，并不断激励、培训员工融入企业文化。此外，华为完善员工保障与激励机制，提供专业线和管理线双通道发展路径，为员工提供不同的发展机会和平台，鼓励员工在不同领域多元化发展，进而增强对企业文化的认可，并能对产品建设提供更加新颖的想法。在企业外部，华为推行全球供应链管理变革，持续改善供应链能力和客户服务水平，保障优质原材料供应，降低供应风险，有效支持华为的产品和文化建设。

7.3 员工权益的内涵与管理侧重点

员工权益是指与企业建立劳动关系的员工依法享有的切身利益，主要包括劳动报酬、工作时间、休息休假、劳动安全卫生、保险福利和职工培训等权益。员工权益测度指标主要包括员工招聘与就业、员工保障、员工健康与安全和员工发展。

7.3.1 员工招聘与就业

员工招聘是指企业通过制定招聘政策、构建多元招聘渠道，评估与选择人才；就业是指企业为员工提供多元化和平等的工作机会，降低员工流动率。两者密切相关，互相影响。

员工招聘与就业由企业招聘政策、员工多元化与平等、员工流动率 3 个二级指标构成。其中，企业招聘政策为定性指标，可从招聘制度、招聘流程和招聘渠道等方面描述。员工多元化与平等为定性及定量指标，可从按性别计算各员工占比、按教育程度计算各员工占比、维护员工性别平等的政策及措施、确保所有员工机会平等，以及在劳动实践中无直接或间接歧视的措施等方面描述。员工流动率为定量指标，可从员工年度总流动率、关键核心岗位的人才流动率、主动离职率和被动离职率等方面计算。

英特尔的包容性

英特尔实行包容性与多元化的人才管理。一是英特尔通过多种渠道招聘人才，为员工提供最佳职业发展环境；二是英特尔支持女性员工发展，致力于提升女性职业价值和领导力，推出领导力项目和“技术行业人才多样化”计划为女性管理者提供协助，培养女性工程师和计算机科学家后备人才，实施与男性相同的晋升制度，并注重女性首席工程师的培养，加强梯队建设，使更多女性有机会成为首席工程师；三是英特尔关注员工流动率，相信降低人员流动率能帮助公司降低运作成本、提高劳动生产率、提高员工满意度等。

7.3.2 员工保障

员工保障是指企业通过采取一系列措施和政策，为员工提供薪资、工作时间和就业等多方保障，创造安全、健康和公正的工作环境。

员工保障包括员工民主管理、工作时间和休息休假制度、员工薪酬与福利、企业及合作方用工情况和员工满意度调查 5 个二级指标。其中，员工民主管理是定性及定量指标，可从员工民主管理政策的制定和更新，是否设立工会、职工代表大会等相关组织，职工代表大会的设置和开展集体协商情况，工会、职工代表大会的运行（如运行制度、工作内容、运行情况等），员工依法组织和参加工会的情况（如员工入会率等），法律和政策所要求的培训情况等方面进行描述。工作时间和休息休假制度为定性及定量指标，可从工时制度［如标准工时制，特殊工时制（包括综合计算工时制，不定时工作制等）］，人均每日工作时间，人均每周工作时间，人均每周休息时间，调休政策，延长工作时间的补偿或工资报酬标准，带薪休假制度等方面描述。员工薪酬与福利是定性指标，可从薪酬理念（如薪酬水平与岗位价值、绩效、潜力等的关系），薪酬构成（如基本工资、津贴、绩效工资、短期激励、长期激励、员工持股等），法律规定的基本福利（如社会保险、公积金、带薪休假等），法律规定外的其他福利（本企业特殊福利，如节日福利、生日福利、商业保险、企业年金、退休福利）等方面进行描述。企业及合作方用工情况为定量及定性指标，可从员工劳动合同签订率，劳工纠纷的情况［如劳工纠纷案件的数量（件），与最近三年比较的变化情况（%）等］，裁员情况（如裁员原因、流程、补偿方式、数量、比例），是否存在使用童工或从使用童工中受益、使用不具备相应工作能力和条件的员工、强迫或强制劳动等情况，劳务派遣用工比例等方面描述，员工满意度调查是定性及定量指标，可从是否进行员工满意度调查，员工参与满意度调查的情况（如参与调查的员工数量和占比）等方面描述。

小案例

京东：积极维护职工权益

京东借助集体协商和设立职工代表大会等制度维护职工劳动经济权益、民主政治权利等。2022 年底，为进一步保障职工合法权益、构建和谐劳动关系，京东召开集体协商会议和首届二次职工代表大会，就相关规章制度的修订进行集体协商，并对闭会期间民主程序通过的重要事项进行审议。京东为保障员工的身体健康和工作效率，为其仓储员工制定一系列严格的工作规定和休息制度，工作时间为 8 个小时，超过规定时间需给予补贴，且员工每周至少休息一天。此外，京东还为员工提供工作餐、住宿、交通等工作保障。员工基本工资按员工职级和职能计算，不同职级的基本工资增长空间不同，根据员工工作表现，京东提供月度、季度及年度绩效奖金，以激励员工工作积极性。员工福利待遇包括五险一金和京东福利，京东福利包括定期体检、带薪年假、生日礼金、定期旅游、员工活动等。

7.3.3　员工健康与安全

员工健康与安全是指企业提供保护设备、培训和支持，保护员工免受工作伤害和危险，保障员工在工作环境中的身体和心理健康。

员工健康与安全包括员工职业健康安全管理、员工安全风险防控、安全事故及工伤应对和员工心理健康援助4个二级指标。其中，员工职业健康安全管理是定性及定量指标，可从员工工作中所含的职业健康安全风险及来源情况，职业健康安全方针的制定和实施，职业健康安全管理体系是否覆盖全部员工及工作场所，预防和减轻职业健康安全风险的措施，年度体检的覆盖率，是否为临时工提供平等的职业健康安全防护等方面描述。员工安全风险防控是定性及定量指标，可从企业为员工提供预防事故以及处理紧急情况所需的安全设备情况，提供安全风险防护培训的覆盖率，提供安全风险防护培训次数，记录并分析职业安全事件和问题，根据职业安全风险对特殊员工采取的特定措施等方面描述。安全事故及工伤应对是定性及定量指标，可从企业安全生产制度和应对措施（如安全事故责任追究制度、安全事故隐患排查治理制度、安全事故应急救援预案、工伤认定程序和赔偿标准等），企业从业人员职业伤害保险的投入金额和覆盖率，员工在工作场所发生事故的数量、比率及变化情况，由于各类安全事故导致的损失工时数等方面描述。员工心理健康援助是定性及定量指标，可从对活动场所中促成或导致紧张和疾病的社会心理危险源的检查与消除，是否建立员工心理健康援助渠道（如设置心理帮扶场所、设置心理问题求助热线等措施），为员工提供心理健康培训和咨询的全职及兼职医生情况，记录并分析员工心理健康事件、问题及所采取的具体措施等方面描述。

小案例

贝特瑞：安全责任，重于泰山

贝特瑞严禁员工在禁火区域吸烟、动火；严禁在上岗前和工作时间饮酒；严禁擅自移动或拆除安全装置和安全标志；严禁擅自触摸乱动与自己无关的设备、设施；严禁在工作时间串岗、离岗、睡岗、玩手机、听耳机、看杂志或嬉戏打闹。防范员工安全风险，保障员工和生产过程的安全。

7.3.4 员工发展

员工发展是指企业通过提供培训、学习机会和职业发展支持，促进员工个人成长、职位晋升、提升发展潜力的过程，旨在帮助员工获得工作技能和经验，明确职业规划，提升职场竞争力。

员工发展包括员工激励及晋升政策、员工培训、员工职业规划及职位变动支持3个二级指标。其中，员工激励及晋升政策为定性指标，可从职级或岗位等级划分，职位体系的设置情况（如管理、技术、工人等不同岗位类型的职位设置，成长发展空间等），员工晋升与选拔机制（如制度、标准、流程等），职级、岗位与薪酬调整机制（如调岗、调级、调薪）等方面描述。员工培训为定性指标，可从培训部门设置（如培训部、培训中心等），岗位必需的培训（如培训主要内容，员工培训覆盖率，年度培训支出，每名员工每年接受培训的平均时长），促进员工发展的培训（如培训主要内容，员工培训覆盖率，年度培训支出，每名员工每年接受培训的平均时长）等方面描述。员工职业规划及职位变动支持是定性及定量指标，可从员工求学支持政策，员工职业发展通道，员工内部调动或内部应聘数量、比率及变化情况，确保被裁员的员工能获得帮助及促进其再就业的制度与措施等方面描述。

小案例

耐克的员工发展之举

耐克作为全球领先的运动品牌，始终致力于为员工提供职业发展和成长机会。例如，耐克鼓励员工在不同的职能部门和地区工作，为员工提供跨部门和跨地区的职业发展机会，帮助员工实现自我价值；为员工提供专业的职业发展培训，提供各种培训和发展计划，帮助员工提高技能和知识水平；耐克通过绩效管理体系，为员工提供晋升和发展机会，同时也为公司提供人才储备和选拔的渠道；耐克为员工提供多元化的职业发展路径，包括技术专家、管理人员、市场营销人员等；耐克鼓励员工通过团队建设、培训和社交活动等方式加强协作与合作，建立友好、和谐的工作氛围。最终，耐克通过优秀的招聘流程、严格的选拔标准和完善的培训计划吸引了大量人才。

7.3.5 管理侧重点

1. 员工招聘与就业管理侧重点

（1）完善企业招聘政策，增强员工积极性。第一，保证招聘流程的公开和公平性。企业应公开招聘流程，保证招聘活动的透明度，使应聘者有机会了解岗位信息、公司文化，进行自主选择，避免产生歧视和偏见，保障应聘者公平公正竞争。第二，关注员工和岗位要求的适配性。企业应制定科学的岗位要求，通过面试、测评等环节，全面评估应聘者与岗位需求的匹配度。只有高度匹配，才能确保员工胜任工作、发挥潜力，为企业创造价值。第三，注重培养和发展。企业要为新员工提供系统的培训和发展计划，帮助他们快速融入团队、了解企业文化、掌握所需技能。此外，企业还应根据员工能力，定制个人发展计划，激励员工不断学习。

（2）实现员工多元化与平等，增强员工满意度。第一，建立多元化团队。不同背景、经验、性别的员工会给企业带来不同的思维方式和创新思路。因此，企业要注重多元化，不仅关注员工的专业背景和学历，还要注重个人能力、工作经验以及团队合作能力等，积极鼓励来自不同文化背景和社会环境的员工分享观点，促进团队交流和理解，营造更有活力的工作环境。第二，提供平等机会及薪酬，支持员工发展。企业应基于员工能力和表现提供公正的薪酬奖励和晋升机会，尊重员工权益，避免歧视现象。

（3）降低员工流动率，提升企业利润率。第一，提供有竞争力的薪酬福利。为吸引和留住优秀员工，企业需提供具有竞争力的薪资水平和福利待遇，通过正面反馈和奖励制度增强员工归属感和满足感。第二，建立良好的沟通机制。企业应通过定期的员工调研、组织内部交流活动和建立员工反馈渠道，及时了解员工需求和意见，采取相应措施改善工作环境与待遇。第三，建立完善的人才培养机制。企业应建立完善的人才培养机制，为员工提供发展机会和平台，提升工作技能，提高忠诚度和留任率。第四，营造良好的工作环境和企业文化。企业应倡导正面积极的企业文化，营造愉快和谐的工作环境，让员工保持积极情绪和工作动力，增强归属感。

2. 员工保障管理侧重点

（1）实施民主管理，增强员工话语权。第一，建立良好的沟通机制。企业应建立定期调研、内部交流活动等员工反馈渠道，加强与员工间沟通，及时了解并回应员工需求。第二，设立完善的职工代表大会制度。企业应设立并保障内部职工代表大会有序运行，组织员工积极参加工会活动，保障员工民主管理权利，保证员工话语权。

（2）制定工作时间和休息休假制度，增强员工工作效率。第一，设定合理工作时间。企业应保障员工充足的休息时间，如规定合理的工作时长、鼓励午休和弹性工作制度等，缓解员工工作疲劳，增加工作热情，提升工作效率。第二，设定合理的休息休假制度。企业应设立带薪年假、调休假和病假等制度，缓解员工工作压力，使其保持积极的工作态度。

（3）提升员工薪酬与福利，提高员工满意度。第一，保障员工薪酬和福利的公平性。企业需根据员工工作职责、工作绩效等因素，制定合理的薪酬水平和薪酬结构，使员工得到公平的薪酬待遇，避免薪酬不公引发的不满情绪。第二，保证员工薪酬和福利的合理性。企业需根据行业标准和企业实际情况，设置合理薪酬结构，包括基本工资、绩效奖金、福利待遇等，确保薪酬与工作贡献相匹配，进而充分调动员工工作积极性和创造力，提高工作效率。

（4）完善用工政策，减少违法用工。第一，完善用工政策和标准。企业应完善用工政策和标准，包括岗位职责、工资福利、劳动时间、假期制度等内容，规范用工行为，避免出现不合理用工情况，保障员工权益。第二，建立公正透明的用工机制。企业应公开用工流程，保障公平竞争，避免发生利益输送、违规操作等问题。第三，建立健全用工情况反馈机制。企业应建立健全用工情况反馈机制，鼓励员工提出问题和建议，并及时采取解决措施。第四，加强用工合同管理。企业应制定合理的用工合同，明确双方权责，包括工作内容、工资待遇、劳动条件等，同时也应加强合同执行和监督，确保用工合同的有效性和公平性。

（5）关注员工满意度调查，增强员工认同感。第一，创造良好的工作环境。企业应及时关注员工工作条件、办公设备和工作安排等，提供良好的工作环境及氛围，提高员工的工作积极性和创造力。第二，制定合理薪酬福利政策。企业应及时调查员工对薪酬福利政策的满意度，并根据结果适当调整政策，满足员工合理需求。第三，建立健全职业发展体系。企业应提供完善的培训与晋升机会，帮助员工在工作中学习和成长，提升技能和能力，从而提高满意度。第四，建立有效的沟通渠道。企业可以定期组织员工交流会议或采用其他形式的沟通渠道，促进员工参与决策和发表意见，让员工感受到被重视和关注。第五，推进工作与生活平衡。公司应该为员工提供灵活的工作时间安排和假期福利，以便员工能够更好地平衡工作和生活。此外，公司还应该鼓励员工积极参与社区活动和志愿者工作，增强员工的社会责任感和使命感。

3. 员工健康与安全管理侧重点

（1）管理员工职业健康，保障员工安全。第一，定期组织职业病体检。企业需定期为员工提供健康体检，全面了解员工健康状况，并建立相应的保险和赔偿制度，应对可能发生的事故纠纷。第二，定期召开健康安全工作会议。企业应贯彻国家、集团及本单位的安全生产法规，督促本单位的各级管理人员及员工自觉履行安全职责，并定期组织安全检查，及时消除安全隐患，减少工伤事故发生。第三，与相关政府部门和行业组织合作。企业应积极与政府部门和行业组织合作，共同制定和执行职业健康与安全规范，促进整个行业健康发展。

（2）加强风险防控，减少事故发生。第一，注重培训和教育。企业应定期组织安全培训，涵盖工作场所的安全规范、操作规程、应急处理等方面，促使员工全面掌握安全知识和技能，能够正确处理紧急情况，保护自己和他人的安全。第二，完善安全管理体系。企业应建立健全安全管理制度，涵盖员工招聘、培训、工作过程等各个环节，并定期开展安全风险评估，确保员工工作设备等正常运行。第三，重视员工反馈。企业应积极倾听员工反馈，及时发现并解决员工指出的问题，提升安全管理水平。

（3）合理应对安全事故，降低事故损失。第一，建立健全安全制度。企业应根据自身特点和行业要求，建立并落实安全生产制度和应对措施，如安全事故责任追究制度、事故隐患排查治理制度、应急救援预案、工伤认定程序和赔偿标准等，及时报告和处理事故，防止事故影响进一步扩大。第二，做好工伤理赔。事故发生后，企业应及时联系保险公司，根据保险合同、企业安全事故规范及工伤赔偿标准等对员工进行理赔，及时关怀员工身体及心理状况。第三，开展事故分析和经验总结。事故发生后，企业应尽快展开事故分析，识别事故原因，总结经验教训，避免类似事故再次发生。

（4）及时提供心理援助，降低员工不满情绪。第一，建立心理健康援助渠道，营造开放的沟通氛围。企业应建立心理健康援助渠道，如设置心理帮扶场所、心理问题求助热线等措施帮助员工解决心理困扰，不但能够保证员工及时问诊，还能为员工提供多样化的沟通渠道，营造开放的沟通氛围，缓解负面情绪。第二，持续关注员工心理状态。企业可以通过定期心理援助培训、员工满意度调查和心理健康评估，及时了解员工需求和问题，并采取相应的措施帮助员工改善心理状态。此外，员工心理健康是一个动态过程，需要企业持续关注和支持。

4. 员工发展管理侧重点

（1）及时开展员工培训，提升员工工作能力。第一，设置培训部门。企业应设置培训部门，为员工提供系统全面的知识技能培训与学习机会，提升员工技能和知识储备，提高他们的工作执行力和解决问题的能力。第二，培养员工的领导力和团队合作能力。企业可以通过培训帮助员工了解领导力的核心要素，提升其沟通能力、决策能力和解决问题能力，促使其在团队中发挥更大的作用。第三，提升员工的创新能力和终身学习能力。企业可以通过开展理论培训、素质拓展等方式，使员工充分认识创新和变革的重要性，并在理论和实践过程中不断锻炼，培养员工的创新思维和解决问题的能力，激发创造力。

（2）及时管理员工职业规划及职位变动，促进员工全方位发展。第一，建立有效沟通渠道。企业可以通过定期面谈、问卷调查等方式与员工进行有效的沟通，建立起互相理解和信任的关系，了解员工职业目标，提供职业规划和支持。第二，提供多样化的职业发展机会。由于员工能力和兴趣各不相同，企业应为员工提供多样化的发展机会，包括培训、跨部门的任务和项目、岗位轮换等，不仅能够满足员工职业发展需求，还可以提高员工的综合能力和适应性。第三，提供良好的职位变动支持。职位变动对于员工意味着全新的挑战和机遇，企业应及时关注员工职位变动时的顾虑和困惑，主动提供帮助。

7.4 产品责任的内涵与管理侧重点

产品责任是指在保证生产规范的前提下，由于产品缺陷造成产品的消费者、使用者或者其他第三方的人身伤害或财产损失，生产者和 / 或销售者应依法赔偿的一种法律责任。产品责任测度指标主要包括生产规范、产品安全与质量、客户服务与权益。

7.4.1 生产规范

生产规范是指企业针对生产产品或服务制定的一系列管理规范和保障制度，旨在确保产品质量、安全性和一致性。

生产规范包括生产规范管理政策及措施以及知识产权保障两个二级指标。其中，生产规范管理政策及措施是定性指标，可从安全生产管理体系（包括安全生产组织体系、安全生产制度的制定和落实情况、确保员工安全的制度和措施），生产设备的折旧和报废政策，生产设备的更新和维护情况等方面描述。知识产权保障为定性指标，可从维护及保障知识产权有关的政策、机制、具体措施等方面描述。

小案例

京东方的生产规范

京东方制定相应的管理政策及措施，以实现生产过程的规范化、安全化。要求员工在生产车间穿统一无尘服，用于防静电和防尘。由于生产对车间的温度、湿度都有很高要求，京东方提出了禁止员工在车间内打、跑、闹，严禁违章指挥、违章作业，严禁自动模式下维修设备，严禁人体处于设备内部操控设备，严禁触摸或操作非本岗位设备，严禁擅自屏蔽或解除安全装置、连锁装置，严禁从非维修通道进入设备内部，严禁无看护人进入设备作业等规范要求。

7.4.2 产品安全与质量

产品安全与质量是指产品在设计、制造、销售和使用过程中能够满足特定安全标准和质量要求的特性和特征。

产品安全与质量包括产品安全与质量政策、产品撤回与召回两个二级指标。其中，产品安全与质量政策是定性指标，可从产品与服务的质量保障、质量改善等方面的政策，产品与服务的质量检测、质量管理认证机制，产品与服务的健康安全风险排查机制等方面描述。产品撤回与召回是定性及定量指标，可从产品撤回与召回机制，因健康与安全原因须撤回和召回的产品数量，因健康与安全原因须撤回和召回的产品数量百分比等方面描述。

小案例

沃尔玛：致力于安全优质的商品和服务

沃尔玛始终关注顾客安全和健康，视食品安全为公司重要文化，依托严格的食品安全管理体系，提高技术应用程度，并严格筛选与管理供应商，为顾客提供安全优质的商品和服务。首先，沃尔玛对食品违规秉承“零容忍”态度，对食品安全违规操作采取严格管控措施，通过专项检查、专业检测、视频监控，以及严格的问责制度，有效防范食品安全违规行为发生。其次，沃尔玛采用国际先进的检测手段对产品进行检测，确保食品品质可靠与安全。再次，沃尔玛在门店严格执行全球统一的食品安全标准，即食品安全五项行为准则，并委托专业审核团队审核每家商场的食品安全，门店每年累计进行超过200000次食品安全相关的审核和检查。最后，沃尔玛加强供应链管理，致力于与政府及优秀供应商合作推进整体行业可追溯进程，为消费者提供真实的追溯信息，提升消费者对沃尔玛商品品质的信任度，同时有效敦促供应链上游提升质量安全水平。

7.4.3 客户服务与权益

客户服务与权益是指企业为满足客户需求，为其提供专业化服务，维护其合法权益和利益。

客户服务与权益包括客户服务、客户权益保障、客户投诉共三个二级指标。其中，客户服务为定性指标，可从产品与服务可及性，产品与服务的售后服务体系，客户满意度调查措施与结果，客户需求调查情况等方面描述。客户权益保障为定性指标，可从产品与服务的潜在安全风险提醒，规定时间内退换货及赔偿机制，涉及误导或错误信息的情况等方面描述。客户投诉为定性及定量指标，可从客户投诉应对机制，客户投诉数量，客户投诉解决数量等方面描述。

小案例

广汽本田的“客户经理制”服务体制

广汽本田推出的“客户经理制”服务体制，为每一位客户提供一对一的专业、专属服务，保证客户全程都能享受到广汽本田的“主动关怀”。专属服务是由专属服务团队共同完成的，团队中的客户经理、专属销售顾问、专属客服专员、专属理赔顾问、专属续保专员、专属维修技师等随时为客户提供服务，为客户排忧解难。

7.4.4 管理侧重点

1. 生产规范管理侧重点

（1）设立生产规范管理政策及措施，保证生产安全和运行。第一，设置安全生产管理体系。企业应设置规范完善的安全生产管理体系，如制定和落实安全生产组织体系、安全生产制度等，保障产品质量，提高生产效率，保证生产安全。第二，保障设备安全运行。企业应定期维护和更新生产设备，减少因生产设备损坏等原因带来的效率降低和安全事故。

（2）加强知识产权意识，保障知识产权。第一，建立知识产权管理制度。

企业应明确知识产权的归属和使用权限，及时更新和维护知识产权注册与保护，以免遭受不良竞争和知识侵权行为的损害。第二，加强知识产权合同管理。在与供应商、客户或合作伙伴进行合作时，企业应该明确双方对知识产权的权益和使用权限，并签订合同和协议保护企业的知识产权。第三，加强知识产权教育和培训。企业应该加强对员工的培训和教育，提高员工的知识产权意识和保护能力。

2. 产品安全与质量管理侧重点

（1）设立产品安全与质量政策，保障产品安全与质量。第一，制定明确的产品安全政策。企业应建立完善的质量控制体系，严格控制原材料选择和供应链管理，确保原材料来源可靠。此外，企业还应加强对生产过程的监管，采取必要的防范措施，提高产品的安全性。第二，注重产品质量管理和控制。企业应建立科学有效的质量管理体系，对产品研发、设计、生产、销售等各个环节进行全面管理。第三，建立问题反馈与处理机制。企业应建立健全质量报告与投诉处理机制，及时收集、分析和处理消费者和市场反馈的产品安全与质量问题，为持续改进和优化提供有力支持。此外，可以通过及时沟通解决问题，更好地维护消费者权益，提高产品声誉。第四，加强员工培训和教育。企业可以通过加强培训和知识传递，提高员工对质量要求的理解和重视程度，确保产品符合质量标准和法规要求。

（2）重视产品撤回与召回，降低企业损失。第一，建立产品撤回与召回机制。企业应建立健全产品撤回与召回机制，设立专业团队，当产品出现质量问题或安全隐患时快速响应，将损失以及舆论风险降到最低。第二，及时向消费者公布相关信息。企业应向消费者提供必要的处理措施和补偿方案，并且对召回过程进行全程跟踪和监控，确保召回工作的顺利完成，并进行相关数据分析和总结。第三，建立完善的投诉处理机制。企业应建立完善的投诉处理机制，及时处理消费者投诉，增强消费者的信任与满意度。

3. 客户服务与权益管理侧重点

（1）优化客户服务，增强客户满意度。第一，注重员工培训。员工是企业实施客户服务的执行者，因此，企业应组织员工培训服务内容、方式和技巧，并建立激励机制，激励员工提供出色的客户服务。第二，建立有效售后机制。企业应该构建高效的售后机制，快速响应顾客需求，并及时解决问题，提升客户体验。第三，完善沟通渠道。企业应通过客户满意度调研、客户拜访等方式，加强与客户沟通交流，实时了解与分析顾客需求、意见和建议，根据反馈进行产品和服务升级和改进。

（2）保障客户权益，实现可持续发展。第一，建立健全的服务体系。企业应该秉持“以客户为中心”的理念，提供优质、高效、可信赖的产品和服务。对于客户的需求，企业应及时回应、认真倾听，并不断改进产品和服务的质量。第二，保障客户隐私安全。随着互联网的快速发展，客户的个人信息和交易数据已成为企业重要的资产和责任。因此，企业应制定严格的信息安全管理制度，确保客户信息的机密性和可靠性。同时，企业还应明确客户信息使用的范围和目的，遵守相关法律法规，保护客户隐私权。

（3）关注客户投诉，提升客户满意度。第一，建立有效的客户投诉反馈机制。企业应主动回应客户投诉，及时向客户反馈解决方案的执行情况。对于长期合作的重要客户，应考虑进一步跟进，提升客户满意度。第二，建立明确的投诉渠道和流程。企业应提供多种投诉渠道，例如电话、电子邮件、在线客服等，满足客户不同的习惯和需求，确保客户能够及时反映诉求并得到有效解决。第三，培养专业接诉团队。企业应对员工进行培训，使其掌握客户投诉的处理技巧和方法，学会倾听，通过积极沟通缓解客户情绪，并在短时间内提供切实可行的解决方案。

7.5　供应链管理的内涵与管理侧重点

供应链管理是指企业为降低供应链成本，不断优化供应链系统的管理过程。供应链管理包括供应商管理和供应链环节管理。

7.5.1　供应商管理

供应商管理是供应链管理的重要内容，是对供应商的了解、选择、开发、使用和控制等综合性管理工作的统称。

供应商管理包括供应商数量及分布、供应商选择与管理、供应商 ESG 战略三个二级指标。其中，供应商数量及分布为定量指标，可从供应商数量，供应商分布区域及占比等方面计算。供应商选择与管理为定性指标，可从供应商选择标准，供应商培训的具体政策，供应商考核的具体政策，供应商督查的具体政策等方面描述。供应商 ESG 战略为定性及定量指标，可从执行 ESG 战略的供应商占比，主要供应商 ESG 战略执行情况等方面描述。

小案例

特斯拉的供应商管理

特斯拉拥有十大核心供应商。特斯拉及时评估供应商结构是否合理，避免过度依赖单一供应商带来的供应链风险。此外，特斯拉用垂直一体化的方法控制整个电池供应链，从原材料采购到电池制造和回收，有助于确保供应链的可持续性和质量控制。特斯拉与几家主要的电池供应商合作，如瑞典的北方能源和中国的宁德时代。为了保证电池供应的可持续性，特斯拉采取多种举措：首先，与供应商签署了长期的采购协议，确保稳定的电池供应；其次，制定严格的供应商准则，要求供应商遵守可持续和符合商业伦理的经营标准；再次，特斯拉定期进行供应商审核和评估，确保供应商符合公司的要求；最后，特斯拉要求供应商签署反贪污和反腐败承诺，确保劳工权益得到保护。

7.5.2　供应链环节管理

供应链环节管理是供应链管理的重要内容，反映企业对供应商选择、供应商评估、采购流程与风险管控、采购人员职责分工等方面的管理。

供应链环节管理包括采购与渠道管理、重大风险与影响两个二级指标。其中，采购与渠道管理是定性指标，可从原材料选择标准，原材料供应中断防范与应急预案，产成品供应中断防范与应急预案，各环节中物流、交易、信息系统等服务商的选择、考核与督查政策等方面描述。重大风险与影响为定性及定量指标，可从经确定的供应链各环节中具有的重大风险与影响，经确定为具有实际或潜在重大风险与影响的供应链各环节成员数量，经确定为具有实际或潜在重大风险与影响且经评估后同意改进的供应链各环节成员占比等方面描述。

小案例

特斯拉：全面系统的供应链管理

特斯拉开展全面系统的供应链管理。首先，采取全球化采购策略，从全球范围内寻找最优质、最具竞争力的零部件和材料。其次，特斯拉工厂设有生产经理、物流经理、品质经理。生产经理负责生产线的日常运营和管理，确保生产计划、质量和安全等方面的工作顺利实施。物流经理负责物流和供应链方面的管理，确保物料和零部件进入工厂的顺利和及时性。品质经理负责产品质量的管理和控制，确保产品符合特斯拉的质量标准。最后，特斯拉采用先进的数字化供应管理系统，实现对供应链的实时监控和优化。为降低供应链风险，特斯拉公司采取多种措施，一是多元化供应商，即与多家供应商合作；二是建立紧密的合作关系，与少量优秀供应商建立长期合作关系，共同发展，而不是与大量供应商建立短期交易关系；三是建立供应链风险管理体系，及时识别和应对风险，并对供应商进行第三方评估，进一步防范重大风险。这种策略大大降低了特斯拉的供应链成本、提高了产品质量和供应链能力。

7.5.3 管理侧重点

1. 供应商管理侧重点

（1）科学确定供应商数量，保证供应链韧性。第一，根据采购需求与风险控制要求，科学确定供应商数量。供应商过于集中会增加供应中断风险，过于分散则不利于供应商管理。因此，对于重要原材料，企业可采用少量核心供应商加多个备选供应商模式，普通采购可采用较多竞争供应商模式。第二，根据关键供应商区域分布情况，制定应急供货预案。如果核心供应商区域集中，一旦发生局部自然灾害，会导致物流中断，因此企业需要提前与其他地区的备选供应商建立联系，也应合理控制单一供应商的采购占比，防止过度依赖。第三，建立本地化的供应商体系，培育具备一定规模和实力的本地供应商。企业要优先选择与本企业位置临近的优质供应商，有助于提高采购响应速度和运输效率，降低物流成本，但也要避免供应商过度集中，防止局部能源、交通中断等对供应造成冲击，同时也要保持一定规模的非本地供应商，保证供应链韧性。

（2）选择优质供应商，加强日常管理。第一，构建供应商评估体系，选择优质供应商。企业要综合评估供应商的质量管理水平、研发实力、生产能力、交付速度、应急响应能力等，还要审视供应商社会责任承担、商业道德规范，规避有严重负面记录的供应商。第二，建立供应商考核评价体系，定期开展绩效考核。企业要及时考核供应商的产品质量达标率、交付准时率、响应速度等指标，并将考核结果与订单量和优惠政策挂钩，及时淘汰考核不合格的供应商，引入更优秀的供应商。同时要采取多供应商竞争采购机制，避免过度依赖单一供应商，关键业务还应采用双供应商或多供应商机制，提高供应链韧性。第三，加强供应商日常管理，建立完善的业务流程和服务标准。企业要对供应商进行业务、技术、质量培训，提升供货质量和响应速度，也要与供应商签订合同，明确双方在质量、交付时间、售后服务等方面的权利和义务，还要建立问题反馈机制，及时沟通解决问题。第四，保持密切沟通，建立战略伙伴关系。企业可邀请供应商参与新产品开发，也可利用信息技术实现信息互通和数据共享，加强沟通，增进理解和信任。

（3）与供应商达成 ESG 战略共识，提升 ESG 意识和管理能力。第一，建立供应商 ESG 绩效考核和激励机制。企业可将供应商 ESG 表现纳入供应商评估体系，并与订单量和优惠政策挂钩，还可以设置供应链 ESG 奖项，对表现突出的供应商给予表彰和奖励。第二，协助供应商开展 ESG 问题调查和评估，发现供应链ESG风险点和改进空间。企业可以提供ESG调查模板和指南，帮助供应商自我评估，也可以组织第三方专业机构审核供应商的ESG状况，并与供应商共同制定ESG行动路线图。第三，加强沟通交流，提升供应商ESG管理能力。企业可以积极举办活动，向供应商提供ESG绩效改进支持，如技术指导、资金支持、管理咨询等帮助，也可以与供应商共同开发绿色产品或工艺，提升供应商ESG管理能力。第四，推动供应商进行ESG信息披露。企业可以邀请媒体到供应商项目现场采访报道，也可以将优秀供应商ESG案例发布在企业公众号和网站上，推动供应商ESG举措得到社会关注。

2. 供应链环节管理侧重点

（1）建立科学的管理体系，完善采购与渠道管理。第一，建立科学的供应商评估标准，考量供应商能力。企业要综合考量供应商的质量、交付、服务、价格等要素，选择实力雄厚、信誉良好的供应商进行合作，企业要与核心供应商建立战略合作关系，形成稳定的供应链，还要定期对供应商进行绩效评估，淘汰问题供应商。第二，互相协同配合，建立完善的采购流程。企业要提供清晰的订单信息，订购合理量的产品，避免紧急订货带来的质量问题，还要合理确定订单交付进度，与供应商形成协同配合，保证供应稳定，此外，企业要明确双方权利义务，加强日常沟通，针对问题及时进行协调和处理。第三，科学管理销售渠道，提升渠道能力。企业要加强对渠道的培训和业绩考核，建立销售目标责任制，进行业绩考核，淘汰业绩较差的代理商，也要建立渠道约束与激励机制，明确权利义务及约束措施，给予补贴、政策支持、提升经销商效率，还要积极开拓多渠道销路，实现渠道多元化，提升渠道能力。第四，引导供应商积极履行社会责任义务，打造责任供应链。首先，大力鼓励合作伙伴使用新型环保材料，优先选用生产过程低碳环保的产品，与合作伙伴共同研讨固废资源的再利用等议题，携手打造绿色供应链，助力全社会的绿色可持续发展。其次，在与供应商的业务合作过程中有效督促，保障员工职业健康与安全，引导供应商与合作伙伴开展常态化安全检查、安全培训、应急演练等工作。

（2）完善风险管理，降低供应链风险。第一，建立供应商风险评估机制，及时进行风险识别和预警。企业要及时评估供应商的经营状况、财务稳定性、业务连续性等风险，发现问题后要及时寻找备选供应商，防止供应中断，也要评估供应商所在地区的政治局势和气候、地质等方面的风险，并针对性地制定应对预案。第二，建立供应链信息共享机制，加强信息沟通和资源协调。企业通过信息互通和智能化管理与上下游合作伙伴沟通，可以更早地预测到可能出现的供应链风险，提前采取应对措施，增强供应链的适应性和抵御风险的能力。第三，构建合理的供应商结构，避免过度依赖单一供应商。企业要采取多供应商竞争采购策略，避免供应商垄断，同时要与核心供应商建立战略合作伙伴关系，形成稳定的供应关系。第四，采用先进的供应链管理系统和信息技术，实时监控和管理供应链过程。企业可以采用 RFID、GPS 等技术提高物流与仓储效率，利用大数据和人工智能提升预测分析能力，实现供应链智能化、精细化管理。也要建立灵活的生产计划和备货机制，增强产能调度弹性，提高应变能力。第五，建立完善的应急响应预案，定期开展供应链风险演练。企业各相关部门要明确自身的职责，熟练配合，提高应对供应链突发事件的能力，还要与供应商建立应急联动机制，共同应对风险。

7.6　社会响应的内涵与管理侧重点

社会响应是指企业对社会状况变化的适应能力，强调的是企业对社会需求和压力的回应，社会响应测度指标主要包括社区关系管理和公民责任。

7.6.1　社区关系管理

社区关系管理是社会响应的重要环节，反映企业与社区的关系以及企业参与社区活动的情况。

社区关系管理包括社区参与和发展、企业对所在社区的潜在风险两个二级指标。其中，社区参与和发展是定性及定量指标，可从企业参与社区发展的政策与措施，企业对所在社区文化和教育的促进情况，企业为所在社区创造的就业机会（如企业雇佣社区成员所占比例，帮助社区内创业团体数量，帮扶弱势群体就业人数，企业在社区内扩大专门知识、技能和技术获取渠道的情况），企业对所在社区的财富和收入影响情况（如纳税额、企业入驻数量和商业园区数量等），企业为减轻所在社区成员面对的健康威胁、危害所采取的措施和效果，满足当地政府发展规划的社会投资行为（如在教育、培训、文化体育、卫生保健、收入创造、基础设施建设等方面的社会投资额）等方面描述。企业对所在社区的潜在风险是定性及定量指标，可从企业对所在社区潜在风险的防范政策与措施，企业对所在社区潜在风险的评估体系与其风险防范的效果评价，潜在风险对所在社区的影响情况（如影响社区经济发展水平、基础设施状况、成员健康情况以及成员教育与发展情况等），潜在风险对所在社区的影响程度（如影响持续时间、影响范围、影响人数）等方面描述。

小案例

社区治理中的企业力量

首开天岳恒公司潘家园分公司接到一份特殊的工单，一户业主家中有90多岁的老人，因病一直吸氧，24小时内需更换新的氧气瓶。该公司紧急联系医院，协调配送氧气瓶等，在19个小时内，这份“特殊的快递”进入了小区的大门。近年来，北京借助老旧小区改造的契机，不断推进建设基层治理体系，引入企业、社会资本等第三方力量参与社区治理。部分社区开始显现出基层治理的成果，更在社区治理中体现出企业的力量。

7.6.2 公民责任

公民责任也是社会响应的重要环节，反映企业对社会及国家应尽的责任。

公民责任包括社会公益活动参与、国家战略响应、应对公共危机三个二级指标。其中，社会公益活动参与为定性及定量指标，可从企业参与救助灾害、救济贫困、扶助残疾人等困难社会群体和个人的活动，企业参与的教育、科学、文化、卫生、体育事业，企业参与环境保护、社会公共设施建设，企业参与促进社会发展和进步的其他社会公共和福利事业等方面描述。国家战略响应是定性及定量指标，包括但不限于企业对乡村振兴、质量强国、高质量发展、科技强国、教育强国、人才强国、共同富裕等国家战略的响应情况，如具体项目、资源投入情况及取得成效等。应对公共危机是定性及定量指标，可从企业应对重大、突发公共危机和灾害事件的政策描述，企业应对重大、突发公共危机和灾害事件的具体措施及分析（如应对相关事件预案的可行性、及时性、社会公益性等情况分析，取得效果的社会价值评估与评价以及是否满足相关法律法规要求），企业应对重大、突发公共危机和灾害事件的具体社会贡献（如投入资源的类别及数量、取得的社会性成果以及相关获奖情况）等方面描述。

小案例

白象的社会责任之举

在北京残奥会期间，白象因为有三分之一的员工是残疾人而走红网络，引来一波“野性消费”。但网络言论复杂，不乏质疑的声音，有人认为：白象招收残疾人是为了获得国家优惠政策。面对质疑，白象依靠事实说话。在白象，身体有缺陷的员工有个暖心的称呼叫“自强员工”。自强员工和普通员工同工同酬，他们珍惜难得的就业机会，依靠双手勤劳致富。白象给予所有员工尊重和成长空间，对自强员工也有特殊关爱。为方便生产流程化，白象对生产线进行无障碍改造，并在公共区域设置无障碍通道以及减速带等。抛开商业利益的考虑，用无私大爱致力于残疾人救助事业，白象无疑担当起了社会责任。

7.6.3　管理侧重点

1. 社区关系管理侧重点

（1）积极参与社区活动，推动社区可持续发展。第一，构建完善的沟通机制，与社区保持密切交流。企业可以通过构建交流平台、接待来访居民、上门拜访等沟通渠道，与社区组织保持顺畅沟通，及时倾听与回应社区诉求。第二，构建全面参与体系，全方位参与社区活动。企业可参与的社区活动包括但不限于：参与制定社区发展的政策与措施，促进所在社区的文化和教育，为社区创造就业机会，为社区内扩大专业知识、技能和技术获取渠道，提升社区财富和收入，减轻社区成员面对的健康威胁，满足当地政府发展规划的社会投资行为。第三，构建保障机制，保证社区活动稳定有序开展。企业可以通过构建社会责任管理体系、制度、政策等，在公司内部建立各经营单位、各职能部门的社会责任管理组织网络，明确责任人、职能、职责和权限，及时发现在参与社区活动的过程中存在的不足与问题，确保社区活动顺利落地，持续改进。

（2）强化风险防范工作，规避潜在风险。第一，加强生产安全管理，规避事故风险。企业要提高安全生产水平，避免发生负面影响社区的事故。要求企业及时开展应急演练，妥善处理突发事件，还要与社区建立信息共享机制，及时反馈生产动态，消除安全隐患。第二，节约能源资源，保护生态环境。企业要加强社区环境管理，自觉践行绿色生产生活方式，开展绿色运营，推动节能环保、清洁生产和循环经济，积极履行环境责任。第三，建立应急响应机制，提高反应速度。企业应及时建立应急响应机制，提升对突发事件的反应速度，实现高效统筹，节省反应时间和流程，确保紧急事件发生后能获得迅速有效控制和处理。例如，对于突发自然灾害，公司能够迅速部署应对措施，积极提供救援，确保救援落实。

2. 公民责任管理侧重点

（1）积极参与公益活动，推动慈善事业发展。第一，建立健全公益管理体系，确保公益资源合理高效利用。企业可以设立公益管理部门，配备专职人员，或聘请专业的第三方公益组织合作开展管理，也要制定明确的制度流程，进行项目评估、资金监控、信息披露等，避免资金被挪用或使用不当。第二，发挥自身优势，开展针对性的公益活动。企业参与的公益活动包括但不限于：参与救助灾害、救济贫困、扶助残疾人等困难社会群体和个人的活动等，参与教育、科学、文化、卫生、体育事业等，参与环境保护、社会公共设施建设等，参与促进社会发展和进步的其他社会公共和福利事业等。第三，公益项目的选择和实施过程也需要接受监督，保证公正、透明。企业应定期发布公益报告，列明公益支出的金额、项目情况、受益群体等信息。还应接受媒体采访与报道，通过多种渠道宣传企业公益事迹。

（2）带头响应国家战略，助力战略顺利落地。第一，充分认识国家战略的重要性，把响应国家战略作为企业的重要社会责任。企业要研究透彻国家发展战略和规划，深入理解国家战略目的和重点任务，加强战略研判，把握行业与企业发展方向。企业可以响应的国家战略包括但不限于：乡村振兴、质量强国、高质量发展、科技强国、教育强国、人才强国、共同富裕、“双循环”“碳达峰、碳中和”等。第二，因势利导，进行战略性转型升级。企业应根据国家产业政策指导和市场需求变化，及时调整企业发展道路。如加大技术创新和绿色低碳转型力度等，实现企业战略与国家发展战略的高度契合。第三，加强与政府沟通联系，及时汇报。企业应及时汇报响应国策的举措和存在的问题，为政府研究制定政策提供参考依据，还要主动参与行业协会，与政府保证信息共享、目标一致，实现政企良性互动。

（3）及时应对公共危机，极力降低不利影响。第一，建立健全危机管理预案，提前做好应对准备。企业应提前建立危机管理预案，对潜在的公共危机进行风险评估，危机预案要明确救援流程、人员分工、资源调配等内容，还要定期组织演练，提高员工应对危机的能力。第二，加强与外界交流，缓解危机的不利影响。企业要主动与政府进行沟通，获得公共事件和救援信息，提供企业可供调配的资源与力量，服从政府统一指挥。企业也可以通过新闻发布会、网络平台等发布危机信息，主动进行事件说明，保持信息透明，争取社会公众理解和支持，防止舆论失控引发二次伤害。第三，主动善后公共危机，开展重建工作。企业负责人要勇于担当，通过带头捐款捐物、第一时间到场指挥救援，组织员工捐款或志愿服务，及时对员工及其家属给予人文关怀等，提振员工积极性，树立企业形象，获取社会认可。

第8章 企业治理议题管理

开篇案例

国美电器：控股之争

黄光裕于1987年创立了国美，2006年国美合并了永乐电器，永乐的董事长陈晓出任国美的CEO。从而为一场中国商界少有的大股东和管理层的博弈埋下了伏笔。

2008年，黄光裕被北京市公安局逮捕，原因是他设计股权回购计划，以私人名义将股权出售给国美，套取资金，偿还其对一家财务机构24亿元的债务，该行为给国美带来了16亿港元的损失。黄光裕被判处14年有期徒刑。陈晓接任董事局主席，后黄光裕辞职，陈晓正式成为董事局主席。黄光裕服刑期间，美国私募贝恩公司宣布通过债转股增持国美的股权，债转股后，贝恩持有国美的股份达到10%，黄光裕家族的股份被摊薄到32%。贝恩投资入股国美后的第八个月，因担心股权被稀释，黄光裕家族在2011年的股东大会上发难，否决了贝恩提名的三名非执行董事。按照合同规定，如果贝恩提名的三名成员不能进入董事局，将造成违约，国美须向贝恩赔偿24亿元。事件发生后，董事局召开紧急会议，否决了股东大会的决议，强行委派贝恩的三名高管进入董事局，并首次公开指责黄光裕、杜鹃夫妇将国美陷于重大危机之中。

2010年9月28日国美召开特别股东大会，通过投票表决，在黄光裕的五项提案中，除撤销增发、发行、买卖股份，其他提案均被否决。陈晓初步胜出，得以连任董事局主席，黄光裕家族的收益在于不必再担心股份被稀释。2010年12月27日，国美特别股东大会通过决议，同意任命黄方的邹晓春、黄红燕为非执行董事。2011年3月9日，国美电器宣布，张大中将接替陈晓，成为国美电器第三任董事局主席。不过，这一次黄光裕家族对新任董事局主席有了权力制衡，张大中此次仅为非执行董事。国美的“陈晓时代”终结，一度喧嚣的国美控制权之争落幕。

问题：

国美股权争夺的原因是什么？如何解决？在治理过程中如何避免股权之争一类事件的发生？

8.1　治理的定义与特征

公司治理涉及治理结构、治理机制和治理效能等方面，是践行ESG理念的重要组成部分。本节将从公司治理的定义、公司治理的特征、公司治理的理论模式三个方面详细阐述。

8.1.1　公司治理的定义

公司治理是指通过一套正式或非正式的、内部或外部的制度或机制，协调公司与所有利益相关者之间的利益关系，以保证公司决策的科学化，最终维护公司各方面利益的一种制度安排。

从狭义而言，公司治理是指所有者对经营者的监督，其目标是保证股东利益的最大化，防止经营者对所有者利益的背离，主要通过由股东大会、董事会、监事会以及管理层构成的公司治理结构进行内部管理。公司治理结构可简化为委托代理关系，此即所谓“股东至上主义”。

从广义而言，公司治理则涉及广泛的利益相关者，包括股东、雇员、债权人、供应商、政府等与公司利益相关的群体。公司已不仅仅是股东的公司，而是一个利益共同体，公司治理机制也不仅限于以公司治理结构为基础的内部治理，而是利益相关者通过一系列内部、外部机制来实施共同治理。治理的目标不仅是股东利益的最大化，而且要保证公司各方面利益相关者的利益，即“利益相关者利益最大化”。

8.1.2 公司治理的特征

公司治理具有以下特征：科学性、艺术性、技术性、文化性和演化性。

公司治理的科学性是指公司治理的系统化的理论知识体系，是对能够被条理化地表述出来的公司治理现象本质的一种解释。公司治理是在公司经营和管理实践中发展起来的一门新学科，包括一整套理论，是一个合乎逻辑的、能够反映公司治理客观规律的知识系统。

公司治理的艺术性是指对公司的治理不是依据系统化的理论知识进行的，而是依靠直觉、判断进行的，因而它是不完全明确的，也是不能被条理化地表述出来的。公司在发展过程中会遇到新的治理问题，而这些新的治理问题无法用现有的理论知识解释和解决。此时，公司解决新的治理问题的唯一办法，就是依靠公司经营者的直觉或判断。

公司治理的技术性是指把已经科学化的治理理论知识具体化为操作性强的治理方法、治理技巧和治理手段。在公司治理过程中，公司不仅需要具备治理理论，还需要掌握治理方法、治理技巧和治理手段。治理的技术性就体现在，每个公司应从本公司和公司所在行业的特点出发，结合公司的内部条件和外部环境，把已经科学化的治理理论知识转化成适合本企业实际情况的具有可操作性的治理方法、治理技巧和治理手段。

公司治理是基于一定文化背景形成的，当我们探索一种公司治理理论时，须结合所处的社会文化背景。因此，当一家公司在学习其他公司好的公司治理做法和经验时，不要照搬照抄，而应考虑到自己公司和所学习的公司在文化上的差异。当把其他公司好的做法和经验移植到本公司时，一定要和本公司的文化融合起来。

公司在生命周期的不同阶段所面临的政治、经济、社会、技术环境是不同的，所面临的产业竞争环境是有差异的，所拥有的资源和优势也各不相同，这些都决定了公司所面临的治理因素和治理机制各不相同。

8.1.3　公司治理的理论模式

1. 股东治理观

Williamson（2007）指出股东是公司的出资人，公司的经营目标自然首先要体现股东意志和要求，为了实现这一目标，公司的权力机构都要以股东的意志和利益为基础，股东大会是体现股东意志的最高权力机构，董事会受股东委托，在公司决策中发挥主导作用。

现有研究对股东治理观的观点包括：第一，忽视其他利益相关者的权益。在股东治理模式下，公司把追求股东财富最大化作为公司目标，忽视了企业对员工、对债务人、对社会的责任，甚至使公司管理层缺乏诚信，为追求公司利益而不择手段。同时，由于此理论强调股东至上的“单边治理”，使得以资本市场、并购市场、产品市场、经理人市场为主要内容的外部治理机制功能缺失，造成外部治理者治理懈怠。第二，短期主义倾向。为了追求短期股东回报，管理层可能会采取短视的经营决策，忽视公司的长期战略规划和可持续发展。第三，产生代理冲突。股东中心论中，公司董事会和管理层作为代理人应该代表股东的利益行事，但代理问题可能导致管理层将自身利益放在首位，与股东利益发生冲突。此外，在实践中，一些公司的股权可能高度集中在少数大股东手中，这可能导致公司治理缺乏独立性和有效监督。

2. 员工治理观

员工治理观源于“劳动管理型企业理论”（Domar，1996）。该理论将劳动管理型企业的特征概括为：第一，员工组成共同的组织，把各自的劳动投入其中，并按照人均收入或者人均福利最大化原则开展生产经营活动。第二，采取一人一票或者少数服从多数的原则实行员工集体民主管理。第三，雇用各种内部成员劳动以外的生产要素，其中资本可以是从资本市场上租用的私人资本，也可以是国家资本。因此，劳动管理型企业也被称为纯租赁型企业。第四，企业成员无权将自己所享有的剩余索取权拿到市场上进行交易，即剩余索取权的交易是法律所禁止的。可见，员工治理观是“股东至上主义”的对立，该治理观本着“劳动雇用资本”的思路，主张劳动者作为一个集体应该参与公司治理，享有企业的剩余控制权和剩余索取权（李维安，王世权，2007）。

现有研究对于员工治理观的观点：第一，本身缺乏经济学和法理学依据，几乎所有支持该观点的学者都没有令人信服地说明什么力量和因素允许员工掌握企业的剩余控制权和剩余索取权，而资本只能被雇用，其所有者只能取得固定租金。尽管 Hansmann（2000）运用他所提出的所有权理论解释了劳动管理型企业存在的合理性，然而由于构建的市场交易成本和所有权成本本身难以测量，致使他的解释依然没有超越感性思维的范畴，仍然存在没有超越其所言及的“意识形态”的局限。第二，在这种企业模式中，劳动和控制权的一体性使得集体的每个成员对于集体财产的占有关系具有极大的不稳定性。这种不稳定性表现为员工会因离开企业而丧失控制权，控制权会因其他劳动者的流入而蒙受损失。极端地说，员工也会因退休或死亡而丧失控制权，因此，极有可能导致企业经营行为的短期化。第三，在监督过程中，成员“搭便车”的行为，以及集体决策过程中的成本问题，亦决定了在社会自然选择过程中不会形成以“劳动雇用资本”为主的社会经济体系。例如，美国很多成功的雇员所有的企业最终转变成了投资者所有的企业。近年来，美国三合板合作社的经营业绩排名一直在逐步下降，原因就是很多合作社的成员将企业卖给了投资者（Hansmann，2000）。在我国，被认为是集体企业与乡镇企业典型的“苏南模式”的终结，也是一个很好的例证。

3. 利益相关者治理观

Freeman 和 Evan（1990）指出现代公司内部和公司有利害关系的利益主体是多元的，包括股东、董事、经理、雇员、债权人、供货者、社区、政府等。股东关心股息，雇员关心工资，债权人关心本息的偿还，经理关心职位和薪水，社区关心环境和就业，政府关心税收和社会目标的实现。因此，公司治理结构应该体现各利益相关者的要求。

现有研究对利益相关者治理观的观点：第一，分散企业经营目标。除了经济目标以外，企业也必须承担社会的、政治上的责任。这很可能会导致企业陷入“企业办社会”的僵局。一旦利益相关者理论被大众所接受，企业的行为势必受到框架限制，企业无形中被套上公益色彩，结果很可能会导致企业经济利润的损失。第二，利益相关者定义模糊。不同学者对于利益相关者的界定存在差异，尚无一种理论和方法能够定量地衡量众多利益相关者的权重。第三，绩效衡量困难。如何量化对各利益相关者的回报成为了一个难题，公司可能面临评估绩效的挑战。第四，决策复杂耗时。考虑到多方利益，为了平衡各方需求，公司的决策可能更为复杂和耗时。

在实践中，公司需要灵活运用不同的治理模式，如表 8-1 所示。根据不同情况综合考虑各利益相关者的需求，以实现公司的全面和可持续发展。

表 8-1　公司治理的理论模式比较

治理观	企业观	治理逻辑	治理基础	治理参与者
股东治理观	股东主义	资本雇佣劳动	资产特征	股东
员工治理观	员工主义	劳动雇佣资本	对员工价值的尊重	员工
利益相关者治理观	利益相关者主义	协作治理	共同利益	全体利益相关者

资料来源：作者整理。

8.2　G-SME 模型的定义与重点应用领域

鉴于各利益相关方对治理的需求，以及公司维护内部稳定，实现长期可持续发展的期望，中国 ESG 研究院结合公司治理相关理论、相关法律法规和标准梳理提出 G-SME 模型。本节将详细阐述 G-SME 模型的定义以及重点应用领域。

8.2.1 G-SME 模型定义

G-SME 模型基于软硬结合思维，分析了治理结构、治理机制和治理效能之间的内在逻辑关系。其中，治理结构是公司治理的硬性基础，提供了公司内部管理和决策的组织体系，能够确保决策的有效执行和高效运作，降低公司内部决策的误差。治理机制作为公司治理的软性规则，规范公司的运营和决策过程，确保公司能够及时、准确、全面地披露财务信息、业务运营情况和相关风险，保障企业的治理主体和治理结构有效发挥功能。治理效能是治理结构和治理机制的作用效果，是企业治理情况的综合反映。

G-SME 模型即治理模型，包括治理结构、治理机制以及治理效能三个维度，如图 8-1 所示。其中，治理结构（Structure，S）是指由股东（大）会、董事会、监事会和高级经理人员组成的制度安排，规定了企业的组织框架。治理结构包括股东会、董事会、监事会、高级管理层和其他最高治理机构共五个三级指标。治理机制（Mechanism，M）是指保障企业的治理主体和治理结构有效发挥功能的一套规则和运行体系，规范了企业的组织运作。治理机制包括合规管理、风险管理、监督管理、信息披露、高层激励和商业道德共六个三级指标。治理效能（Effectiveness，E）是指衡量治理结果的尺度，是集合效率与效果的综合指标，测度了治理结构和治理机制的作用效果。治理效能包括战略与文化、创新发展和可持续发展共三个三级指标。

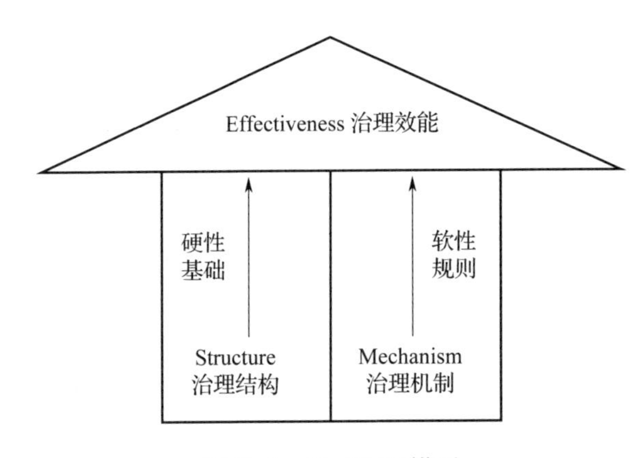

图 8-1 G-SME 模型

资料来源：中国 ESG 研究院。

8.2.2　G-SME 模型的重点应用领域

1. 优化治理体系

公司严格遵守法律法规、规章和规范性文件的要求，不断完善法人治理结构，规范公司运作。公司建立股东大会、董事会及其下属各专门委员会（包括战略委员会、审计委员会、提名委员会、薪酬与考核委员会等）、监事会及由高级管理人员组成的规范有序的法人治理结构，形成权力机构、决策机构、监督机构和执行机构之间权责分明、相互协调和相互制衡的治理机制，切实保障公司和股东的合法权益。

优化治理体系表现在召开股东大会、规范控股股东行为、董事选举、监事任命、高级管理人员聘任、绩效评价与激励约束等方面。第一，公司制定股东大会议事规则，严格按照股东大会规范意见的要求召集、召开股东大会，在会场的选择上尽可能地让更多的股东能够参加股东大会，行使股东的表决权；公司平等对待所有股东，确保股东行使自己的权利。第二，规范控股股东行为。公司与控股股东在人员、资产、财务、机构和业务方面做到"五独立"，公司董事会、监事会和内部机构均独立运作。第三，严格按照《公司章程》规定的董事选聘程序选举董事，秉持多元化政策。公司董事会的人数和人员构成符合法律法规的要求。公司董事会按照《公司章程》的有关规定，设立战略、审计、提名、薪酬与考核委员会。第四，公司监事会严格执行《公司法》《公司章程》的有关规定，认真履行自己的职责，能够本着对股东负责的精神，对公司财务以及公司董事、高级管理人员履行职责的合法合规性进行监督。第五，高级管理人员的聘任公开、透明，符合法律法规的规定。第六，制定公正、透明的董事、监事和高级管理人员的绩效评价标准和激励约束机制，根据公司经济效益和下达的考核指标完成情况兑现工资和绩效奖励。

小案例

中国中铁：提升公司治理体系化建设

中国铁路工程集团有限公司（中国中铁）建立"三个加强、四个推进、三个优化"的"三四三"工作法，提升公司治理体系化建设水平。具体而言，第一，推进“三个加强”，夯实企业治理基础：加强公司治理制度建设，加强治理主体成员配备，加强董事会建设顶层设计。第二，做好“四个推进”，增强企业治理能力：推进厘清各治理主体权责边界，推进夯实董事会行权履职基础，推进落实董事会职权，推进强化董事会监督职责。第三，突出“三个优化”，提升企业治理水平：优化董事会运行机制，优化董事会和董事考核评价，优化董事会和董事支撑服务。

2. 合规经营

合规经营是指企业在经营过程中应当遵循法律法规和其他相关规章制度。企业坚持强化依法合规经营，夯实依法治企、依法经营基础，持续提升依法治企能力。

合规经营包括夯实法治管理工作、审核从源头把好法律关口、抓实案件处置以及加强法律宣传培训。第一，构建以企业为责任主体，单位法务人员和区域法务经理为两翼的“一体两翼”法务管理模式；建立四级法律顾问制度，打通法务人员晋升通道，改善法务力量薄弱局面；围绕“清单”管理，做好法律审核、检查及专项工作。第二，加强合同管理制度建设，提升合同信息化水平，规范授权委托管理，统一授权委托信息化流程。第三，统筹协调内外部法律资源，持续开展案件“去存量、控增量”重点专项工作，加强案件管理，推进重大案件办理，以案促管，同时推行案件包保机制，提升案件办理质量。第四，开展内部专题培训，组织法务人员参加专业能力提升班及内外部的专业培训。

小案例

瑞幸咖啡的惨痛教训

瑞幸咖啡 2019 年业绩造假带来的严重后果给其他公司的合规经营提了个醒。瑞幸 2019 年二季度到四季度公司大约虚增收入 22 亿元人民币。也就是说，瑞幸咖啡上市后的销售数据，75.08% 都是虚假的！财务造假比例不可谓不高，违规胆量不可谓不大。此事一出，顿时激起千层浪。各类针对瑞幸的

“分析”文章遍布朋友圈，有细数瑞幸背后资本方历史的，有声讨瑞幸管理层道德的，有讨论瑞幸后续命运和影响的，数不胜数。

3. 内部控制与风险管理

内部控制是指企业在日常经营活动中，通过合理的制度、规范的流程和有效的管理，确保企业的财务信息的准确性、完整性和及时性，预防和发现各类风险，保护企业的财产安全，促进企业经营活动的规范和高效进行。风险管理是内部控制的重要组成部分，是指通过识别、评估、应对和监控各类风险，最大限度地降低风险对企业目标的影响，保障企业的可持续发展。

内部控制与风险管理表现在组织保障、文化保障、制度保障、流程保障以及考核保障五个方面。第一，公司根据内部控制相关监管要求，结合经营特点、业务模式以及风险管理要求，明确内部控制评价的具体内容，从而更好地对内部控制设计与运行情况进行全面评价。第二，公司通过内部报纸、杂志、公司内网宣传贯彻内部控制管理体系。定期举办内部控制培训，加强思想宣贯，进一步增强全员合规意识。第三，公司根据内部控制成果对现有制度进行修订及完善。同时还通过信息系统，推动内控建设的成果实施落地，在加速提高决策与授权审批效率的同时，有效防范内控风险。第四，公司在内部构建“建设—运行—评价—再建设”的闭环管理。定期对内部控制进行评价测试，梳理各部门涉及业务的内控手册、制度、流程，根据梳理结果制订整改计划，确保制度的全局性与完整性。同时，根据内部控制评价测试结果，形成内部控制缺陷清单，并由各业务部门根据清单制订整改计划，落实完成整改的截止时点与整改责任人。第五，公司积极发挥内部控制与考核的相互作用，设定考核体系，并根据考核结果推进落实相应的激励和内控能力提升。

小案例

辉山乳业的内部控制漏洞

辉山乳业在经营过程中出现内部控制漏洞，引发财务风险，导致资金链断裂。具体而言，辉山乳业自身资本结构不合理，在经营过程中重资本轻现金流，忽视对财务风险的防控。除此之外，由于企业内部控制不到位、监督不力，使企业资金被高管挪用、转移。这导致企业资金链断裂，出现危机，影响了企业的正常经营与声誉。因此，其他企业在经营过程中应当吸取辉山乳业的教训，加大对内部控制与风险管理体系的重视，关注企业投资回报率与现金流的安全，构建全流程内部控制与全面风险管理体系。

4. 反腐倡廉

公司积极完善反腐倡廉机制，切实加强党风廉政建设，推动完善管理、防范漏洞、预防廉政风险。积极开展日常监督工作，努力构建起不敢腐、不能腐、不想腐的机制。

反腐倡廉包括对“开办关联公司”的整治、对“奢侈浪费”的整治以及对“私设小金库”的整治。第一，动员、组织总部及子公司有力推进“公职人员及亲属经商办企业”的相关申报工作，并且组成专项复查小组对各单位进行抽查。第二，积极开展“奢侈浪费”风险点的清查，通过资料查阅、人员访谈、现场观察、设置举报箱等方式，全面排查“奢侈浪费”风险点。各单位根据问题点制定整改台账，并按计划持续整改。第三，启动“私设小金库”专项整治工作，采取各单位自查和总部复查相结合的方式，对各单位的财务现金管理情况进行检查。

小案例

淘宝网的反腐倡廉

淘宝网 2010 年成立了廉政部，专职反腐，以完善公司治理体系。2012 年正式设立了“阿里廉正合规部”，主要职能是腐败调查、预防及合规管理，该部门独立于各业务线内审及内控部门，只向集团 CPO 汇报，调查权限上不封顶。淘宝网当前的负责人曾任杭州市公安局刑事侦查支队一大队大队长，有着极为丰富的刑侦经验。

5. 知识产权保护

公司知识产权保护是指企业对其创造的知识产权（包括专利、商标、版权、商业秘密等）采取措施，确保这些知识产权在合法范围内得到充分的保护和合理的利用，防止他人未经授权使用、侵犯或盗用企业的知识产权，以维护企业的创新优势和竞争地位。

企业知识产权保护表现为版权保护、商标保护、专利保护以及专项知识产权保护。第一，针对互联网版权侵权行为，通过日常全平台内容肃清与专项重点全天候监播肃清相结合的方式，组织专人及专业机构进行实时监测和维权，创新版权维权工作。第二，将商标保护上升至公司战略的高度，根据公司未来的发展战略重构公司的整体商标战略规划和商标架构，出台并不断完善公司商标管理办法，并制定详细的商标分级、定名、申请、转让、使用、授权以及使用证据收集指南，同时建立商标信息化管理系统，实现商标的实时、智能化管理。第三，建立和健全鼓励专利开发及申请的激励机制，积极推进技术创新及专利保护。第四，通过政企合作进一步细化和完善企业知识产权保护。

小案例

西门子与沃福的知识产权之争

西门子软件公司为保护其知识产权起诉沃福公司。西门子软件公司系 NX 系列软件的著作权人，其发现广州沃福模具有限公司（下称沃福公司）未经许可使用涉案软件进行产品设计和制造，遂以侵犯著作权为由将沃福公司诉至法院。法院支持其诉讼请求，并在二审中将判赔额从一审的 60 万元提高到 270 万元。该案依法平等保护了涉外主体的合法权益，对于引导当事人诚信诉讼具有重要导向意义。

8.3　治理结构的内涵与管理侧重点

治理结构是指由股东（大）会、董事会、监事会和高级经理人员组成的制度安排，规定了企业的组织框架。治理结构包括股东会、董事会、监事会、高级管理层和其他最高治理机构共五个方面。

8.3.1 股东会

股东会是公司的最高决策机构，由公司股东组成。它代表了所有股东的意愿和利益，并在公司的大方向上行使决策权。

股东会以股东构成及持股情况、股东会运作程序和运作情况描述。其中，股东构成及持股情况的测度指标包括但不限于股东名称、股权性质、持股数量（股）及比例（%）、主要股东情况。股东会运作程序和运作情况可用股东（大）会召开情况说明，包括召开次数（次）、参加人数（人）、出席率（%）、讨论及表决情况等指标测度。

股东会行使下列职权：第一，决定公司的经营方针和投资计划；第二，选举和更换并非由职工代表担任的董事、监事，决定有关董事、监事的报酬事项；第三，审议批准董事会的报告；第四，审议批准监事会或者监事的报告；第五，审议批准公司的年度财务预算方案、决算方案；第六，审议批准公司的利润分配方案和弥补亏损方案；第七，对公司增加或者减少注册资本做出决议；第八，对发行公司债券做出决议；第九，对公司合并、分立、解散、清算或者变更公司形式做出决议；第十，修改公司章程；第十一，公司章程规定的其他职权。对前款所列事项，股东以书面形式一致表示同意的，可以不召开股东会会议，直接做出决定，并由全体股东在决定文件上签名、盖章。

小案例

沃尔玛的股东会

美国零售巨头沃尔玛（Walmart）的股东会定期召开会议，在财政年度结束后六个月内举行。会议上将审议和批准公司的战略规划和重大决策，决定在特定地区开设新的门店，或者制订大规模的投资计划。同时，股东们在股东大会上行使投票权，就沃尔沃集团董事会成员和外聘审计员的选举等进行投票。

8.3.2 董事会

董事会是依照有关法律、行政法规和政策规定，按公司或企业章程设立并由全体董事组成的业务执行机构，是公司治理的核心。董事会是股东会或股东大会这一权力机关的业务执行机关，负责企业和业务经营活动的指挥与管理，对公司股东会或股东大会负责并报告工作。

董事会可以从董事会成员构成及背景、董事会运作程序和运作情况以及专业委员会构成及运作等方面进行描述。其中，董事会成员构成及背景可用董事会成员性别、年龄、学历、专业、履历、任职、执行与非执行董事情况［如女性董事占比（%）、董事会成员平均任期（年）、董事离职率（%）、董事长是否兼任 CEO］等指标测度。董事会运作程序和运作情况可用董事会召开情况说明，包括召开次数（次）、参加人数（人）、出席率（%）、讨论及表决情况等指标测度。专业委员会构成及运作可用是否设立专业委员会、专业委员会成员构成及背景情况等指标测度。

董事会行使下列职权：第一，召集股东会会议，并向股东会报告工作；第二，执行股东会的决议；第三，决定公司的经营计划和投资方案；第四，制定公司的年度财务预算方案、决算方案；第五，制定公司的利润分配方案和弥补亏损方案；第六，制定增加或者减少公司注册资本以及发行公司债券的方案；第七，制定公司合并、分立、解散或者变更公司形式的方案；第八，决定公司内部管理机构的设置；第九，决定聘任或者解聘公司经理及其报酬事项，并根据经理的提名决定聘任或者解聘公司副经理、财务负责人及其报酬事项；第十，制定公司的基本管理制度；第十一，公司章程规定的其他职权。

小案例

微软的 CEO 更替

微软董事会通过投票宣布首席执行官（CEO）萨提亚·纳德拉（Satya Nadella）将接替独立董事约翰·汤普森（John Thompson），兼任公司董事会主席。纳德拉主要承担的工作包括为董事会制定议程、利用他作为 CEO 的学识识别关键风险、为董事会议程提供建议、召集独立董事开会、为行政会议制定议程，以及对 CEO 的绩效进行评估，等等。

8.3.3 监事会

监事会是由股东（大）会选举的监事以及由公司职工民主选举的监事组成的，对公司的业务活动进行监督和检查的法定必设和常设机构。监事会的设立目的是防止董事会、经理滥权，损害公司和股东利益。

监事会可以通过监事会成员构成及背景、监事会运作程序和情况描述。其中，监事会成员构成及背景可用监事会成员性别、年龄、学历、专业、履历、任职、职工监事等指标测度。监事会运作程序和情况可用监事会召开情况说明，以召开次数（次）、参加人数（人）、出席率（%）、讨论及表决情况等指标测度。

监事会行使下列职权：第一，检查公司财务；第二，对董事、高级管理人员执行公司职务的行为进行监督，对违反法律、行政法规、公司章程或者股东会决议的董事、高级管理人员提出罢免的建议；第三，当董事、高级管理人员的行为损害公司的利益时，要求董事、高级管理人员予以纠正；第四，提议召开临时股东会会议，在董事会不履行召集和主持股东会会议职责时召集和主持股东会会议；第五，向股东会会议提出提案；第六，依法对董事、高级管理人员提起诉讼；第七，公司章程规定的其他职权。

小案例

丰田：发挥监事会的作用

丰田的监事会由 5 名监事（其中 3 名为独立外部监事）组成，确保以外部视角履行监督职责。监事会原则上每月召开 1 次会议，丰田在 2012 年召开了 14 次会议。丰田的监事会职权包括：第一，定期与包括外部董事在内的各位董事、执行官、会计审计师及内部监察部门等交换意见，努力确保业务执行的合法、规范和高效。第二，按照既定监察方针和监察计划（监事会已批准且已在董事会上进行汇报），以合规的应对以及风险管理机制为核心，将内部管理情况作为重点，对董事的职务履行情况进行监查。第三，对审计师的审计结果的妥当性进行审核。

8.3.4　高级管理层

高级管理层是指公司的经理、副经理、财务负责人，上市公司董事会秘书和公司章程规定的其他人员，是公司的执行团队。高级管理层负责实施董事会制定的战略和决策，管理公司的日常运营，以及执行公司的商业计划，推动公司的业务增长和盈利能力提升，为股东和利益相关者创造价值。另外，高级管理层还代表公司与外界沟通，与股东、客户、供应商等利益相关者保持联系。

高级管理层的测度指标包括高级管理层人员构成及背景、高级管理层人员持股。其中，高级管理层人员构成及背景可用高级管理层人员的性别、年龄、学历、专业、履历、任职等指标测度；高级管理层人员持股可用高级管理层人员持股数量（股）及比例（%）、股权增减变化等指标测度。

高级管理层行使下列职权：第一，执行董事会决策；第二，根据董事会确定的可接受的风险水平，制定系统的制度、流程和方法，采取相应的风险控制措施；第三，建立和完善内部组织机构，保证内部控制的各项职责得到有效履行；第四，对组织内部对外部控制体系的充分性和有效性进行监测和评估。

小案例

腾讯的高级管理层

腾讯的高级管理层在内部被称为“总办”，由腾讯 14 名最资深高管组成，每月与各业务集团召开一次战略会议，并在不公开的情况下做出决策。例如，首席运营官任宇昕负责腾讯游戏业务以及在线内容平台，首席战略官 Mitchell 全面负责战略规划、实施，投资并购和投资者关系管理工作，副总裁兼首席财务官罗硕瀚负责腾讯的财务工作。

8.3.5　其他最高治理机构

除了上述传统治理机构外，一些公司可能还设立了其他特殊治理机构或委员会，以应对特定的问题或需求。例如，可持续发展委员会关注环境和社会责任问题，确保公司可持续发展；薪酬委员会制定董事和高级管理层的薪酬政策；风险委员会负责识别和管理公司面临的各类风险；信息披露机构，对企业披露的信息的真实性、准确性、及时性等进行审核和确认。其他最高治理机构的测度指标为其他最高治理机构的情况，可用最高治理机构的人员构成及背景情况、最高治理机构的运行机制和情况等指标测度。

小案例

紫金矿业的战略与可持续发展委员会

2020 年，紫金矿业在原战略委员会中加入了 ESG 管理的职能，并将其更名为“战略与可持续发展委员会”（ESG 委员会），正式确立了董事会 ESG 管治的组织架构。紫金矿业为 ESG 委员会设定的主要职责为：组织、研究和制定公司 ESG 愿景、策略、框架、原则及政策，并推动落实；审视主要 ESG 趋势、风险及机遇；评估公司业务模式和架构模式的 ESG 合规性；审阅公司 ESG 信息披露资料；下达 ESG 工作任务，并协调公司内部资源；负责每年至少一次的 ESG 专题会议。

综上所述，公司治理结构中的每个机构都有其特定的功能和影响。股东会代表股东权益，董事会制定公司战略和决策，监事会监督公司运营，高级管理层执行决策并实现增值，其他治理机构则满足特定需求。这些机构相辅相成，确保公司在法律、道德和商业实践准则下运营，实现长期成功和可持续发展。

8.3.6 管理侧重点

1. 股东会管理侧重点

（1）根据股东人数规模，采取不同的决策模式。为保护中小股东，提高决策的科学性，建议根据公司股东规模，采取不同的决策模式。第一，对于股东人数众多的上市公司和股份有限公司，频繁召集股东会并不现实，可适当地向董事会授权，发挥董事会决策中心地位。至于中小股东的利益代表问题，可以考虑独立董事由中小股东提名，让独立董事成为中小股东的代言人。第二，对于股东人数较少的有限责任公司和股份有限公司（如限定股东人数不超过 50 人），可以尝试将股东会（股东会）和董事会合二为一。可以允许经营管理层在股东会拥有一定比例的投票权（如三分之一），由经营管理层、大股东（或主要股东）和中小股东各推选三分之一的高级管理人员，对公司的重大事项共同决策。

（2）优化股权结构，防止控股股东滥用权力。第一，改变“一股独大”的局面。采取有效措施，稳步实施控股股东减持，可以通过配售、回购或缩股等方式逐步降低其比重。第二，积极培育机构投资者。大力发展机构投资者，借助其“聚沙成塔”的作用，使广大中小投资者在上市公司中的利益得到有效保证。即中小投资者首先向机构投资者投资，然后再由机构投资者向上市公司投资，这样，通过机构投资者这一桥梁，能够将广大分散的中小投资者集中到一起，同时，也使中小投资者在上市公司采取相关经营决策时有了自己的“代言人”，自身利益更能得到保障。第三，进一步推进股权多元化改革。在授权企业法人代表直接对外投资的前提下，鼓励企业法人之间按照经济上的内在联系相互参股。

2. 董事会管理侧重点

（1）完善董事任职资格，提高董事独立性。董事会在一定程度上成为多方势力争权夺利、相互制衡的战场。要解决这个问题，关键是要完善董事任职资格，提高董事独立性。第一，完善董事的选聘标准、程序以及董事的绩效考评标准和程序，并将这部分内容写入公司章程加以明确；第二，适当增加外部董事的持股占比并完善其获取公司相关经营信息的范围及途径，确保公司披露给外部董事的信息是真实、准确、完整的；第三，降低董事与股东的关联度。部分企业董事同时兼任公司的高级管理职务，监管的有效性降低，将对经营绩效带来不利影响。

（2）完善董事会建设，提高董事专业性。提高董事决策的专业化程度，可促进公司经营效益的提高。一方面，建立平等的决策机制。任何决策都要在集体平等协商、充分讨论的基础上做出，避免特权的存在干涉董事会决定，并且应当给予不同的意见充分的存在空间。另一方面，合法合理地设立董事会专业委员会，充分发挥其职能作用并进一步规范其运行。为董事会在战略规划、薪资评估、风险管理、财务管理等方面的经营决策提供科学依据。

（3）完善董事问责机制，减少代理成本。一方面，完善董事信誉义务体系。董事不得利用职权损害公司利益，为自己或他人谋私利。董事履职应当承担与其身份、能力相匹配的注意义务。另一方面，完善对董事的监督与惩罚机制。采取过错推定原则，由董事对其行为的合法性负举证责任。但也不宜过于苛责，否则会适得其反。

3. 监事会管理侧重点

（1）完善监事会监督评价机制。监事会监督评价需要遵循五大原则，全面性原则、针对性原则、有效性原则、独立客观原则和量化评分原则。第一，全面性原则指凡属于受监督范围的工作内容，监事会都可以根据工作需要开展监督评价。第二，针对性原则指根据实际需要，就具体内容和项目开展针对性评价，如月度和季度监督报告就是对企业经营管理情况、重大项目进行的评价。第三，有效性原则指监督评价应以规范操作、多维度考核、价值引导和促进工作开展为目的，应从问题、成绩等不同角度全面客观地评价监督对象，评价结果应作为对监督对象考核和奖惩的重要依据，要通过开展监督评价促进对标管理和目标导向，促进评价对象的良性发展。第四，独立客观原则指监督评价应不受干扰，谨遵“回避”原则，坚持独立、客观、公正，监事会应站在中立的立场客观评价监督对象，做到实事求是。第五，量化评分原则指监事会评价事项尽量通过量化指标的形式开展，以便于信息化操作，也易于统一、比较和规范，同时，应避免因无差别化打分而失去评价的意义。

（2）加强监事会成员的专业性和业务能力。企业监事会专业水平不足是指监事会内部成员的相关专业知识缺乏。完成监事工作既需要清楚财务、审计知识，又要懂法律法规。第一，企业需要对财务监督工作加以重视，将企业财务监督作为企业管理的重要内容。第二，保证监事会成员的专业性，需要避免出现长期的利益关系。第三，防止监事会成员兼职，应保证工作的正常进行，规定好监事兼职的上限数。

（3）建立健全监事会协作制度。第一，建立联系性质的工作机制，强化监事会在企业中的地位。在企业里，监事会在职能上是属于“弱势群体”，企业可以向监事会提供相应的业务指导和培训来支持其工作。只有政府和企业的监督结合到一起，监督的效能才能最大限度地发挥出来。第二，监事会对内对外均需要加强沟通合作。对内与各相关部门加强沟通、联系和协作，对外要加强与会计师事务所、证券监管部门的合作。

4. 高级管理层管理侧重点

（1）加强高层内部监督，落实责任追究制度。对高级管理层的内部控制同样离不开内部监督和内部控制建设。企业应当制定内部控制监督制度，例如保证内部审计部门的独立性以及审计委员的专业性，加强对高级管理层的监督，不仅要监督企业的财务层面，更要督促内部控制制度的设计与实施。

（2）建立有效信息沟通渠道，确保信息及时准确。企业应根据《企业内部控制基本规范》和《企业内部控制指引》，建立信息与沟通制度，明确信息收集、处理和传递程序。将信息在企业内部各管理级次、责任单位、业务环节之间，以及企业监管机构、外部投资者、债权人、客户、供应商等有关方面之间进行沟通和反馈，及时报告和解决信息沟通过程中发现的问题。

5. 其他最高治理机构管理侧重点

第一，强化公司治理结构，加强内部控制环境建设。强化各个治理机构之间的独立性，达到相互制衡和相互监督的作用。第二，明确决策、执行、监督等方面的职责和权限。有效规避治理层在广告商选择、研发支出等方面的机会主义行为和越权行为，避免治理机构按个人主观意愿对企业进行管理。第三，改良创新企业管理模式。充分利用现代化技术和互联网科技，立足于现代化市场，实时更新企业战略管理理念，顺应时代潮流，树立符合现代企业发展的战略管理思想，以此推动企业可持续发展。

8.4 治理机制的内涵与管理侧重点

组织机构有效发挥功能是公司治理的核心目标之一。通过合规管理、风险管理、监督管理、信息披露、高层激励和商业道德等方面的做法，公司可以确保内部运作稳健、合规合法，保护利益相关者的权益，实现长期可持续发展。

8.4.1 合规管理

合规管理是指以有效防控合规风险为目的，以企业和员工经营管理行为为对象，开展包括制度制定、风险识别、合规审查、风险应对、责任追究、考核评价、合规培训等有组织、有计划的管理活动。

合规管理的测度指标包括合规管理体系、合规风险识别及评估、合规风险应对及控制、客户隐私保护、数据安全、合规有效性评价及改进、诉讼和处罚。其中，第一，合规管理体系可用企业合规管理体系建设情况，包括合规管理的制度、方针、范围，及组织、程序、方法等指标测度。第二，合规风险识别及评估可用合规风险识别程序及方法，可能发生的不合规场景及其与企业活动、产品、服务和运行相关方面的联系等指标测度。第三，合规风险应对及控制可用应对合规风险的措施以及如何将措施纳入合规体系过程并实施等指标测度。第四，客户隐私保护可用是否发生泄露客户隐私的事件以及事件数量（件），违反《中华人民共和国个人信息保护法》等相关法律法规所造成的损失金额（万元）等指标测度。第五，数据安全可用是否发生数据泄露事件以及数据泄露事件数量（件），数据泄露规模（万条），受影响的用户数量（万人），违反《中华人民共和国数据安全法》等相关法律规定造成的金额损失（万元）等指标测度。第六，合规有效性评价及改进可用合规管理有效性评估中发现的问题及采取的纠正措施等指标测度。第七，诉讼和处罚可用诉讼事项（如产品质量安全违法违规、垄断及不正当竞争、商业贿赂等）、件数（件）、处罚金额（万元）及对企业经营产生的影响等指标测度。

合规管理的重要管理事项包括：第一，企业是否遵守法律法规、监管政策；第二，企业是否遵守行业准则、商业规则；第三，员工是否遵守企业内部规章制度、流程规范；第四，企业及员工是否遵守商业道德和社会公德。

合规管理能够帮助公司降低风险、维护声誉以及保护投资者。第一，合规管理有助于降低公司因违反法律法规而面临的风险。通过建立合规性框架，公司可以及时发现和解决潜在的合规问题，避免法律责任和惩罚。第二，合规管理有助于维护公司的声誉和信誉。遵守法律法规和道德标准，向利益相关者展现公司的诚信和责任感，增加他们对公司的信任和支持。第三，合规管理可以保护投资者的利益。投资者通常会优先选择遵守法律法规的公司，因为这些公司更具可持续性和稳定性。

小案例

大众汽车集团的经验教训

大众汽车集团在2015年爆发“排放门”丑闻，被揭发严重违规操作。具体而言，大众在发动机管理单元中加装了一道装置，这道装置收集速度计、方向盘传感器和气压传感器的数据后发送给中央电脑。当这些数据与EPA的测验环境参数相似时，中央电脑将启动“功率校准”，使排放最小化。如果检测到车辆正在道路上行驶（而不是测试环境下的滚轮），中央电脑将启动“道路校准”，抑制减排系统。这套行云流水的操作，简直是为EPA量身定制的作弊系统。这导致大众遭受民事诉讼和巨额罚款，对公司的声誉和市场地位造成了严重影响。案例凸显了合规管理的重要性，公司必须遵守环保法律法规，不得采取欺诈行为。

8.4.2　风险管理

风险管理是公司识别、评估和应对可能影响公司目标实现的各种风险的过程。

风险管理的测度指标包括风险管理体系、重大风险识别及防范、关联交易风险及防范、气候风险识别及防范、数字化转型风险管理、企业应急风险管理。其中，第一，风险管理体系可用风险管理的过程，包括明确环境信息、风险识别、风险分析、风险评价、风险应对、监督和检查的全流程等指标测度。第二，重大风险识别及防范可用企业识别和评估具有潜在重大影响的风险种类及防范措施等指标测度。第三，关联交易风险及防范可用企业关联交易的关联人、交易内容、交易金额等情况，如向关联方销售 / 采购产品金额（万元）、每百万元营收向关联方销售 / 采购产品规模（万元）、向关联方提供资金发生额（万元）、每百万元营收向关联方提供资金发生额（万元）等，以及公司人财物独立性情况、关联方资金占用情况、关联担保等指标测度。第四，气候风险识别及防范可用企业遭受气候影响产生的损失，包括受影响事件数（件）和损失金额（万元）等指标测度。第五，数字化转型风险管理可用企业数字化转型带来的价值效益，包括生产运营优化（如效率提升、成本降低、质量提高），产品 / 服务创新（如新技术 / 新产品、服务延伸与增值、主营业务增长），业态转变（如数字新业务、用户 / 生态合作伙伴连接与赋能、绿色可持续发展）等指标测度。第六，企业应急风险管理可用企业应急风险管理体系，包括应急风险评估、应急程序、应急预案、应急资源状况等指标测度。

风险管理的重要管理事项包括：第一，企业应该识别和分析可能影响其业务和目标实现的各种风险，包括市场风险、财务风险、操作风险等；第二，在识别风险的基础上，企业需要对风险进行评估，确定其可能发生的概率和影响程度；第三，在评估风险后，企业需要制定相应的应对措施，以降低或消除风险带来的影响；第四，建立风险管理制度是保证企业风险管理有效实施的关键；第五，企业应该向员工进行风险管理培训和宣传，增强员工的风险意识和风险管理能力；第六，企业风险管理不是一次性的工作，而是需要持续监控和改进的过程；第七，企业风险管理需要整合和优化各项管理措施，确保风险管理与企业战略、经营和其他管理领域的协同。

风险管理能够帮助公司稳健经营、支持决策以及建立信任。第一，风险管理有助于确保公司稳健经营。通过识别和应对潜在风险，公司可以避免因突发事件而遭受重大损失，保持业务的稳定性和连续性。第二，风险管理为公司提供了关键的决策支持。通过了解潜在风险，公司可以做出明智的战略决策，优化资源分配，提高业务绩效。第三，有效的风险管理可以增加利益相关者对公司的信任。投资者、客户和合作伙伴更愿意与那些具有成熟风险管理体系的公司合作。

小案例

索尼遭受网络黑客攻击

2014年索尼遭受的网络黑客攻击事件，反映了风险管理的重要性。该事件被称为史上最严重的企业网络攻击事件，涉及信息泄露、邮件恐吓、FBI介入等，引发的波澜比起荧幕里的黑客电影更加惊心动魄。索尼影业对于这次黑客事件的反应速度似乎并不迅速，内部网络一蹶不振。由于缺乏完善的网络安全和风险管理措施，索尼的电影部门遭到严重损害。

8.4.3　监督管理

监督管理是指对公司内部运作和决策进行监督和审查，以确保高级管理层合法、透明和有效地履行职责。

监督管理的测度指标包括审计制度及实施，问责制度及实施，投诉、举报制度及实施。其中，第一，审计制度及实施可用会计师事务所有无变更、会计师事务所是否出具标准无保留意见等指标测度。第二，问责制度及实施可用问责制度、问责数量（件）、形式及改进措施等指标测度。第三，投诉、举报制度及实施可用报告期内收到投诉、举报的数量（次）、类型（如是否移交司法程序）、受理量占比（%）等指标测度。

监督管理的重要管理事项包括：第一，遵守公司的各项规章制度，维护公司利益；第二，保障员工权利的情况；第三，在干部选拔任用工作中执行公司有关规定的情况；第四，内外勾结、上下勾结，徇私舞弊，损害公司和员工利益的情况；第五，廉洁自律和廉政建设情况。

监督管理能帮助企业做出负责任的决策、防止腐败以及提高透明度。第一，监督管理有助于确保高级管理层做出负责任的决策。例如，董事会和监事会的存在可以确保公司的战略和政策符合利益相关者的期望，推动公司向可持续方向发展。第二，监督管理可以防止公司内部腐败现象的出现。独立的监督机制可以对公司内部运作进行审核，减少腐败和滥用权力的风险。第三，监督管理有助于提高公司的透明度。透明的公司决策和运作可以增加投资者和利益相关者对公司的信任，增加公司的声誉和可信度。

小案例

华为：打造“零缺陷”质量监督管理体系

华为围绕客户需求打造“零缺陷”质量监督管理体系。华为不仅努力使内部的每一个环节做到可控，还对全价值链进行监督管理。第一，华为选择价值观一致的供应商，并对它们进行严格的监管。第二，优质优价，绝不以价格为竞争的唯一条件。华为对每一个供应商都有评价体系，而且是对合作全过程的评价。第三，华为在整个产线上建立自动化的质量拦截机制，一共设定五层防护网。华为通过对价值链的有效监督管理，为客户提供高质量产品。

8.4.4 信息披露

信息披露是公司向外界公开披露有关其业务、财务状况、经营策略和风险等方面的信息。

信息披露的测度指标包括信息披露体系和信息披露实施。其中，第一，信息披露体系可用企业信息披露的组织、制度、程序、责任等指标测度。第二，信息披露实施可用企业信息披露的内容、渠道、及时性等指标测度。

信息披露的重要管理事项包括：第一，涉及企业基本信息、治理结构、财务状况、重大事项以及风险提示；第二，披露的信息需充分且完整、准确且及时，以及具有可获得性。

信息披露能够帮助企业获得投资者信任、满足合规要求以及履行社会责任。第一，透明的信息披露有助于建立投资者对公司的信任。投资者愿意投资那些向公众透明披露信息的公司，以更好地了解公司的运营情况和未来展望。第二，信息披露满足合规要求。许多国家和地区都有信息披露的法律要求，公司需要遵守这些法规，及时、准确地向监管机构和公众披露信息，以免受到罚款和处罚。第三，信息披露也是公司履行社会责任的一种表现。公司向公众披露信息，可展现公司的诚信和透明度，赢得利益相关者的尊重和支持。

小案例

微软的气候信息报告

微软按照 TCFD 框架披露的气候信息报告堪称模板。微软从治理、战略、风险管理、指标和目标等 TCFD 所倡导的四个方面详细披露了企业的气候信息。具体而言，首先，在治理方面，微软采取董事会督导和管理层主导的气候治理结构，将环境绩效与薪酬计划相挂钩，符合 TCFD 框架所倡导的良好治理实践。其次，在战略规划方面，微软严格按照 TCFD 框架的披露要求，首先阐述其为应对气候变化、实现气候目标而制定的战略，然后基于严谨的情景分析，评估气候变化的风险和机遇及其在短期、中期和长期对微软业务、战略和财务规划的影响。再次，微软主要从识别、评估和管理气候风险，将风险管理融入 ERM 系统以及要求各分部门建立风险管理流程三个方面披露其应对气候变化的风险管理的做法。最后，微软针对碳排放、水资源、废弃物和生态系统这四个可持续发展核心支柱，披露其应对气候变化拟实现的目标。

8.4.5　高层激励

高层激励是指在公司治理中，使公司高层在从事其经营管理活动的过程中充分调动自身工作积极性，把公司利益与自身利益相挂钩，实现公司所有者同公司高管的利益最大化的规范总和。

高层激励的测度指标包括高管聘任与解聘制度、高管薪酬政策、高管绩效与 ESG 目标的关联。其中，第一，高管聘任与解聘制度可用高管人员聘任与解聘原则、程序等指标测度。第二，高管薪酬政策可用高管人员绩效与履职评价的标准、方式和程序等指标测度。第三，高管绩效与ESG目标的关联可用企业高管绩效评价与ESG目标的关联情况等指标测度。

高层激励的重要管理事项包括：第一，高层激励机制需要科学的评价依据，能够客观真实公平地评价高层的能力水平，保证激励机制的有效性；第二，高层激励机制需要及时以及恰当的激励。

高层激励能够留住人才、促使高管关注企业长期发展、提高公司绩效。第一，高层激励通过分享公司的成长收益，不仅能提高高层的工作热情和工作效率，还能使其对公司更为忠诚。第二，通过股权激励计划，高管将持有公司股票，他们将与股东拥有相同的利益，高级管理层的利益与公司的利益保持一致，避免了代理冲突。第三，长期股权激励计划会将给予高管的激励与公司长期股价表现挂钩，激励高管为公司的长期成功而努力。

小案例

亚马逊的高管激励策略

亚马逊的首席执行官杰夫·贝索斯一直采取低薪高股权的激励策略，将大部分报酬以股票形式支付，这意味着高管的个人财富与公司的股价紧密相关。例如，亚马逊的2021年度高管薪酬计划包括向三名公司高管支付3.5亿美元的薪酬，其中绝大多数是在几年内分批授予的股票。这种激励机制激发了高管对公司的责任心，也促使他们在公司发展和战略规划方面做出许多积极的决策。

8.4.6 商业道德

商业道德可保障组织机构有效发挥功能，是以道德和伦理原则为基础的经营方式，强调诚信、责任、公平和可持续性。

商业道德的测度指标包括商业道德准则和行为规范、商业道德培训、避免违反商业道德的措施。其中，第一，商业道德准则和行为规范可用企业商业道德、员工行为准则等指标测度。第二，商业道德培训可用企业管理层、员工接受商业道德规范培训的频次（次 / 年）、平均时长（小时 / 年）及培训覆盖率（%）等指标测度。第三，避免违反商业道德的措施可用企业防止贪污、腐败、贿赂、勒索、欺诈、洗黑钱、垄断及不正当竞争等行为的措施及监察方法等指标测度。

商业道德的重要管理事项包括：第一，用商业道德观念来确定企业愿景和使命；第二，从商业道德角度来评价和选择最佳战略；第三，企业职能部门在制定策略时要坚守商业道德；第四，在经营过程中坚守商业道德原则；第五，培养一种商业道德文化。

商业道德能够帮助企业赢得信任与声誉，提高员工的凝聚力和忠诚度以及客户的满意度和忠诚度，降低经营风险以及履行社会责任和可持续发展。第一，商业道德对于企业赢得信任与声誉至关重要。一个秉持诚信和道德原则的企业更容易赢得消费者、投资者和员工的信任，形成良好的口碑和品牌形象。第二，商业道德可以提高员工对企业的凝聚力和忠诚度。一个注重道德价值观的企业会与更多员工产生共鸣，使员工更加投入工作，积极为企业的目标和发展贡献力量，从而保证组织有效运作。第三，商业道德对于客户满意度和忠诚度的提升也具有积极影响。遵循道德原则的企业，通常会提供高质量的产品和服务，积极回应客户的需求和反馈，从而增强客户对企业的信赖和忠诚，促进企业的长期发展。第四，商业道德有助于企业遵守法律法规，降低经营风险。遵循道德行为标准的企业会更加注重合规管理，避免违法违规行为，减少可能面临的法律纠纷，保障企业的可持续发展。第五，商业道德是企业履行社会责任和可持续发展的基础。通过关注环境、社会和利益相关者的利益，企业可以积极推动环保、慈善事业和社区发展，实现企业与社会的共赢。

小案例

“直播带货”的合规性困境

网络直播和网红经济的兴起使得“直播带货”成为一种新的营销方式，它的及时性和互动性可很好地满足人们的个性化物质需求和社交情感诉求。但是，各种违背商业道德的现象也逐渐暴露出来。例如，李佳琦关联公司因虚假宣传被罚事件引发了公众对直播带货商业伦理的广泛关注。2021 年 8 月 13 日，“李佳琦公司因涉虚假宣传被罚 30 万元”登上微博热搜，指其通过淘宝直播对产品“初普 stop vx 美容仪”的推广介绍涉及虚假或引人误解的商业宣传行为，责令当事人停止违法行为，并罚款人民币 30 万元。该事件说明任何行业或企业均不能触及商业道德底线，否则将受到制裁。

综上所述，合规管理、风险管理、监督管理、信息披露、高管激励和商业道德是确保组织机构有效发挥功能的重要方面。这些方面共同构成了健全的公司治理机制，有助于确保公司合法、透明、负责任和可持续地运营，实现长期发展。

8.4.7 管理侧重点

1. 合规管理侧重点

（1）坚持合规管理的四个原则。第一，坚持党的领导。充分发挥企业党委（党组）领导作用，落实全面依法治国战略部署有关要求，把党的领导贯穿合规管理的全过程。第二，坚持全面覆盖。将合规要求嵌入企业经营管理各业务流程，将合法合规理念制度化，设置合法合规控制的关键节点，实现关键控制节点网络化，形成相互影响的整张网络，不留死角，相互影响，整体发挥作用。第三，坚持权责清晰。按照业务开展与合规开展同步进行的方式，落实“一岗双责”，即业务部门对自身业务的合规性负首要、主要责任，其他合规管理部门和监督部门应当充分履职，跟进业务的开展，及时履行监督检查职能，承担相应的管理责任。第四，坚持务实高效。建立健全符合企业实际情况的合规管理体系，突出对重点领域、关键环节和重要人员的管理，充分利用大数据等信息化手段切实提高管理效能。

（2）发挥财务部门监督管理优势。第一，做细做实预算管理、会计核算、经营分析等各项工作。以预算作为各项收支的起点，及时分析各项执行差异，根据差异原因修正企业的预算或者经营思路，充分发挥预算统筹全盘的功能。

通过严谨的基础性工作规范业务流程中的各个环节的衔接，及时揭示生产经营过程中的异常。第二，实时监督内部控制的执行情况。内部控制体系是财务监督的重要保障，应重点关注内部控制制度中对风险控制节点的设计，跟进评估相关控制节点的执行情况及控制人员的能力及变化情况。第三，创新监督手段，持续提升财会监督效率。充分利用CDP系统，及时预警应收账款、预付账款、发票采集、资金支付等各方面的问题，发挥其超前预防监督的功能。

（3）加大经营管理部门监督管理力度。第一，强化业务可视化监控管理力度，提高数据流通效率。加强各项数据审核流程，对各项业务流程进行全过程监督，从源头上避免数据的虚假性和不规范性，做到账账相符、账证相符、账实相符。第二，强化各项风险管控措施，加大风险意识宣传力度。根据市场环境和业务流程，及时完善各项经营管理体系文件，做到业务开展有据可依，有章可循。组织风险合规管理系统培训，提高风控人员专业技能水平。组织业务、财务相关人员学习相关文件，加强风险管控，坚守底线、红线的要求。第三，加大合规性检查力度，促进经营活动进一步规范化。加强对制度执行情况的监督，及时规范经营活动，提升企业严守规定、防控风险的意识，将经营过程中的重大、重点风险控制在企业可承受的范围内。

2. 风险管理侧重点

（1）完善风险管理体系，提高风险控制水平。第一，建立科学、合理的风险管理制度。建立风险管理制度，必须明确企业的发展方向，并结合企业的实际发展状况做出科学的决策。第二，建立风险管理控制小组。每个部门的负责人都应参与风险管理控制小组，接受关于风险认识的教育，并且将其融入每个部门工作人员的意识当中，使风险控制有效地在不同的行业内进行传递和响应。第三，各部门建立各自的风险管理控制系统。针对各部门的特点，结合现实的具体条件，建立适合本部门的风险管控制度，有效地提高企业的风险控制水平，从而推动企业健康发展。

（2）构建风险管理信息系统，实现风险预警。第一，以全过程管理理念为核心，加快管理信息系统的构建与完善进程。将更多的线下管理业务转移至线上，凭借信息系统的功能优势，满足自动化、高效化、标准化、专业化的管理要求。在信息系统中采用固化业务流程、系统自动转账等科学技术，对业务信息进行加工处理后，形成可量化的会计信息。第二，以风险管控预警作为切入点，建立健全风险预警体系。具体可以引入风险管理技术，使用各种先进技术工具对风险进行识别、量化，计算风险权重影响，确定哪些是关键风险，是需要重点关注的，哪些是次要风险，从而确定风险解决策略。第三，增强部门风险管理应急意识。将风险管理理念融入实践工作中，确保全体人员对风险有着较强的反应能力、识别能力以及应对能力，当确认某环节存在风险隐患后，第一时间告知上级，共同研究、制定风险管理措施，力求做到早发现、早防治、少损失。

（3）提高风险动态管理能力，快速应对风险。首先，预判和估算风险因子。风险识别是风险管理全流程中的关键，面对不同类型的风险，企业可以通过动态能力判断风险处理的优先次序，进而能够有序地对风险进行控制，帮助企业迅速定位，提高风险管理的效率。其次，对风险进行实时监测和管控。基于动态能力快速、实时感知环境，进而对影响企业的各种风险因子进行监测和管控。清晰了解并辨析风险所带来的机会或威胁，从而采取相应的措施。最后，有效整改风险项目。通过感知变化能力及时找到风险源头并进行处理，从而避免类似事件的发生。

3. 监督管理侧重点

（1）完善内部监督体系。第一，明确自身职能范围。做好本职工作，转变传统的分散的监督形式，监督部门直接对业务部门进行监督，增强监督部门与各业务部门的交流，有效整合内部资源，协调部门之间的矛盾，发挥监督管理价值。第二，重视强化监督部门的职能。扩大监督范围，除监督内部各个职能部门，还应涉及集团子公司、分公司、董事会及管理层，保证监督部门具有高权威性。第三，建立有效的监督共享平台。促进职能部门与监督部门联系，及时共享反馈监督信息，从而及时整改，提高监督工作效果。

（2）提升监督管理人员素质。第一，严格筛选监督管理人员。严格选拔财务监督管理人员，聘用的管理人员要具备专业的知识技能和丰富的经验，同时要杜绝人员选拔中以权谋私的现象。第二，开展监督管理人员的培训工作。企业需要对管理人员定期组织培训，提升工作人员素质。第三，实施监督管理人员考核制度。企业应根据工作人员实际监督管理水平进行考核评级，加强监督管理人员的工作责任心。

4. 信息披露管理侧重点

（1）完善信息披露制度。第一，提升企业管理人员对于信息披露的认识。真实、有效的数据信息对于企业经营者制定经营决策、投资人制定投资决策以及内部员工制定工作决策都有着极为重要的作用，企业管理者应首先要认识到这一点。第二，设立专门的部门落实信息披露工作。该部门的主要职责应包含：发布社会责任信息披露报告，监督企业执行社会责任，审核企业披露信息的真实性以及健全企业内部的相关机制，防止披露内容模棱两可。第三，对内部治理结构进行完善，积极对企业信息披露的情况行使监督权。

（2）聘请专业权威的审计机构进行审计。经第三方审核机构审核过的报告能够在更大程度上确保所披露信息的公正性与真实性，更有利于帮助所有的利益相关者做出正确的决策。到目前为止，是否聘请第三方审计机构进行审计是评价披露信息真实性最重要的一个衡量依据。聘请第三方的审计机构进行审计既能够帮助企业发现潜在的漏洞和安全隐患，更能够防止企业盲目吹嘘，提高所披露信息的真实度，促使企业对外发布真正高质量的报告。

5. 高层激励管理侧重点

（1）合理调整高管的薪酬结构与激励方式。第一，在对高管的薪酬结构进行调整时，应该首先考虑对效益工资进行调整，丰富效益工资的衡量标准。第二，在薪酬激励方面，合理设计股权激励方案、薪酬与非薪酬激励方式有机组合。企业在制订高管激励计划中，应该考虑采用或增加非薪酬激励的方式，高管的声誉往往是由其过去经营业绩带来的，因此，高管人员需要提高自己的业绩以提高其在经理市场的声誉，从而增加其未来的收入。对于其他的激励方式，应该增加非薪酬激励方式，更加关注事业激励、声誉激励、竞争激励与控制权激励等内容。

（2）发挥相关机构监督作用。第一，执法机构应加强对公司激励政策、股份授予等环节的监督与管理，严厉打击股权激励计划参与者进行内幕交易、与他人联手操纵股价等违法行为。第二，改革独立董事制度，充分发挥独立董事的监督作用。培养一批富有责任心和专业知识的独立董事干部队伍，逐步完善独立董事的报酬机制，使其关注公司经营状况，完善内部监管体系。第三，充分利用外部舆论监督的力量，由社会公众监督上市公司高管在企业中的作为。

（3）制定科学合理的业绩考核体系。公司的业绩考核体系关系到能否对公司高管的业绩进行客观、公正的评价，同时影响高管层工作的努力程度和积极性。在制定绩效考核指标时，应尽可能地采用财务指标与非财务指标相结合的方式。同时，要避免考核标准定得过高或过低的情况。

6. 商业道德管理侧重点

（1）完善商业道德管理体系。第一，健全相关规章制度。修改相关规章制度，培养管理者与会计人员的诚信意识，加大惩处力度，让造假付出的代价大于其收益，从根本上杜绝造假行为。第二，建立道德评价体系与约束机制。成立具有独立性的道德评价部门，定期或不定期对企业和从业人员进行道德考核和道德评价，并将其与企业绩效、个人绩效挂钩，根据对道德考核结果的全面分析评价来进行处罚和公开披露。第三，提高企业诚信文化建设。构建诚信企业文化，严格遵守诚信理念，为企业的长远发展奠定基础。

（2）增强员工商业道德意识。第一，对内部人员进行管培教育。企业开设相关课程，或者邀请专业人士为内部员工提供教育和学习机会，让其理解并贯彻商业道德理念。第二，将商业道德理念融入具体的工作，推动企业健康发展。第三，宣传商业道德的价值。公司的所有成员都需要感受到商业道德的价值，以符合商业道德标准的方式工作，以保证自身与整个企业环境的良性发展。

8.5 治理效能的内涵与管理侧重点

企业治理效能是衡量企业管理和运营质量的重要指标，是公司治理水平的最终体现，具体表现为战略与文化、创新发展和可持续发展三个方面。通过治理效能指标的调节作用，能够为公司厘清现实治理水平并指明未来治理目标。

8.5.1 战略与文化

战略是指公司在竞争中指定的规划，文化是指公司内部的价值观念。

衡量企业治理效果的一个重要指标是公司是否拥有清晰的战略目标，并能够有效地实现这些目标。首先，公司愿景应该明确、具体，并能够激励员工和利益相关者共同努力。企业制定的战略，应该分析自身商业模式，在市场环境中寻找自身的优势，从而提高企业在市场中的竞争力。其次，企业制定战略需要注重规划、执行和监控。这一过程需要完善的管理制度和流程，帮助企业提高管理水平，从而更好地推动企业发展。最后，企业需要分析自身核心竞争力，包括技术专长、独特的生产工艺、品牌知名度、创新能力等。通过认清核心竞争力，企业可以明确自身的竞争优势所在。

衡量企业治理效果的另一个指标是企业文化。企业文化是企业生存和发展的理念，是企业的核心价值观念的体现，其规定了企业经营者和员工的基本思维模式和基本行为模式，用于支撑和调节企业价值链并始终处于支配地位。积极、健康的组织文化有助于激发员工的积极性和创造力，促进团队协作和员工个人发展。另一方面，文化是企业战略发展的基石。

小案例

谷歌的愿景与使命

谷歌是一家以创新为核心的科技公司，其愿景使命是“整合全球信息，供大众使用，让人人受益”。搜索、广告和应用是谷歌的三大核心业务，谷歌大约将70%的资源投入搜索与广告业务中，可以说搜索是谷歌的技术核心，广告是谷歌的商业核心，应用是支撑起未来竞争的战略核心。所以，不断改善搜索引擎技术、推动人工智能和机器学习的发展是谷歌的战略目标。谷歌的核心文化包括以用户为中心，其他一切水到渠成；心无旁骛、精益求精；快比慢好；网络的民主作风。

8.5.2 创新发展

创新发展（Innovation Development）是指实现或重新分配价值的新的或变化的发展。企业创新发展表现在多个方面，包括研发投入、研发与创新管理体系、管理手段创新以及专利等创新成果。

第一，研发投入是企业创新发展的基础，是科技进步和技术创新的重要保证。企业需要投入大量资源用于研发活动，包括资金、人力、时间和设备等。高研发投入的企业通常能够推出更多的新产品和技术，满足不断变化的市场需求。例如，科技巨头苹果公司每年都投入大量资金用于研发新产品，如iPhone、iPad和MacBook等，不断推出新的产品和功能，保持了在智能手机和计算机市场的竞争优势。

第二，有效的研发与创新管理体系是确保企业创新能力的关键。企业需要建立科学合理的创新管理体系，以提高创新的效率和质量。包括研发项目的选择和评估，确保研发项目与企业战略目标相一致，避免资源的浪费。同时，应建立跨部门协作和沟通机制，促进不同团队之间的合作和知识共享，有助于促进创新。

第三，管理手段的创新是指企业在经营管理过程中采取新的方法和手段，以提高效率和效果。在创新发展的过程中，企业需要灵活运用新的管理手段，不断改进组织架构和流程，从而更好地适应市场的变化。

第四，专利是企业创新的重要成果之一，能够对新技术、新产品或新方法形成有效保护。获得专利可以帮助企业在市场上获得竞争优势，并防止其他公司对其创新成果的窃取。企业需要在创新过程中注重知识产权的保护，鼓励员工创造并申请专利。这样的做法有助于鼓励员工进行创新，并促进企业的科技进步。

小案例

海尔集团：全面推进技术创新

海尔集团为提高企业的核心竞争力，在企业不断发展的基础上，将技术创新作为企业的核心。为此，海尔成立了由中央研究院、国际认证中心、工业设计中心、测试检验中心、产品开发中心共五个部分构成的海尔技术创新网络系统，在观念、管理和产品开发方面不断创新，科研成果基本上与国际先进水平保持同步。

8.5.3　可持续发展

企业可持续发展是指企业在经营过程中，将 ESG 融入企业的战略制定、经营管理和投资决策中，有效平衡经济、社会和环境三个方面的考虑，追求长期稳健的发展。这意味着企业在创造经济利益的同时积极履行社会责任，关注员工权益和社区利益，同时注重环境保护和资源可持续利用，实现经济、社会和环境的共同繁荣。

首先，将 ESG 融入企业战略制定的分析、制定、实施、变革过程。第一，明确 ESG 目标和愿景，并将其纳入战略规划中。确定环境方面的减排目标、社会责任履行和员工福利保障，以及公司治理的提升计划。ESG 目标需要与企业的核心价值和业务模式相一致，以确保战略的可行性和一致性。第二，整合 ESG 风险和机会。分析环境、社会和公司治理方面的风险和机会，并将其纳入 SWOT 框架等战略分析工具中。第三，吸纳利益相关者（如员工、客户、供应商、社区等）的意见和期望，确保在战略制定过程中考虑了他们的需求。

其次，将 ESG 融入经营管理过程。第一，制定与 ESG 相关的经营指标和关键绩效指标（KPIs），监测和评估企业在环境、社会和公司治理方面的表现，帮助企业了解自身在 ESG 方面的进展，促进持续改进。第二，提高企业员工和管理层对 ESG 的认知和重视。增加员工对 ESG 的理解，使其能够将 ESG 更好地融入日常工作中，提高整体经营管理的水平。第三，在决策过程中，考虑 ESG 因素的影响。这包括采购决策、供应链管理、产品设计等方面，确保企业在经营管理中遵循ESG的原则和准则。

最后，将ESG融入ESG投资决策过程中。第一，在进行投资决策时，对潜在投资项目进行ESG风险评估。考虑环境、社会风险以及公司治理的状况，从而避免不可预见的损失。第二，确定符合ESG投资标准的投资项目。这些标准可以包括环境友好、社会责任、透明度和良好的治理等方面。选择符合ESG标准的投资项目，提高长期投资回报。第三，对外发布与ESG相关的报告，向投资者展示企业在环境、社会和公司治理方面的表现和进展，增加透明度以吸引ESG投资者和合作伙伴。

小案例

宝洁的可持续发展

宝洁在第四届进博会现场发布“净零2040”可持续发展目标，宣布到2040年实现其运营和供应链（从原材料到零售环节）的温室气体净零排放，并力争在十年内针对2030阶段性目标取得实质性进展。宝洁的可持续发展战略聚焦点在气候、水、废弃物三大领域。第一，在气候方面，宝洁将试点和推广借助可再生碳、回收碳和碳捕捉技术制成的材料，通过保护、改善、恢复自然生态带来碳收益。目前，宝洁太仓工厂已实现100%使用可再生能源。第二，在水方面，宝洁致力于到2030年将工厂的水资源利用率提高35%，目前，宝洁中国三大工厂已提前实现这一目标。第三，在废弃物方面，宝洁在2018年就已经实现工厂废弃物零填埋，面向2040，宝洁将进一步推进循环经济解决方案。

8.5.4 管理侧重点

1. 战略与文化管理侧重点

（1）培育适合市场经济的企业文化。市场经济条件下企业必须具备优良的竞争意识、理性精神和法律意识，这几点缺一不可。企业中的每位员工都要以一种与现代经济理性协调一致的理性精神，服从制度安排，接受分权原则，遵守规章制度，与企业命运荣辱与共。企业要协调人与人的关系，鼓励员工队伍“内在自省、群体自励、人文自导”。让广大员工以昂扬的精神状态协调一致地行动，投身于企业的改革和管理。

（2）优化流程，提高战略执行质量。第一，精简组织架构。将组织架构中不重要甚至多余的部门和人员裁减掉，并且对于政出多门的组织架构进行精简，明确责任部门与领导，提高命令传达效率和准确性。第二，优化企业战略执行流程。在制定企业战略执行方案和计划时应明确企业战略目标和各部门的工作目标，然后将企业战略分解细化为各个部门具体的工作任务和时间安排，将工作任务一级级下达到各个岗位和各个员工身上。同时，针对重点项目，建立清单制、专班制，定期跟踪和销项，保障战略重点如期兑现。第三，简化企业内部审批流程。采用网络审批模式，在管理系统中进行查阅与审批，以大幅提高企业战略执行过程中的各项审批效率和质量。

2. 创新发展管理侧重点

（1）增强创新意识，抓住创新机遇。第一，增强创新意识，主动向更高级产业链靠拢。充分利用产业链上下游的协同合作，借助产业龙头企业的产业链协同战略，获得资金、设备和技术协助，实现创新。也可以通过依托产业园区形成的产业集群，获得创新资源和要素。主动融入相应产业链，增强企业管理者的创新意识，放弃低端竞争的短期利益，自觉以产业链一环的角色加入产业链整体创新过程中。第二，配合国家宏观战略方向，在“双循环”中发掘创新机遇。国家为促进国民经济发展，提出了“双循环”发展战略。但国际国内“双循环”良性发展战略的实施需要解决产业链中“卡脖子”现象，摆脱低端竞争的地位。企业需要抓住机遇，充分利用政府配套的战略支撑政策，增加自主创新投入，推进关键技术、关键零部件、关键材料创新。

（2）建立以人才为核心的创新基础。第一，完善激励企业内部全体员工创新积极性的措施。企业要强化创新，必须先激发全体员工创新的积极性。为此，可以实施灵活的组织形式及工作方式，提高员工自主权与主观能动性，使员工有更多的精力、时间进行创新研发。同时，通过管理机制改革，健全人才培养、使用、评价和激励机制，保护员工的创新积极性和热情。第二，加大高素质创新人才的引进力度。建立科技入股制度，加大科研技术在工资中的权重，以股权、期权、重奖等机制，或通过帮助创新研发者处理好其家属、子女入学、就业等问题，激发、调动科技研发人员的积极性。第三，加强与高校及科研机构的人才交流对接。企业应搭建与高校、科研机构的协同平台、创建学生实习基地。同时，也可以通过地方企业孵化器培养，或与大企业建立科研联盟，进行共性技术研发协作。

（3）加强创新研发投资与积累创新物质基础。企业强化研发创新，就必须不断加大对创新研发方面的投资，提升自己的创新研发能力。第一，企业可以有效整合外部创新资源。企业可通过产学研联合创新的方式，加强公司与高等院校和科研院所的联合，解决技术创新中人才、实验室等资源要素不足的缺陷。第二，通过并购、重组等战略方式，充分利用国内外企业的资源，如通过并购国内小型科技企业，或通过跨国并购企业或研究机构等，构建自己创新研发的资源基础，快速提升自身创新能力。第三，积极寻求政府担保，努力争取政府对中小企业创新的资金扶持，逐渐累积起企业创新发展的物质基础。

（4）选择适合自身特点的创新模式。第一，选择适合自身发展的技术创新研发模式。对于规模小、资金少的企业，可采用市场模仿性创新模式。即先通过引进技术，后进行模仿学习，再消化与吸收，最后研制出具有自主知识产权的技术，但不要机械模仿。对于已经拥有一定实力的中型企业，可以采用追随型技术研发创新模式。该创新研发的优势是不求最先，但求最好。此模式可减少创新支出，降低风险，成功概率较高。对于实力较强的企业，可用技术领先战略，使自己始终站在技术的制高点，获得市场上更丰厚的技术红利。第二，重视自主研发技术的创新机制建设。要有明确的创新战略，完善多元化创新的物质要素投入机制，健全企业技术创新的组织体系，完善技术创新动力机制，推进知识产权的保护与相应制度建设。第三，选择适合自身创新发展的管理模式。企业可以根据自身的条件选择适合自己的管理制度创新模式，以保证管理制度符合基本业务规范，真正激发全体员工的创新积极性。同时，也能通过制度创新更好地整合内外部的创新资源，为提升创新能力奠定基础。

3. 可持续发展管理侧重点

（1）精准定位，实现突破式发展。在信息化时代，资本流动速度越来越快，技术更新的速度也越来越快，企业必须找准定位。一方面，企业需要更加专业化，提供满足客户需求的特色产品。坚持以正确的发展战略为指导，调研消费者的个性化需求，努力在细分市场上寻求客户资源，才能为企业找到发展空间。另一方面，根据客户的需要，提供相关行业的技术咨询等服务，在增加收入来源的基础上，推动企业自身的转型升级，满足可持续发展要求。

（2）用好政策，争取多方位支持。为推动企业可持续发展，中央和地方相关政策频出，如2021年国家发展改革委印发《“十四五”循环经济发展规划》，为“十四五”时期我国循环经济发展提供了指引，对加快促进我国发展方式绿色转型，实现资源高效利用和循环利用，推动碳达峰、碳中和具有重要意义。企业需要积极把握机会，与政府部门加强沟通和联系，将政策用好用活，推动自身向新兴领域发展。

（3）苦练内功，增强自身竞争力。企业要实现可持续的发展，需苦练内功。第一，加强内部管理，严格成本控制，推行精细化管理，降低企业生产经营成本的同时实现节能降耗。第二，加强员工培训，提高员工素质，从而使企业全员具备“低碳”理念，实现和谐持续发展。第三，加强自主创新和引进、吸收、再创新行为。抢抓战略机遇，积极引进先进适用技术，从而在壮大自身的同时获得政府“低碳”支持，推动企业做精做强。

参考文献

[1] ALCARAZ J M, SUSAETA L, SUAREZ E, et al. The human resources management contribution to social responsibility and environmental sustainability: Explorations from Libero-America [J]. The International Journal of Human Resource Management, 2019, 30(22): 3166-3189.

[2] ALBUQUERQUE R. Corporate social responsibility and firm risk: Theory and empirical evidence [J]. Management Science, 2019(10): 4451-4469.

[3] AMRUTHA V N, GEETHA S N. A systematic review on green human resource management: Implications for social sustainability [J]. Journal of Cleaner Production, 2020, 247. DOI: 10. 1016 / j. jclepro. 2019. 119131.

[4] ANDERSON L M, BATEMAN T S. Individual environmental initiative: Championing natural environmental issues in US business organizations [J]. Academy of Management Journal, 2000, 43(4): 548-570.

[5] ANWAR N, MAHMOOD N H N, YUSLIZA M Y, et al. Green human resource management for organisational citizenship behaviour towards the environment and environmental performance on a university campus [J]. Journal of Cleaner Production, 2020, 256. DOI: 10. 1016 / j. jclepro. 2020. 120401.

[6] ARAGON-CORREA J A, MATIAS-RECHE F, SENISE-BARRIO M E. Managerial discretion, and corporate commitment to the natural environment [J]. Journal of Business Research, 2004, 57(9): 964-975.

[7] AWAYSHEH A, HERON R A, Perry T, et al. On the relation between corporate social responsibility and financial performance [J]. Strategic Management Journal, 2020(1): 965-987.

[8] BANSAL P, ROTH K. Why companies go green: A model of ecological responsiveness [J]. Academy of Management Journal, 2000, 43(4): 717-736.

[9] BARNETT M L, SALOMON R M. Beyond dichotomy: The curvilinear relationship between social responsibility and financial performance [J]. Strategic Management Journal, 2006, 27(11):1101-1122.

[10] BARNEY J B, CLARK D N. Resource-based theory: Creating and sustaining competitive advantage [M]. Oxford: Oxford University Press, 2007.

[11] BARNEY J B. Firm resource and sustained competitive advantage [J]. Journal of Management, 1991, 17(1): 99-120.

[12] BEAR S E, RAHMAN N, POST C. The impact of board diversity and gender composition on corporate social responsibility and firm reputation [J]. Journal of Business Ethics, 2010, 97(2): 207-221.

[13] BEBCHUK L, COHEN A, FERRELL A. What matters in corporate governance? [J]. Review of Financial Studies, 2009, 22(2): 783-827.

[14] BERRONE P, GOMEZ-MEJIA L R. Environmental performance and executive compensation: An integrated agency [J]. Academy of Management Journal, 2009, 52(1): 103-126.

[15] BROADSTOCK D, CHAN C. The role of ESG performance during times of financial crisis [J]. Finance Research Letters, 2021(38). DOI: 10. 1016/j. frl. 2020.

[16] CAMILLERI M A. Environmental, social and governance disclosures in Europe [J]. Social Science Electronic Publishing, 2015, 6(2):224-242.

[17] CARROLL A B. The pyramid of corporate social responsibility: Toward the moral management of organizational stakeholders [J]. Business Horizons, 1991, 34(4): 39-48.

[18] CHARKHAM J. Corporate governance: Lessons from abroad [J]. European Business Journal, 1992, 4(2): 8-16.

[19] CHAUDHARY R. Green human resource management and employee green behavior: An empirical analysis [J]. Corporate Social Responsibility and Environmental Management, 2020, 27(2): 630-641.

[20] CHOWDHURY S, Deyand P K, Rodriguez-Espindola O. Impact of organizational factors on the circular economy practices and sustainable performance of small and medium-sized enterprises in Vietnam [J]. Journal of Business Research, 2022, 147(8): 362-378.

[21] CLARKSON, M E. A stakeholder framework for analyzing and evaluating corporate social performance [J]. Academy of Management Review, 1995, 20: 92-117.

[22] COWAN E. Topical Issues in environmental finance [R]. Economy and Environment Program for Southeast Asia (EEPSEA), 1999.

[23] CONNELLY B L, Hoskisson R E, Tihanyi L, et al. Ownership as a form of corporate governance[J]. Journal of Management Studies, 2010, 47(8): 1561-1589.

[24] CONNER K R. A historical comparison of resource-based theory and five schools of thought within industrial organization economics: Do we have a new theory of the firm? [J]. Journal of Management, 1991, 17(1): 121-154.

[25] COWTON C. Playing by the Rules: Ethical criteria at an ethical investment fund[J]. Business Ethics a European Review, 1999, 8(1): 60-69.

[26] DAVIES G, CHUN R, DASILVA R V, et al. A corporate character scale to assess employee and customer views of organization reputation[J]. Corporate Reputation Review, 2004, 7: 125-146.

[27] DAVIDSON R H, DEY A, SMITH A J. CEO materialism and corporate social responsibility [J]. Accounting Review, 2019(1): 101-126.

[28] DENG X, KANG J, LOW B S. Corporate social responsibility, and stakeholder value maximization:Evidence from mergers[J]. Journal of Financial Economics, 2013(1): 87-109.

[29] DMYTRIYEV S D, FREEMAN R E, HÖRISCH J. The Relationship between stakeholder theory and corporate social responsibility: Differences, similarities, and implications for social issues in management[J]. Journal of Management Studies, 2021, 58(6): 1441-1470.

[30] ECCLES R G, LEE L E, STROEHLE J C. The social origins of ESG: An analysis of innovest and KLD[J]. SSRN Electronic Journal, 2019. DOI: 10. 2139/ssrn. 3318225.

[31] EY. Does your nonfinancial reporting tell your value creation story? Industry study[R]. EY Climate Change and Sustainability Services, 2018.

[32] FAMA E F. Efficient capital markets: A review of theory and empirical work[J]. Journal of Finance, 1970, 25(2): 383-417.

[33] FREDERICK W C. Corporate social responsibility in the Reagan Errand beyond[J]. California Management Review, 1983(3): 145-157.

[34] FRIEDMAN M. The social responsibility of business is to increase its profits[M] // ZIMMERLI W C, HOLZINGER M, RICHTER K. Corporate ethics and corporate governance. Berlin: Springer, 2007.

[35] FRIEDE G, BUSCH T, BASSEN A. ESG and financial performance: Aggregated evidence from more than 2000 empirical studies[J]. Journal of Sustainable Finance & Investment, 2015, 5(4): 210-233.

[36] GALLO M A. The family business and its social responsibilities[J]. Family Business

Review, 2004, 17(2): 135-149.

[37] GHOUL S E, GUEDHAMI O, KIM Y. Country-level institutions, firm value, and the role of corporate social responsibility initiatives [J]. Journal of International Business Studies, 2017, 48(3): 360-385.

[38] GOMPERS P A, ISHII J L, METRICK A. Corporate governance and equity prices [J]. The Quarterly Journal of Economics, 2003(118): 107-156.

[39] GOTSI M, WILSON A M. Corporate reputation: Seeking a definition [J]. Corporate Communications: An International Journal, 2001, 6(1): 24-30.

[40] GRANT R. The resource-based theory of competitive advantage: implication for strategy formulation [J]. California Management Review, 1991, 33(3):114- 135.

[41] HARJOTO M, LAKSMANA I, LEE R. Board diversity and corporate social responsibility [J]. Journal of Business Ethics, 2015, 132(4): 641-660.

[42] HENISZ W, KOLLER T, NUTTALL R. Five ways that ESG creates value [J]. McKinsey Quarterly, 2019(11): 1-12.

[43] HENRIQUES I, SADORSKY P. The relationship between environmental commitment and managerial perceptions of stakeholder importance [J]. Academy of Management Journal, 1999, 42(1): 87-99.

[44] ILHAN E, KRUEGER P, SAUTNER Z, et al. Climate risk disclosure and institutional investors [J]. The Review of Financial Studies, 2023, 36(7): 2617-2650.

[45] KREPS D M, WILSON R. Reputation, and imperfect information [J]. Journal of Economic Theory, 1982, 27(2): 253-279.

[46] LEE D D, FAN J H, WONG V S H. No more excuses! Performance of ESG-integrated portfolios in Australia [J]. Accounting and Finance, 2020(61): 2407-2450.

[47] LYON T P, MAXWELL J W. Corporate social responsibility, and the environment: A theoretical perspective [J]. Review of Environmental Economics and Policy, 2008, 2(2): 240-260.

[48] MACHADO M C, VIVALDINI M, DE OLIVEIRA O J. Production, and supply-chain as the basis for SMEs' environmental management development: a systematic literature review [J]. Journal of Cleaner Production, 2020, 273. DOI: 10. 1016/j. jclepro. 2020. 123141.

[49] MARTIN-DE CASTRO G, AMORES-SALVADÓ J, NAVAS-LÓPEZ J E. Environmental management systems and firm performance: Improving firm environmental policy through stakeholder engagement [J]. Corporate Social Responsibility and Environmental Management, 2016, 23(4): 243-256.

[50] MAZURKIEWICZ P. Corporate environmental responsibility: Is a common CSR framework

possible? [R]. Working Paper Washington:World Bank, 2004.

[51] MOLINA-AZORIN J F, LÓOEZ-GAMERO M D, TARÍ J J, et al. Environmental management, human resource management and green human resource management: A literature review [J]. Administrative Sciences, 2021, 11(2): 48.

[52] Morningstar. ESG investing comes of age [EB/OL]. [2020-11-19] https://www.morningstar. com/features/esg-investing-history.

[53] ONKILA T J. Corporate argumentation for acceptability: Reflections of environmental values and stakeholder relations in corporate environmental statements [J]. Journal of Business Ethics, 2009, 87(2): 285-298.

[54] OLIVER C. Sustainable competitive advantage: Combining institutional and resource-based views [J]. Strategic Management Journal, 1997, 18(9): 697-713.

[55] PETERS G F, ROMI A M. Does the voluntary adoption of corporate governance mechanisms improve environmental risk disclosures? Evidence from greenhouse gas emission accounting [J]. Journal of Business Ethics, 2014, 125(4): 637-666.

[56] PLANTINGA A, SCHOLTENS B. Socially responsible investing and management style of mutual funds in the Euronext stock markets [R]. Working Paper. Groningen: University of Groningen, 2001.

[57] POTRICH L, CORTIMIGLIA M N, DE MEDEIROS J F. A systematic literature review on firm-level proactive environmental management [J]. Journal of Environmental Management, 2019, 243: 273-286.

[58] RAJESH R, RAJENDRAN C. Relating environmental, social, and governance scores and sustainability performances of firms: An empirical analysis [J]. Business Strategy and the Environment, 2020, 29(3): 1247-1267.

[59] RAJESH R. Exploring the sustainability performances of firms using environmental, social, and governance scores [J]. Journal of Cleaner Production, 2020(247): 965-987.

[60] REBER B, GOLD A, GOLD S. ESG disclosure and idiosyncratic risk in initial public offerings [J]. Journal of Business Ethics, 2022(3): 867-886.

[61] ROSS S A. The determination of financial structure: The incentive-signaling approach [J]. The Bell Journal of Economics, 1977: 23-40.

[62] SAXTON M K. Where do reputations come from? [J]. Corporate Reputation Review, 1998(1): 393-399.

[63] SCHOLTENS B. Finance as a driver of corporate social responsibility [J]. Journal of Business Ethics, 2006, (1): 19-33.

[64] SHIN, D. Corporate ESG profiles, matching, and the cost of bank loans [M]. Seattle: University of Washington, 2021.

[65] SPARKES R. Socially responsible investment: A global revolution [M]. Chichester: Wiley, 2002.

[66] SPENCE M. Job market signaling [J]. Quarterly Journal of Economics, 1973(87) 355-374.

[67] STUBBS W, ROGERS P. Lifting the veil on environment-social-governance rating methods [J]. Social Responsibility Journal, 2013, 9(4): 622-640.

[68] SURROCA J, TRIBO J A, Waddock S. Corporate responsibility and financial performance: The role of intangible resources [J]. Strategic Management Journal, 2010(5): 463-490.

[69] TEECE D J. Economic analysis and strategic management [J]. California Management Review, 1984, (3): 87-110.

[70] TOWNSEND B. From SRI to ESG: The origins of socially responsible and sustainable investing [J]. Impact & ESG Investing, 2020, 1(1): 1-18.

[71] VAN DUUREN E, PLANTINGA A, SCHOLTENS B. ESG integration and the investment management process: Fundamental investing reinvented [J]. Journal of Business Ethics, 2016, 138(3): 525-533.

[72] WEIGELT K, CAMERER C. Reputation, and corporate strategy: A review of recent theory and applications [J]. Strategic Management Journal, 1988, 9(5): 443-454.

[73] WERNERFELT B A. Resource-based view of the firm [J]. Journal of Strategic Management, 1984, 5(2):171- 180.

[74] WHEELER D. Including the stakeholders: The business case [J]. Long Range Planning, 1998, 31(2): 201-210.

[75] WIDYAWATI L. Measurement concerns and agreement of environmental social governance ratings [J]. Accounting and Finance, 2020(61): 1589-1623.

[76] WONG W C, BATTEN J A, AHMAD A H, et al. Does ESG certification add firm value? [J]. Finance Research Letters, 2021: 237-254.

[77] XIANG D, WEIHAO L, XIAOHANG R. More sustainable, more productive: evidence from ESG ratings and total factor productivity among listed Chinese firms [J]. Finance Research Letters, 2023, 51. DOI: 10. 1016/j. frl. 2022. 103439.

[78] ZHANG D, LUCEY B M. Sustainable behaviors, and firm performance: The role of financial constraints' alleviation [J]. Economic Analysis and Policy, 2022(74): 220-233.

[79] ZUO Y, JIANG S, WEI J. Can corporate social responsibility mitigate the liability of newness? Evidence from China [J]. Small Business Economics, 2022(59): 573-592.

[80] 奥利弗·哈特 . 公司治理：理论与启示[J]. 经济学动态，1996，(6)：60-63.
[81] 操群，许骞 . 金融“环境、社会和治理”(ESG) 体系构建研究 [J]. 金融监管研究，2019 (4)：95-111.
[82] 常秒，冯雁，郭培坤，等 . 环境大数据概念、特征及在环境管理中的应用 [J]. 中国环境管理，2015，6(7)：26-30.
[83] 冯根福，温军 . 中国上市公司治理与企业技术创新关系的实证分析 [J]. 中国工业经济，2008，(7)：91-101.
[84] 霍华德·R. 鲍恩 . 商人的社会责任 [M]. 肖红军，等译 . 北京：经济管理出版社，2015.
[85] 何劲明 . 党的十八大以来中国环境政策新发展探析 [J]. 思想战线，2017，43 (1)：93-100.
[86] 韩文龙，王朝明 . 论道德意义上的企业社会责任 [J]. 企业经济，2010 (06)：147-150.
[87] 贾生华，陈宏辉 . 利益相关者的界定方法述评 [J]. 外国经济与管理，2002，(05)：13-18.
[88] 雒京华，赵博雅 . 利益相关者视角下企业 ESG 责任履行的战略路径 [J]. 开发研究，2022，(04)：141-148.
[89] 李慧，温素彬，焦然 . 企业环境文化、环境管理与财务绩效：言而行，行有报吗？[J]. 管理评论，2022，34 (09)：297-312.
[90] 李国杰，程学旗 . 大数据研究：未来科技及经济社会发展的重大战略领域——大数据的研究现状与科学思考 [J]. 中国科学院学报，2012，27(6)：647-657.
[91] 李莉，徐健，安静宇，等 . 长三角经济能源约束下的大气污染问题及对区域协作的启示 [J]. 中国环境管理，2017，5 (9)：9-18.
[92] 李伟阳 . 国家电网公司全面社会责任管理 [J]. 中国电力企业管理，2009 (16)：54-57.
[93] 李伟阳，肖红军 . 企业社会责任概念探究 [J]. 经济管理，2008 (Z2)：177-185.
[94] 皮天雷 . 国外声誉理论：文献综述、研究展望及对中国的启示 [J]. 首都经济贸易大学学报，2009，11 (3)：95-101.
[95] 秋辛 . 联合国环境与发展大会召开 [J]. 世界环境，1992，(3)：2.
[96] 屈晓华 . 企业社会责任演进与企业良性行为反应的互动研究 [J]. 管理现代化，2003 (05)：13-16.
[97] 屠光绍 . ESG 责任投资的理念与实践 [J]. 中国金融，2019，(01)：13-16.
[98] 吴炜，李婧，易娜 . 基于利益相关者的中国商业银行社会责任全面管理 [J]. 金融管

理与研究，2012（01）：45-48.

［99］汪自书，胡迪．我国环境管理新进展及环境大数据技术应用展望［J］．中国环境管理，2018，10（05）：90-96.

［100］晓芳，兰凤云，施雯，等．上市公司的 ESG 评级会影响审计收费吗？——基于 ESG 评级事件的准自然实验［J］．审计研究，2021（3）：41-50.

［101］肖红军，许英杰．企业社会责任评价模式的反思与重构［J］．经济管理，2014，36（09）：67-78.

［102］伊晟，薛求知．绿色供应链管理与绿色创新——基于中国制造业企业的实证研究［J］．科研管理，2016，37（06）：103-110.

［103］余津津．国外声誉理论研究综述［J］．经济纵横，2003（10）：60-63.

［104］杨善林，王建民，侍乐媛，等．新一代信息技术环境下高端装备智能制造工程管理理论与方法［J］．管理世界，2023，39（01）：177-190.

［105］袁家方．企业社会责任［M］．北京：海洋出版社，1990.

［106］张连辉，赵凌云．1953—2003 年间中国环境保护政策的历史演变［J］．中国经济史研究，2007（4）：63-72.

［107］中国工商银行绿色金融课题组．ESG 绿色评级及绿色指数研究［J］．金融论坛，2017（9）：3-14.

［108］周宏春，季曦．改革开放三十年中国环境保护政策演变［J］．南京大学学报（哲学·人文科学·社会科学版），2009，46（1）：31-40.

［109］朱东华，张嶷，汪雪锋，等．大数据环境下技术创新管理方法研究［J］．科学学与科学技术管理，2013，34（04）：172-180.

［110］张延龙，王明哲，魏后凯．中国农业企业社会责任的定量测度及其影响因素［J］．中国人口·资源与环境，2023，33（06）：161-171.